新 快學 note 解剖生理學

竹內修二　著

三悅文化

前 言

　　每天看到媒體報導的醫療糾紛，您是否覺得不可思議，例如氣管插管居然插進食道，著實令人吐舌。

　　相信各位都在解剖生理學的課堂上聽過，只要按壓喉嚨的凹陷處，也就是胸骨上方，在感到彈性的同時，也會使被按的人喘不過氣，而那裡就是氣管，亦即進行氣管切開術的部位。因為氣管在皮下，可輕易摸到，所以食道自然在氣管的後面。

　　解剖生理學這門學問，就是探討氣管等器官的位置、形狀、結構，也就是身體的構造與型態。而會讓人感到喘不過氣的部位，就是氣管這條通道，也就是所謂的呼吸系統。解剖生理學也會學習器官的作用，因此呼吸困難時，便懂得採取氣管切開術。

　　各位一定會唸唸有詞地說：「這點道理我也懂，但解剖生理學那麼複雜，光是記名稱一點意思也沒有，原理又很難融會貫通……！」

　　然而一旦到了臨床，這會變得很重要。從以前到現在，我看過許多人為了當年沒學好解剖生理學而悔不當初，想要從頭來過。

　　這麼說來，解剖生理學真的很難嗎？真的只是強記名稱嗎？不，這是錯誤的觀念！上面我曾提到，只要按壓皮下的氣管，就會因為呼吸困難，讓人感受到呼吸道的存在。

　　親身感受，這就是解剖生理學的重點。重點就在人身上，各位不也是活生生的人嗎？你們的身體就是人體啊！

　　當我們閉上眼睛就什麼也看不到。我不會說什麼「眼睛是人的靈魂之窗」，眼睛就是用來觀看世間萬物的視覺器官。只要閉上眼瞼就看不見，若只睜開一隻眼，雖然能看到東西，但如果因為針眼等疾病讓你戴著眼罩，下樓梯時還是會感到膽戰心驚對吧。如果不能兩眼同時睜開，就無法掌握距離感。

　　病患來到醫院，都是說著這裡疼、那裡痛，藉此表達問題所在。而醫療人員便要知道患者的痛處，並思考如何減輕疼痛。其實引發疼痛的根源往往在別處，我們要抱著感同身受的心情，嘗試各種醫療方法。病患是人，醫療人員也是人，雖說並非「自己受了傷才知道別人的痛」，但神經的位置與分佈、身體的基本結構與功能不都一樣嗎。

　　相信各位的手肘內側都曾撞到過，當時可是痛得不得了。這是因為手肘內後方有神經通過。自己撞到會痛，其他人或病患撞到也會痛。因為有神經通過，長時間壓迫便會造成神經麻痺。當我們撞到時，手肘小指側的地方會產生電流，那裡的神經稱為尺神經。所以手肘內側受到壓迫而麻痺時，便稱為尺神經麻痺。

　　當病患的右下腹疼痛，我們都會懷疑是「闌尾炎（通稱盲腸炎）」，這時候請想起麥氏點（McBurney's Point），只要是闌尾炎，按壓該處就會感到疼痛。不過麥氏點在哪呢？

請您右手插腰，觸摸骨盆上緣，沿著它往前移，應該會摸到顆粒狀的物體並往外突出。順著它繼續往前內側滑下，這段就是骨盆的上緣，這時只會摸到腹部的肌肉，感覺不到骨頭。在骨盆上緣的前方，也就是有顆粒觸感的地方稱為腸骨前上棘。而在右側的腸骨前上棘與肚臍連線上，取外側三分之一處，若按壓會更感疼痛，便很有可能是闌尾炎，而該部位則是麥氏點。肚臍的位置誰都知道，這麼一來，只要藉由觸診找出腸骨前上棘就行。各位可以用自己的身體練習一番。

　　請各位以自己的身體設想別人的結構、形狀、位置、功能，藉此深化知識。既然是自己的身體就更能掌握，只要將其轉為系統化的概念，解剖生理學就不再只是枯燥的死記背誦。而且還能感受到人體的結構與功能是其來有自，並為身體的奧妙而大受感動。

2005年8月

竹內　修二

濱松大學健康生產學部身心管理學科

CONTENTS

CONTENTS

第1章

解剖生理學緒論
Introduction

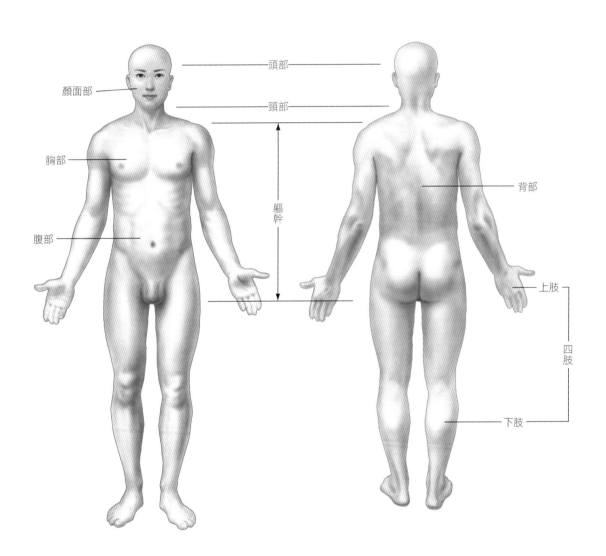

顏面部

頭部

頸部

胸部

腹部

軀幹

背部

上肢

四肢

下肢

人體各部位區分

1 人體各部位名稱

A. 人體的大區間

人體可大致分為頭部〔head包括顏面部（face）〕、頸部（neck）、軀幹（trunk）與四肢（limb）。▶圖1-1

頭部與頸部是沿著下頜下緣、乳突與枕骨隆突為分界，而頸部與軀體則順著胸骨上緣、鎖骨、肩峰、隆椎為分界。頭部包含了顱與顏面、軀體則包括胸部（chest）、腹部（abdomen）、背部（back）與會陰（perineum）。四肢則細分為上肢（upper limb）與下肢（lower limb），最後再加上頸部，共分為9大部位。

Note

各部位的分界線

顏面部與頭部：鼻根－眉毛（眼眶上緣－外耳門）。

頸部與顏面部：頦下緣－下頜體下緣－下頜角－下頜枝後緣－乳突。

胸部與腹部：胸骨下緣－肋骨弓－第12胸椎棘突。

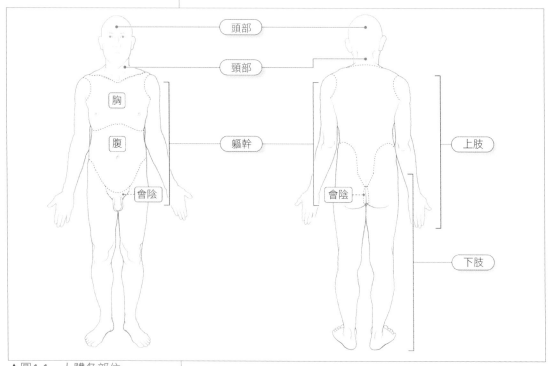

▲圖1-1　人體各部位

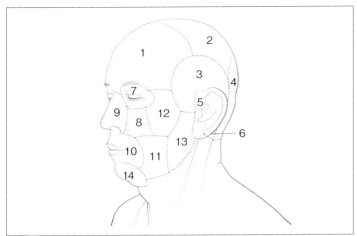
▲圖1-2 頭部與顏面的部位圖（參閱Note）

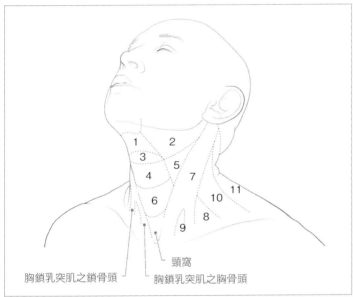

胸鎖乳突肌之鎖骨頭

頸窩

胸鎖乳突肌之胸骨頭

▲圖1-3 頸部的部位圖（參閱Note）

B. 頭部、顏面與頸部各處的名稱

頭部可分成6個部位，而顏面部則可分成8個。▶圖1-2。其中前頸部又可分為6個部位，側頸部可分為5個部位。▶圖1-3

①**下頜下三角**：由下頜底與肌肉圍成的三角形，包含頜下腺、面動脈與面靜脈。

②**頸動脈三角**（carotid triangle）：由胸鎖乳突肌與另外兩條肌肉圍成的三角形，觸摸時可感覺到頸總動脈的跳動。

③**鎖骨上大窩**（greater supraclavicular fossa）：觸摸此處可感覺到鎖骨下動脈的跳動，也可聽到肺尖的聲音。

N o t e

頭部與顏面部位的名稱

頭部各處名稱

1：額部
2：頂骨部
3：顳部
4：枕骨部
5：耳郭部
6：乳突部

顏面各處名稱

7：眶部
　　上瞼部
　　下瞼部
8：眶下部
9：鼻部
10：口部
　　上唇
　　下唇
11：頰部
12：顴部
13：腮腺嚼肌部
14：頦部

頸部部位的名稱

前頸部

1：頦下部
2：下頜下三角
3：舌骨部
4：喉部
5：頸動脈三角
6：甲狀腺部

側頸部

7：胸鎖乳突肌部
8：鎖骨上大窩
9：鎖骨上小窩
10：頸外側三角
11：後頸部（項部）

④鎖骨上小窩（lesser supraclavicular fossa）：幾乎與胸鎖關節的位置相同。

⑤頸窩（jugular fossa）：位於氣管前面，用力按壓會令人喘不過氣，也是進行氣管切開術的部位之一（第3至第5軟骨環）。

C.　胸部、腹部與背部各處的名稱

　　胸部可分為前胸部與側胸部兩大部位。▶圖1-4。腹部則可分為上腹部、中腹部、下腹部三區。▶圖1-5。背部則分為6個部分。▶圖1-6

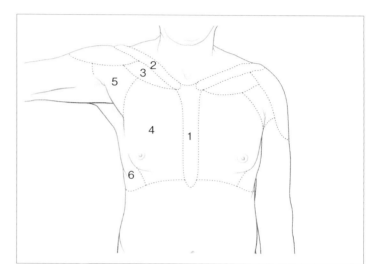

▲圖1-4　胸部的部位圖（參閱Note）

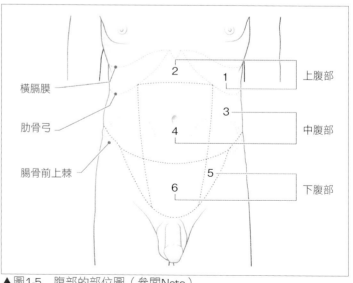

▲圖1-5　腹部的部位圖（參閱Note）

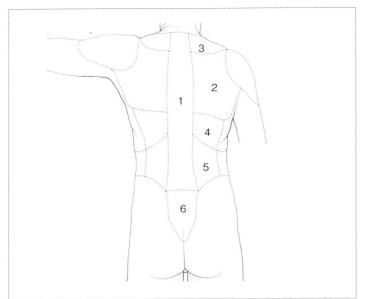

▲圖1-6　背部的部位圖（參閱Note）

N o t e

背部部位的名稱
....
1：脊部
2：肩胛部
3：肩胛上部
4：肩胛下部
5：腰部
6：薦骨部

①季肋部（hypochondric region）：肝臟右葉位於右季肋深層，可沿著右肋骨弓觸診。

②腹股溝部（inguinal region）：位於恥骨兩側，近髖關節處，屬於腹股溝的上半部。這裡也就是發生腹股溝疝氣的位置。

D. 上肢各處的名稱

上肢可分為上臂（arm）、前臂（forearm）與手（hand），也有人再細分出手肘（elbow）與手腕（wrist）。▶圖1-7

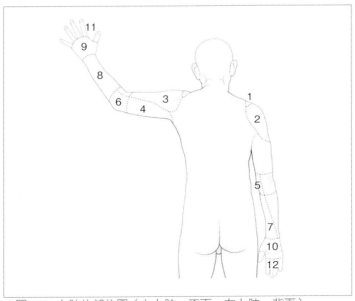

▲圖1-7　上肢的部位圖（右上肢─正面、左上肢─背面）
（參閱Note）

上肢部位的名稱
....
1：肩峰部
2：三角肌部
3：前肱部
4：後肱部
5：前肘部（肘窩）
6：後肘部（鷹嘴）
7：前臂前區
8：前臂後區
9：手背部
10：手掌部
11：指背側面
12：指掌側面

臨床上的會陰部位

在臨床上經常將外陰部與肛門之間定義為會陰，也就是男性的尿道與肛門之間、女性的陰道與肛門間。此處也是生產時進行會陰切開術的部位。

會陰部位的名稱

1：尿生殖部（尿生殖三角區）
　a：外陰部
2：肛門部（肛門三角區）

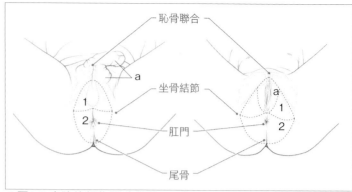

▲圖1-8 會陰的部位圖（參閱Note）

E. 會陰各處的名稱

會陰（perineum）位在軀幹下方、兩大腿之間，前方以恥骨聯合、左右兩邊以坐骨結節、後方則以尾骨為界。▶圖1-8。前方的尿生殖部（urogenital region）和後方的肛門部（anal region）是由兩側的坐骨結節之間的橫線劃分。外陰部（pudendal region），也就是男性的陰莖、陰囊，女性的大陰唇、陰蒂與陰道前庭，皆位於尿生殖部。

下肢部位的名稱

1：臀部
2：股腹側部
3：股內側部
4：股三角
5：股背側部
6：股外側部
7：膝前部（膝蓋）
8：膝後部（膕窩）
9：小腿前部
10：小腿後部
　（腓腸部---小腿肚）
11：外踝
12：內踝
13：跟部
14：足背
15：足底
16：（趾）足背面
17：（趾）足底面

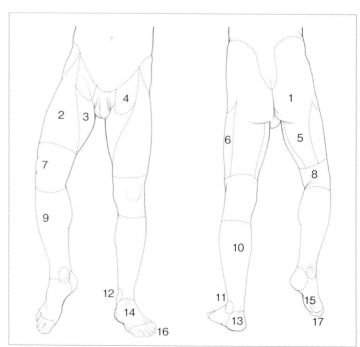

▲圖1-9　下肢的部位圖（參閱Note）

F. 下肢各處的名稱

下肢分為股（thigh）、小腿（leg）、腳（foot），也有人再細分為膝蓋（knee）與腳踝（ankle）。▶圖1-9

2 解剖平面與切線

為了表現或陳述體表某部份或某器官的位置，我們會設想幾個切面，讓身體或器官分切成各種方向，或是在身體表面拉出一條假想的方向線以表示位置。這些位置分為前後、上下、左右等等，以表示兩個部位相對的關係。

A. 身體切面的用語 ▶圖1-10

沿著身體長軸將身體垂直分切的面稱為垂直面（vertical plane，縱切面）。

解剖姿勢參閱▶圖1-1

雙臂下垂，指尖朝下，手掌面向前方，讓小指置於身體側。

身體切面的用語

垂直切面（vertical plane）
矢狀切面（sagittal plane）
正中面（median plane）
額切面（額狀面，frontal plane）
水平切面（horizontal plane）
斜切面（oblique plane）

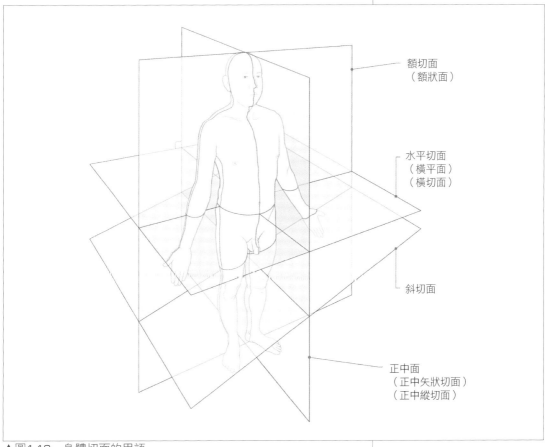

額切面
（額狀面）

水平切面
（橫平面）
（橫切面）

斜切面

正中面
（正中矢狀切面）
（正中縱切面）

▲圖1-10　身體切面的用語

矢狀切面（sagittal plane）：貫穿前後，將身體分為左右兩部分的所有縱切面。

· **正中面**〔median plane，正中矢狀切面（median sagittal plane，正中縱切面）〕：為矢狀切面的一種，通過身體的正中線，整個身體只有一條。

· **額切面**（frontal plane，額狀面）：與矢狀面互為直角，貫穿左右，將身體分成前後兩部分的所有縱切面。

· **水平切面**（horizontal plane，橫平面、橫切面）：與垂直切面互為直角，將身體分成上下兩部分的切面。

· **斜切面**（oblique plane）：所有不屬於縱切面或橫切面的面。

身體表面的方向線
....
前正中線（anterior median line）
後正中線（posterior median line）
胸骨線 sternal line
鎖骨中線 midclavicular line
胸骨旁線 parasternal line
乳頭線 mamillary line
肩胛線 scapular line
脊柱旁線 paravertebral line
腋線 axillary line

▌**B.　身體表面的方向線**▶圖1-11

①**正中線**（median line）：貫通身體中央的腹面與背面，平均地分成前正中線（anterior median line）與後正中線（posterior median line）兩部分。

②**胸骨線**（sternal line）：通過胸骨外側的垂直線。

③**鎖骨中線**（midclavicular line）：通過鎖骨中央的垂直線。

④**胸骨旁線**（parasternal line）：通過胸骨線與鎖骨中線兩者中

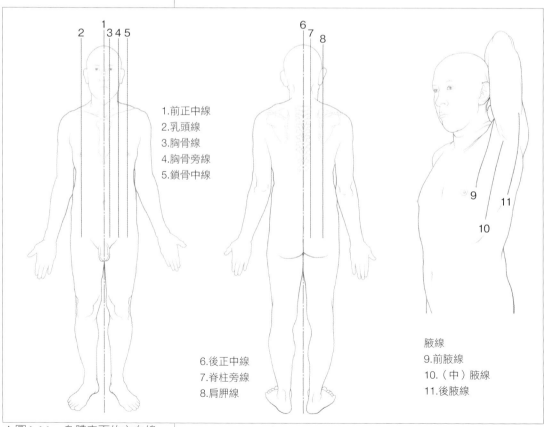

1.前正中線
2.乳頭線
3.胸骨線
4.胸骨旁線
5.鎖骨中線

6.後正中線
7.脊柱旁線
8.肩胛線

腋線
9.前腋線
10.（中）腋線
11.後腋線

▲圖1-11　身體表面的方向線

間的垂直線。

⑤**乳頭線**（mamillary line）：通過乳頭的垂直線，此線於成年女性並不準確。

⑥**肩胛線**（scapular line）：通過肩胛骨下端的垂直線。

⑦**脊柱旁線**（paravertebral line）：通過脊椎橫突的垂直線。

⑧**腋線**（axillary line）：通過腋窩中央的垂直線（中腋線）。而腋窩的前後緣也有前腋線與後腋線。

C. 身體位置用語 ▶圖1-12

①**前面**（anterior）與**後面**（posterior）：前者表靠近腹部，後者靠近背部。

②**上面**（superior）與**下面**（inferior）：前者表示該部位站立時靠近頭，後者則靠近腳。

③**近側端**（proximal）與**遠側端**（distal）：前者表示四肢中離軀體較近處，後者為較遠處。

④**內側面**（medial）與**外側面**（lateral）：前者表示與軀幹正中面較近、後者表較遠。

⑤**尺側**（ulnar）與**橈側**（radial）：上肢的內側為尺側、外側為橈側。

⑥**脛側**（tibial）與**腓側**（fibular）：下肢的內側為脛側、外側為腓側。

成年女性用鎖骨中線

成年女性的的乳房相當發達，乳頭線改變，因此對成年女性則採用鎖骨中線。

身體位置用語

前面（anterior）
後面（posterior）
上面（superior）
下面（inferior）
淺層（superficial）
深層（profundus）
近側端（proximal）
遠側端（distal）
內側面（medial）
外側面（lateral）

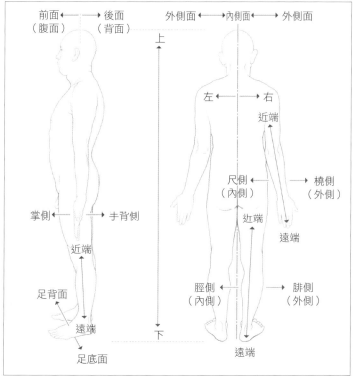

▲圖1-12 身體位置用語

⑦淺層（superficial）與深層（profundus）：前者表示距離身體表面或器官的外側面較近，後者則較遠。

⑧內（internal）與外（external）：前者靠近體腔或器官的中央，後者則離中央較遠。

D. 體位

體位意指在某種條件下，可輕鬆支撐身體的姿勢。▶圖1-13

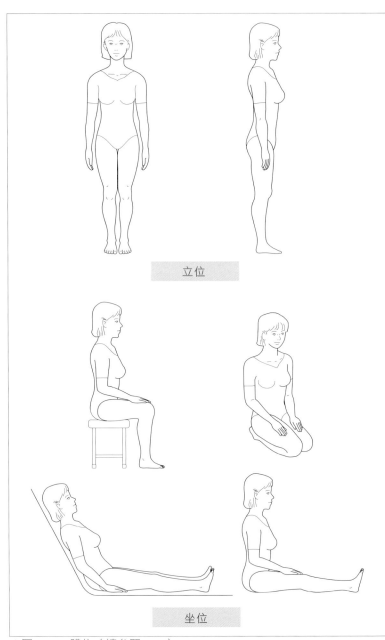

立位

坐位

▲圖1-13　體位（請參閱Note）

①立位：雙腳著地，身體直立。

②坐位：臀部靠在地面或椅子，藉此撐起軀幹。

③仰臥：仰躺的姿勢。

④側臥：側躺的姿勢。

⑤俯臥：趴著的姿勢。

⑥膝胸臥：於俯臥時提臀，將膝蓋彎成直角，讓胸部與膝蓋接觸
　地面，並將重心置於這兩處。

⑦膝肘臥：於俯臥時彎起肘關節，以手掌和前臂支撐上半身，屈
膝提臀。

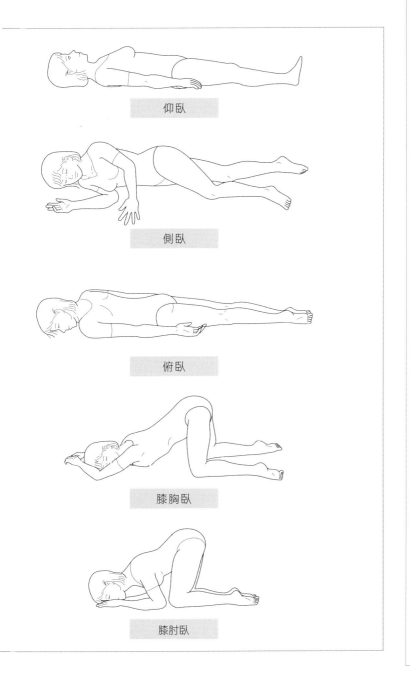

仰臥

側臥

俯臥

膝胸臥

膝肘臥

人體的結構

器官系統之解說

為了生存，人類必須從外界攝取能量，而能量的來源便是其它動植物。人類在攝取食物後，經過運送、消化，吸收養分後排出渣滓。進行這一連串工作的器官便是消化系統。

消化系統由消化道與消化腺構成，消化道是從口腔到肛門這一連串的器官的總稱，胃是其中之一，屬於袋狀器官。胃壁有三層，從內側開始分別是上皮組織（黏膜）、肌肉組織（平滑肌）再來又是上皮組織（漿膜），其中還包括神經組織與血管、淋巴管。胃黏膜的上皮組織是由上皮細胞緊密排列而成。

體腔
coelom

顱腔（cranial cavity）
脊椎管（vertebral canal）
胸腔（thoracic cavity）
腹腔（abdominal cavity）
骨盆腔（pelvic cavity）

1 系統（器官系統）System（organ system）

人體是由許多細胞組合而成，而其中相同種類的細胞會形成組織，許多組織再形成器官。數個器官又會互相合作，形成一個系統，進行相同的作用。人體由以下的系統組成。

① 骨骼系統（skeletal system）：屬於身體的支柱，受肌肉牽引而動作。

② 肌肉系統（muscular system）：靠著收縮產生動作。

③ 循環系統（circulatory system）：可進行血液與淋巴的循環，這兩者可搬運體內的物質。

④ 呼吸系統（respiratory system）：將氧氣吸入體內，並釋放二氧化碳。

⑤ 消化系統（digestive system）：攝取食物並加以消化、吸收與排泄。

⑥ 泌尿系統（urinary system）：負責排出血液中的廢物。

⑦ 生殖系統（reproductive system）：負責繁殖後代，維持種族延續。

⑧ 內分泌系統（endocrine system）：分泌激素使身體發育，並維持與調整其功能。

⑨ 神經系統（nervous system）：負責指揮與聯繫各個器官，也會進行精神活動。

⑩ 感覺系統（sense organs system）：接收外界刺激，傳導至中樞神經。

2 細胞 Cell

細胞是人體構造與功能上的最小單位，人類由許多細胞組成（即多細胞動物），據說一個人約有40～70兆個細胞。

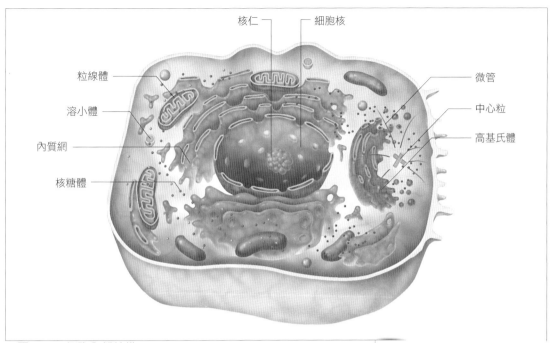

核仁 ── 細胞核

粒線體

溶小體

內質網

核糖體

微管

中心粒

高基氏體

▲圖1-14 細胞內部結構

A. 形態

細胞基本上為**球狀**，當許多細胞集合成組織時，便有圓盤狀、扁平狀、立方形、紡垂形、圓柱狀、多角形、星型等等，大小則多在10～30 μm。

B. 內部結構

細胞由原生質（protoplasm）所組成，是一種半流動性的膠體溶液。

原生質是構成細胞生命的物質，其中有細胞質（cytoplasm）、細胞核（nucleus），表面則有薄的細胞膜（cell membrane）（70～100Å）。▶圖1-14

■細胞質

細胞質是可分為有形體與膠狀的無形體這兩種。有形體中的胞器（cell organelle）具有特殊的形態與一定的功能，如粒線體、高基氏體、中心粒（centriole）、內質網、核糖體（ribosome）、溶小體（lysosome）等等。

①粒線體（mitochondria）：內含酵素，是細胞內主要的能量代謝裝置。

N o t e

原生質
....
原生質的化學成分有蛋白質、脂質、糖分、水分與無機鹽類（含有鈉、鉀、鈣、鎂、鐵等成分之鹽類）。

各類細胞的大小
....
卵細胞：200 μm（0.2mm）
神經細胞：100 μm
小淋巴球：5 μm
1 μm=1/1,000mm
Å=埃 ångström
1 Å＝1/10,000 μm

②高基氏體（Golgi apparatus）：負責將細胞內的分泌物以及從細胞外攝取而來的物質儲藏或釋放。

③內質網（endoplasmic reticulum）：會參與物質的吸收、運送、排泄，以及蛋白質的合成。有核糖體附著的稱為顆粒性內質網（rough surfaced endoplasmic reticulum）、沒有核糖體附著的稱為無顆粒性內質網（smooth surfaced endoplasmic reticulum）。

■細胞核

細胞通常只有一個細胞核，形狀各不相同，有卵圓形、球形、橢圓形、分葉形等等。細胞核由核膜（nuclear membrane）與核質（nucleoplasm）構成，以合成蛋白質為基本工作，參與細胞的成長、再生與增殖等等。細胞核內部有1～2個核仁以及顆粒狀的染色質散佈其中。在細胞分裂期，染色質會轉變為染色體（chromosome）。

C. 細胞分裂

細胞分裂有兩種，一是無絲分裂（直接分裂），另一種是有絲分裂（間接分裂），人體的細胞就是靠著有絲分裂增殖。在有絲分裂中，還可分為體細胞分裂與減數分裂，減數分裂與生殖細胞有關，分裂出來的細胞DNA數量會減半。

①前期：中心粒一分為二，移動至細胞的兩端，細胞核內部也出現染色體。

②中期：核膜消失，染色體排列在赤道板上，往左右分開。

③後期：染色體斷裂，移向兩端的中心粒。

④末期：染色體移至兩端，再度回到染色質的狀態，細胞核重新出現。細胞也一分為二，變成兩個細胞。

3 組織
tissue

相同形狀與功能的細胞聚在一起便形成組織，擁有特定的功能。組織的主要結構是細胞與細胞分泌出的物質（細胞生成物、細胞間質、基質），可分為上皮組織、腺體、結締組織、肌肉組織以及神經組織。

DNA

染色質轉變為染色體後，其中含有DNA。DNA（去氧核糖核酸）是deoxyribonucleic acid的首字母縮寫，與遺傳有很大關係。

染色體

無論男女都有46個，也就是23對染色體。其中44個，也就是22對為相同類型，稱為體染色體。剩下2個稱為X染色體與Y染色體，男性是X與Y染色體各一，女性則2個都是X染色體。

性染色體

sex–chromosome
男性=XY
女性=XX

A. 上皮組織

上皮組織（epithelial tissue）由上皮細胞緊密排列而成，細胞間質非常少，覆蓋在體表（表皮）或體內的消化道、呼吸道、血管等內表面。

上皮組織是以單層或複層分類，其中根據細胞形狀又可細分如下▶圖1-15：

單層
上皮組織
- 單層鱗狀上皮 simple squamous epithelium
- 單層立方上皮 simple cuboidal epithelium
- 單層柱狀上皮 simple columnar epithelium
- 單層纖毛柱狀上皮

偽複層上皮組織—偽複層纖毛柱狀上皮 pseudostratified ciliated epithelium

複層
上皮組織
- 複層鱗狀上皮 stratified squamous epithelium
- 複層立方上皮 stratified cuboidal epithelium
- 複層柱狀上皮 stratified columnar epithelium
- 複層變形上皮 transitional epithelium

■上皮組織分類（以細胞形狀分別）

①鱗狀上皮：可細分為單層與複層。
- **單層鱗狀上皮**：位於胸膜、腹膜、心包膜（漿膜）、血管、淋巴管的內襯、肺泡、腎元絲球體被膜。
- **複層鱗狀上皮**：位於皮膚表面（表皮），以及口腔、食道、肛門、陰道（黏膜）。
- **偽複層纖毛柱狀上皮**：為一黏膜上皮，具有纖毛（cilia），位於氣管、精集的輸出小管等處。

②立方上皮：分為單層與複層，但人體幾乎都是單層。位於腎小管、甲狀腺的濾泡上皮、細支氣管、網膜色素上皮。

③柱狀上皮
- **單層柱狀上皮**：胃、小腸、大腸等消化道內腔黏膜上皮皆為單層柱狀。

N o t e

組　織
....
上皮組織
腺體
結締組織
　固有結締組織
　軟骨性結締組織
　骨骼
　血液與淋巴
肌肉組織
神經組織

3種上皮細胞
....
依形狀分類
①鱗狀：由扁平的細胞組成。
②立方：細胞為高度與寬度相同的立方體。
③圓柱：細胞高度約為寬度的2～5倍。

上皮、中皮與下皮
....
（狹義的）上皮（epithelium）：覆蓋在體表，或為連外的管、腔之內襯。
中皮（mesothelium）：覆蓋在體腔內面。
下皮（endothelium）：覆蓋在管、腔之內襯，但該管腔不在外界開口。

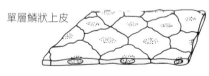

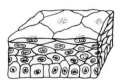

單層鱗狀上皮　　　單層立方上皮

單層柱狀上皮　　纖毛柱狀上皮　　複層鱗狀上皮

▲圖1-15　上皮組織的分類

複層變形上皮

　　當膀胱等器官內腔因為充滿尿液而膨脹時，細胞會變扁，成為2至3層的鱗狀上皮。但內腔清空時，就會變成十數層細胞重疊的多層柱狀。

· **單層纖毛柱狀上皮**：位於氣管（鼻腔、喉部、氣管、支氣管）與生殖器官（輸卵管、子宮）的上皮。

· **複層柱狀上皮**：眼瞼結膜上皮、軟腭的黏膜上皮皆是。

④**複層變形上皮**：因應所需功能而特化為上皮，例如泌尿器官（腎盞、腎盂、輸尿管、膀胱）的內表面。

B. 腺體

　　上皮組織（皮膚的表皮或黏膜上皮）進入結締組織後就成為腺體（gland）。腺體可分為有專屬導管的外分泌腺，與沒有導管的內分泌腺。

■外分泌腺（exocrine gland）

　　外分泌腺由腺細胞與導管構成，前者負責分泌物質、後者負責運輸。

●依分泌部位分類

①**皮膚腺體**：汗腺、皮脂腺、乳腺。

②**消化腺**：唾腺（腮腺、頜下腺、舌下腺）、肝臟、胰臟。

③**其它**：淚腺、前列腺。

●依分泌物種類分類

③**黏液腺**（mucous gland）：位於呼吸道或消化道壁，可分泌黏液。

④**漿液腺**（serous gland）：可分泌漿液，但消化道壁的漿液腺則分泌消化酵素。

⑤**混合腺**（mixed gland）：舌下腺與頜下腺皆是，同時含有黏液腺與漿液腺。

⑥**皮脂腺**（sebaceous gland）：可分泌脂質。

⑦**汗腺**（sweat gland）：有大汗腺與小汗腺，可分泌汗水。

⑧**乳腺**（mammary gland）：由汗腺轉變而來，可分泌乳汁。

■內分泌腺（endocrine gland）

　　腦下垂體、甲狀腺與腎上腺皆是。內分泌腺沒有專屬導管，其分泌物（即激素）會進入血液或組織液中。

C. 支持組織（結締組織）

纖維
fiber

　　有膠原纖維（由膠質構成）、彈性纖維與網狀纖維。

　　結締組織位於各組織或器官間的空隙，具有保護作用。結締組織的細胞相當少，主成分是纖維與基質構成的細胞間質。結締組織可大致分為固有結締組織（connective tissue）、軟骨性結締組織（cartilaginous tissue）、骨組織（bone tissue）、血液與淋巴。

■固有結締組織

固有結締組織（connective tissue）負責填滿組織或器官之間的空隙，例如皮下組織、黏膜下組織、實質性器官的葉間或小葉之間的結締組織、肌膜與肌腱等皆是。

①疏鬆結締組織（loose connective tissue）：皮下組織或黏膜下組織皆是。

②緻密結締組織（dense connective tissue）：真皮、肌腱與韌帶皆是。

脂肪組織
adipose tissue

如果疏鬆結締組織裡含有大量的脂肪細胞，特別是組織的大部分都被脂肪細胞佔據，便稱為脂肪組織。脂肪組織位在皮下、眼眶與腎臟周圍等。

■軟骨性結締組織

軟骨性結締組織（cartilage tissue）由軟骨細胞與軟骨基質構成，根據基質的性狀又可分為以下三類。

①透明軟骨（hyaline cartilage）：主要為細小的膠原纖維基質。肋軟骨、關節軟骨、氣管與支氣管的軟骨皆是。

②彈性軟骨（elastic cartilage）：主要為彈性纖維的基質。耳郭軟骨與會厭軟骨皆是。

③纖維軟骨（fibro cartilage）：主要為膠原纖維的基質，並有少數軟骨細胞。椎間盤與恥骨間盤皆是。

軟骨性結締組織
①**透明軟骨**：肋軟骨、關節軟骨、氣管與支氣管的軟骨。
②**彈性軟骨**：耳郭與會厭軟骨。
③**纖維軟骨**：椎間盤與恥骨間盤。

■骨組織

骨組織（bone tissue）由骨中細胞與骨基質構成，基質由細小的束狀膠原纖維堆疊成骨板，骨細胞則存在於骨板的骨隙之中。

■血液與淋巴

血液（blood）與淋巴（lymph）屬於結締組織，特徵是基質為液態。血液的基質為血漿、細胞則是紅血球與白血球。淋巴的基質為淋巴漿，細胞則是淋巴球。

▌D. 肌肉組織

肌細胞（muscle cell）會聚集成肌肉組織（muscular tissue）。肌細胞（muscle cell）為細長形的纖維狀，因此也稱為肌纖維（muscle fiber）。肌肉組織有為平滑肌、橫紋肌與心肌，橫紋肌與心肌皆有橫紋。 ▶圖1-16

肌肉組織
①**橫紋肌**：又稱骨骼肌，為隨意肌。
②**心肌**：具有橫紋，為不隨意肌。
③**平滑肌**：又稱內臟肌，為不隨意肌。

■橫紋肌

橫紋肌也稱骨骼肌（skeletal muscle），上有橫紋，與關節的運動有關。是腦脊髓神經支配的**隨意肌**。

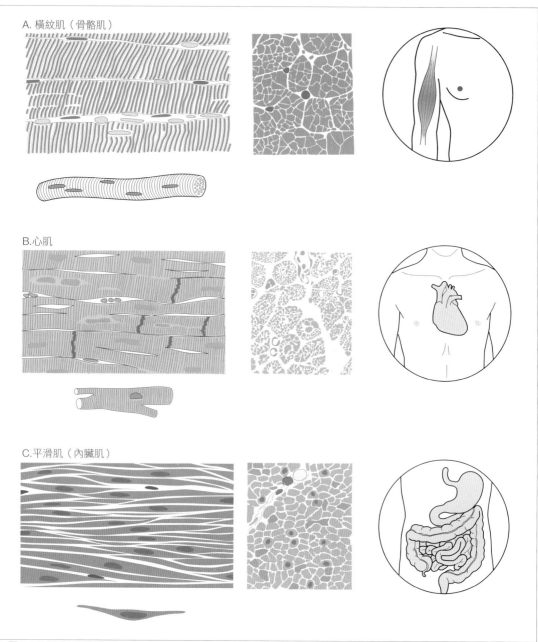

A. 橫紋肌（骨骼肌）

B. 心肌

C. 平滑肌（內臟肌）

▲圖1-16 肌肉組織分類

■心肌

心肌（cardiac muscle）構成心臟壁，雖有橫紋卻是不隨意肌。具有衝動傳導系統，為特殊心肌纖維。

■平滑肌

平滑肌（smooth muscle）又稱為內臟肌，屬於不隨意肌，由自主神經控制。消化道、輸尿管、輸卵管、血管、膀胱、子宮等器官的管壁或臟壁，都屬於平滑肌。

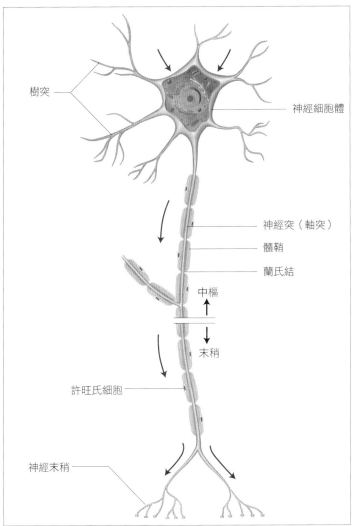

樹突

神經細胞體

神經突（軸突）

髓鞘

蘭氏結

中樞

末稍

許旺氏細胞

神經末稍

▲圖1-17　神經組織的構造

N o t e

神經組織

神經細胞
支持細胞

神經細胞（神經元）

nerve cell

細胞體（核周體）
樹突
神經突（軸突）

支持細胞

神經膠細胞（Neuroglia）：中樞神
　經系統
許旺氏細胞：周邊神經系統
衛星細胞：周邊神經系統之神經節

突觸

是軸突與其它樹突的結合處。

神經纖維

神經纖維依照髓鞘的有無，可分
為有髓與無髓纖維。

蘭氏結

位於髓鞘之間，是分隔兩個髓鞘
的部位。

尼氏體

是位於神經元核周體或樹突根部
的顆粒，可合成各神經細胞特有的
蛋白質。

E.　神經組織

　　神經組織（nervous tissue）由神經細胞（nerve cell）與支持細胞（supporting cell）構成，前者可傳遞與處理資訊、後者雖然不會傳遞訊息，但可以支援神經細胞的運作。

■神經細胞

　　神經細胞（nerve cell）由細胞體（cell body，核周體）及樹突（dendrite）和神經突〔neurite，或軸突（axon）〕所構成，總稱為神經元〔neuron，神經細胞（nerve cell）〕。▶圖1-17。樹突會接受資訊（刺激），並傳遞至細胞體，而神經突則是將資訊（衝動）送往末稍。當神經突與其它神經元接觸時，便會與樹突或細胞體的表面接合，接合處稱為突觸（synapse）。

■神經纖維

從神經細胞體延伸出較長的突觸被稱作**神經纖維**（nerve fiber），神經纖維多半是神經突，也可稱作**軸突**（axon）。包覆神經纖維的就是**髓鞘**（myelin sheath）與**許旺氏鞘**。

■支持細胞

支持細胞負責支撐、代謝與提供營養給神經細胞，在中樞神經系統有**神經膠細胞**（glia cell），周邊神經系統則有**許旺氏細胞**（Schwann cell），周邊神經系統的神經節有**衛星細胞**（satellite cell）等等。

■神經膠細胞

神經膠細胞負責支持腦與脊髓這兩個中樞神經系統，其中有室管膜細胞與固有神經膠細胞。室管膜細胞是腦室與脊髓中央管的內襯，而固有神經膠細胞則可再細分為三種，有**星狀細胞**（astrocyte cell）、**寡突細胞**（oligodendrocyte cell）與**微膠細胞**（microglia cell）。

■許旺氏細胞

可形成**許旺氏鞘**與**髓鞘**以包覆軸突。

寡突細胞

寡突細胞多半位於神經元附近，有人認為髓鞘便是在此產生。

4 器官
Organ

器官是由數個組織聚集而成，擁有特定形態與一定的功能。中空性器官（hollow organ）內部有空洞，為管狀或囊狀，而實質性器官（parenchymal organ）不具內腔，組織紮實。

A. 中空性器官

中空性器官指食道、胃、腸、喉部、氣管、輸尿管、輸卵管等器官。這些器官的管壁或腔壁有3層，由內而外分別是黏膜、肌層與漿膜（或外膜）。▶圖1-18

①黏膜（mucous membrane）：黏膜有4層，分別是黏膜上皮、黏膜固有層、黏膜肌層、黏膜下層。

中空性器官

①黏膜
②肌層：環肌（層）、縱肌（層）
③漿膜

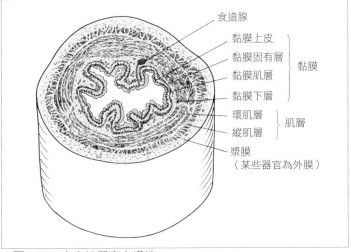

▲圖1-18　中空性器官之構造

②肌層（tunica muscularis）：多為平滑肌，部分為橫紋肌。有環
　肌與縱肌2層。

③漿膜（serous membrane，或外膜）：消化道的食道有纖維性外
　膜，而腹腔內的消化管（腸與胃）則包覆著薄的漿膜（臟層腹
　膜）。

B.　實質性器官

　　實質性器官為肝臟、腎臟、胰臟、肺、卵巢（睪丸）、唾
腺、內分泌腺等器官。這些器官由**實質**（parenchyma）與**基質**
（stroma，又稱間質 interstitium，包括血管與神經）構成，實質
是有特定功能的組織，基質則是存在於實質的空隙，具有結締組
織般的功用。▶圖1-19

實質性器官
．．．．．．．．．．．．．．．．．．．．．．
①被膜
②實質：葉或小葉
③基質：葉或小葉空隙的結締組織
④門：位於器官表面，是血管與神
　經進出的特定部位。

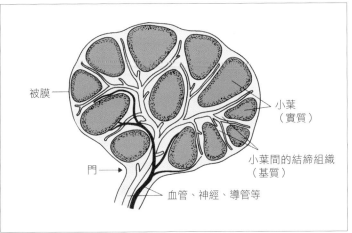

▲圖1-19　實質性器官之結構

實質性器官的表面，有漿膜或結締組織構成的被膜。被膜會將實質器官的內部分隔成葉或小葉。

神經與血管分佈在被膜構成的間隔中，而器官的出入口稱做門（porta，例如肝門、肺門、腎門、脾門等）。

C. 器官的形成

■外胚層（ectoderm）

①神經外胚層：可形成腦、脊髓、腦神經、脊髓神經、網膜、松果體、腎上腺髓質、腦下垂體後葉、知覺神經節等等。

②表面外胚層：可形成皮膚表面、指甲、毛髮、皮脂腺、乳腺、內耳、晶狀體、腦下垂體前葉、牙齒的琺瑯質、瞳孔括約肌、瞳孔擴大肌等等。

■中胚層（mesoderm）

可形成骨骼、肌肉、結締組織、腹膜、胸膜、心包膜、心臟、血管、淋巴管、血液細胞，以及大半的泌尿器官與生殖器官。

■內胚層（endoderm）

可形成肝臟、胰臟、膀胱、尿道、消化道與呼吸器官的上皮，以及起源於鰓弓的器官等。

第**2**章

骨骼系統
Skeletal System

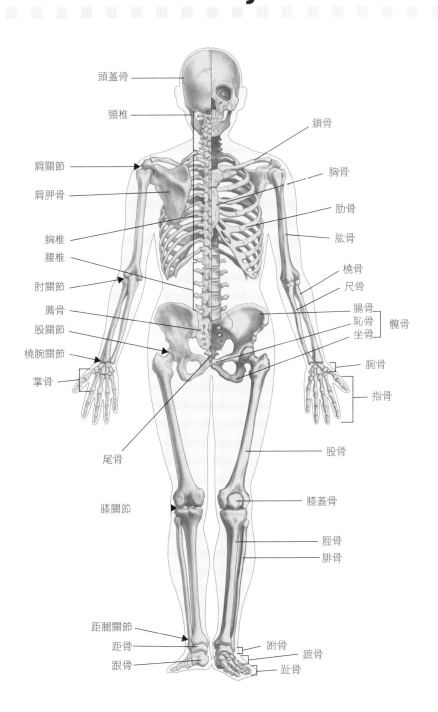

頭蓋骨

頸椎

鎖骨

肩關節

胸骨

肩胛骨

肋骨

肱骨

胸椎

腰椎

橈骨

肘關節

尺骨

薦骨

腸骨

股關節

恥骨

坐骨

髖骨

橈腕關節

腕骨

掌骨

指骨

尾骨

股骨

膝關節

膝蓋骨

脛骨

腓骨

距腿關節

距骨

跗骨

蹠骨

跟骨

趾骨

骨骼系統概論

N o t e

骨骼的生理功能

①支持
②保護
③運動（被動性）
④造血作用
⑤儲存礦物質

1 骨骼的功用

①**支持**：骨骼可支撐頭部與內臟，為身體的支柱
②**保護**：骨頭聚集便成為骨架，可形成**顱腔**（cranial cavity）、**胸腔**（thoracic cavity）、**脊椎管**（vertebral canal）、**骨盆腔**（pelvic cavity）等腔室，保護腦或內臟等重要器官。
③**運動**（被動性）：骨頭上的肌肉收縮後，骨頭便以可動關節為支點動作。
④**造血作用**：骨髓中的紅骨髓具有造血功能，可持續製造紅血球、白血球與血小板。當紅骨髓的造血功能衰退後，顏色就會轉黃而成為黃骨髓。
⑤**儲存礦物質**：骨骼可儲藏鈣、磷、鈉、鉀等礦物質，有需要時便經由血液往外輸送。

2 骨骼的形狀與結構

A. 骨骼的形狀

骨骼可分為長骨、短骨、扁平骨與含氣骨

①**長骨**（long bone）：為管形的長條狀骨骼，例如股骨、肱骨、鎖骨、脛骨、橈骨。
②**短骨**（short bone）：形狀短且不規則，例如腕骨中的鉤骨與頭狀骨，附骨中的距骨和跟骨。
③**扁平骨**（flat bone）：為扁平的板狀，例如頂骨、胸骨、肋骨、腸骨等等。
④**含氣骨**（pneumatic bone）：骨骼內部有小洞可含空氣，例如額骨、上頜骨、篩骨、蝶骨。

長骨

　長骨兩端的突起稱為骨骺，中央則為骨幹。骨幹外層為緻密骨，內為管狀的骨髓腔，內有骨髓。

扁平骨

　扁平骨不像長骨有很大的骨髓腔，僅由兩層緻密骨板疊合，中間的板障為海綿質。

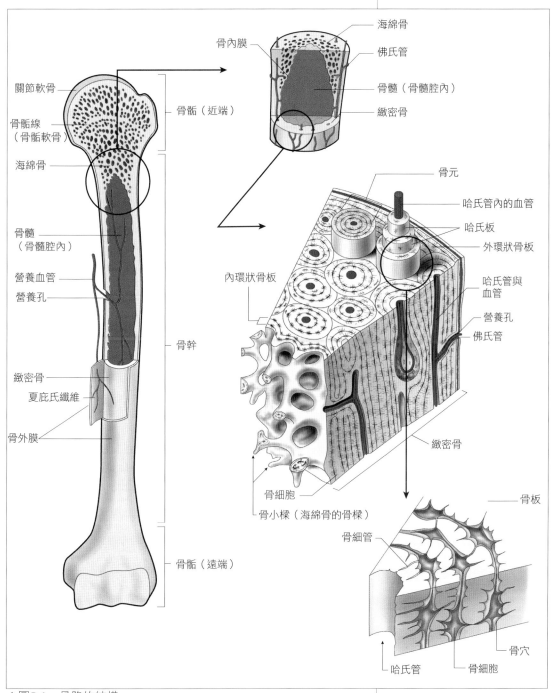

▲圖2-1　骨骼的結構

B.　骨骼的結構

　　除了關節面以外，骨頭外皆包覆骨膜，並由骨質與骨髓構成。
骨質可分為緻密骨與海綿骨，骨髓則位於骨髓腔內。▶圖2-1

網狀組織

由網狀細胞突觸與網狀纖維構成，主要是包覆著淋巴球。

骨骼的形成

①**軟骨內骨化**：軟骨轉為硬骨。

②**膜內骨化**：結締組織轉為硬骨，顱頂亦是。

■骨膜（periosteum）

除了關節面是被關節軟骨包覆外，其餘的骨骼都在骨膜包覆下。它是纖維性的結締組織，以夏庇氏纖維緊密貼合在骨表面。骨膜裡有許多血管與神經，除了可以保護骨骼，也能供給養分，有助於骨骼的成長與再生。

■骨質

分為**緻密骨**（compact substance）與**海綿骨**（spongy substance）。

①**緻密骨**：緻密骨位於骨頭表層，組織以層狀排列，中心有縱向的血管腔，裡面的血管可輸送養分。血管腔稱為**哈氏管**（Haversian canal），而周圍呈同心圓排列的骨板稱為**哈氏板**（Haversian lamella）。而**佛氏管**（Volkmann's canal）與骨膜的血管相通，也與哈氏管連接。骨頭表面的孔洞則稱為**營養孔**（nutrient foramen）。

②**海綿骨**：位於骨骼的深層與骨骺上，有海綿狀的小孔隙，其中充滿骨髓。

■骨髓（bone marrow）

骨髓由網狀結締組織構成，可區分為**紅骨髓**（red bone marrow）與**黃骨髓**（yellow bone marrow）。

①**紅骨髓**：紅骨髓為深紅色，造血功能旺盛。位在脊椎骨、胸骨、肋骨與腸骨等處。年輕時紅骨髓較多。

②**黃骨髓**：紅骨髓的造血功能在年齡增長後衰退，頭骨的脂肪細胞增加，漸漸變成黃色成為黃骨髓。黃骨髓位於長骨骨幹的骨髓腔。

3 骨骼的形成與生長

A. 骨骼的形成

①**軟骨內骨化**（endochondral ossification，軟骨轉硬骨）：軟骨會在胎生期形成，是骨骼的前身，當軟骨組織死亡後，便出現生骨細胞，置換掉軟骨組織而骨化。以長骨為例，骨幹中央與兩端骨骺有骨化點，可形成硬骨。

②**膜內骨化**（intramembranous ossification，結締組織轉硬骨）：於結締組織內形成生骨細胞，接著變成骨細胞。顱頂與部分的面部骨骼皆由膜內骨化而成。

B. 骨骼的成長

①**增長**：骨骺的軟骨（骨骺軟骨，epiphyseal cartilage）增殖骨化後便會增長。

②**增寬**：生骨細胞自骨膜產出，在骨膜內面形成骨質，貼附在骨骼上而逐漸變粗。

4 骨骼的連結

　　一個人全身約有200塊骨頭，互相連接便形成骨架。依照接合方式分成可動與不可動兩種。

A. 不可動

　　接合處不可活動，兩塊骨骼間存有少量的結締組織或軟骨。

①**骨縫**（suture）：常見於頭蓋骨之間，由膠原纖維縫合連接。

②**嵌合關節**（gomphosis）：常見於牙齒與上下頜骨的齒槽間，藉由膠原纖維接合。

③**軟骨結合**（cartilaginous joint）：兩塊骨頭藉由纖維軟骨接合。

　　·**椎間盤**（intervertebral disk）：負責脊椎骨之間的接合，是位於脊椎間的纖維軟骨。

　　·**恥骨間盤**：位於恥骨聯合（symphysis pubis），為左右兩塊恥骨間的纖維軟骨。

④**骨性接合**（osseous joint）：在骨縫或軟骨結合處，兩骨之間的結締組織或軟骨再次骨化，便稱為骨性接合。有額骨、髖骨與薦骨等等皆是。

B. 可動

　　當2至3個骨骼的接合處以可動方式連接，便稱做關節。

骨骼的成長

①**增長**：骨骺軟骨增殖並骨化，最後形成骨骺線。

②**增寬**：骨膜內面骨化，骨髓腔受到蝕骨細胞影響而擴大。

骨骺線

　　隨著骨骺的骨化，軟骨會隨之減少而形成線條狀，稱為骨骺線。

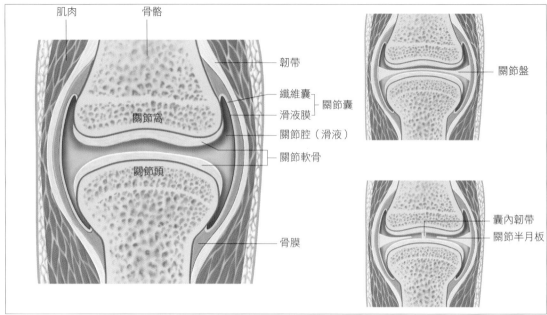

▲圖2-2　關節的構造

　　　　Note

與關節有關之名稱

　關節頭、關節窩、關節軟骨、關
節囊、滑液膜、關節腔、滑液、韌
帶、關節半月板、關節盤。

囊內韌帶

　一般的韌帶在關節囊外，但膝十
字韌帶與股骨頭韌帶則在關節內。

關節半月板與關節盤

　兩者皆是從關節囊延伸至關節腔
的纖維軟骨，有助於關節面的接合
與活動，並有緩衝作用。
（例）關節半月板：膝關節
　　　關節盤：顳關節

■關節構造

　　在骨的接合處中，突出的關節面稱做關節頭（joint head），
下凹面稱做關節窩〔joint （articular） socket〕，兩者的關節面
都包覆在關節軟骨（articular cartilage）之下，而接合處則包覆
在關節囊〔joint (articular) capsule〕中。關節囊可分為纖維囊
（fibrous capsule）與滑液膜（synovial membrane，內膜）。在關
節囊包覆下的內腔稱做關節腔（articular cavity），裡面充滿滑
液（synovial fluid），可減少關節面的摩擦。▶圖2-2。此外，為
了強化關節囊，並預防關節因過度運動而損傷，因此還有韌帶
（ligament）補強。

■關節種類
●以接合的骨骼數分類
①單關節（simple joint）：由兩塊骨構成的關節，例如肩關節
　　（肱骨與肩胛骨）、骨關節（股骨與髖骨）等。
②複關節（compound joint）：由三塊以上的骨骼構成，例如肘
　　關節（肱骨、橈骨與尺骨）等等。

●以運動軸分類
①單軸關節：主要以單軸活動，可進行屈伸。
②雙軸關節：主要以雙軸活動，可往前後左右屈伸。
③多軸關節：主要活動軸有三個，可前後屈、側屈並迴旋。

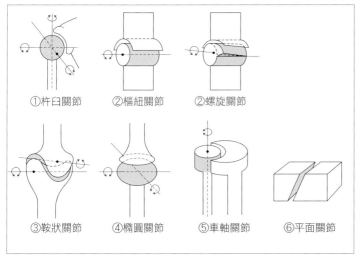

①杵臼關節　②樞紐關節　②螺旋關節

③鞍狀關節　④橢圓關節　⑤車軸關節　⑥平面關節

▲圖2-3　關節種類

●**依照關節頭與關節窩的形狀分類。**▶圖2-3

①**杵臼關節**（ball and socket joint）：關節頭為球狀，關節窩則為相應的凹陷，可進行多軸運動。若關節窩特別深，則稱做杯狀關節（cotyloid joint）。

②**樞紐關節**（hinge joint）：關節頭為圓柱狀，如同絞鍊般以圓柱為運動軸，朝單方向運動。若圓柱直徑隨著轉動的角度改變，如同螺旋梯一般的狀況，則稱做螺旋關節（screw joint）。

③**鞍狀關節**（saddle joint）：關節頭與關節窩兩面皆成馬鞍狀，可互相呈直角移動，屬於雙軸關節。

④**橢圓關節**〔ellipsoid joint，又稱髁狀關節（condylar joint）〕：關節頭與關節窩的關節面皆為橢圓形，沿著關節頭的長軸與短軸活動（雙軸）。

⑤**車軸關節**（pivot joint）：關節頭為環狀、關節窩則呈相應的凹陷，活動時會繞著骨頭的長軸轉動（單軸）。

⑥**平面關節**（plane joint）：關節面接近平面，可動性低，只能稍微滑動。如果兩個關節面有細小起伏相嵌合，幾乎不可動者，便稱作微動關節。

各類關節範例（6種）

①**杵臼關節**：肩關節
　　　（杯狀關節）：髖關節
②**樞紐關節**：肱尺關節、指間關節
　　　（螺旋關節：距腿關節）
③**鞍狀關節**：拇指的腕掌關節
④**橢圓關節**：橈腕關節
⑤**車軸關節**：上、下橈尺關節
⑥**平面關節**：椎間關節、胸鎖關節
　　　（微動關節）：薦腸關節

骨骼系統區分

1 骨骼的名稱與數量

人體由大約200根骨頭互相結合，形成顱骨（cranial bone）、脊柱（vertebral column）、胸廓（thorax）、骨盆（pelvis）、上肢骨、下肢骨。脊柱與部分的下肢骨，也包括在胸廓與骨盆的結構中。

A. 軀幹的骨骼

■顱骨（共15種23塊）

腦顱（neurocranium）（6種共8塊）	1. 頂骨（parietal bone）2塊 2. 顳骨（temporal bone）2塊 3. 額骨（frontal bone）1塊 4. 枕骨（occipital bone）1塊 5. 蝶骨（sphenoid bone）1塊 6. 篩骨（ethmoid bone）1塊
顏面骨（viscerocranium）（9種共15個）	1. 鼻骨（nasal bone）2塊 2. 淚骨（lacrimal bone）2塊 3. 下鼻甲（inferior nasal concha）2塊 4. 上頜骨（maxilla bone）2塊 5. 顴骨（zygomatic bone）2塊 6. 腭骨（palatine bone）2塊 7. 下頜骨（mandible bone）1塊 8. 犁骨（vomer bone）1塊 9. 舌骨（hyoid bone）1塊

■脊柱

有26塊椎骨（vertebra），其中頸椎（cervical vertebra）有7塊、胸椎（thoracic vertebra）有12塊、腰椎（lumbar vertebra）有5塊、薦骨（sacrum）有1塊、尾骨（coccyx）有1塊。

■胸廓

胸廓由胸椎、1塊胸骨〔sternum，包含胸骨柄（manubrium of sternum）、胸骨體（body of sternum）、胸骨劍突（xiphoid process）〕與肋骨（rib）構成。

薦椎與尾椎

成人的薦骨與尾骨經過癒合，因此大致上為1個，但在進入兒童期以前並未癒合，因此薦椎為5塊、尾椎為3到5塊骨頭組成。

B. 四肢的骨骼

■上肢骨（skeleton of upper limb）64塊

肩帶	鎖　　骨（clavicle）2塊 肩胛骨（scapula）2塊		
上肢骨	肱　　骨（humerus）2塊		
	前臂骨骼	橈　　骨（radius）2塊	
		尺　　骨（ulna）2塊	
	手掌骨骼	腕　　骨（carpal bones）16塊	
		掌　　骨（metacarpal bones）10塊	
		指　　骨（phalangeal bones）28塊	

■下肢骨（skeleton of lower limb）62塊

骨盆帶	髖　　骨（hip bone）2塊		
下肢骨	股　　骨（femur）2塊		
	小腿骨骼	膝蓋骨（patella）2塊	
		脛　　骨（tibia）2塊	
		腓　　骨（fibula）2塊	
	足部骨骼	跗　　骨（tarsal bones）14塊	
		蹠　　骨（metatarsal bones）10塊	
		趾　　骨（phalangeal bones）28塊	

腕骨

一邊由8塊小骨頭排成2列，每列4個（舟狀骨、月狀骨、三角骨、豆狀骨、大菱形骨、小菱形骨、頭狀骨、鉤狀骨）。

跗骨

一邊由7塊小骨頭組成（距骨、跟骨、舟狀骨、骰骨、內側楔狀骨、中間楔狀骨、外側楔狀骨）。

2 各部骨骼之結構

A. 顱骨〔cranial bone，頭顱骨（skull）〕

■顱頂與顱底

　　腦顱（neurocranium）形成顱腔（cranial cavity），容納腦部並提供保護。為求區別，上方的圓型部位稱為顱頂（calvaria），而底部稱為顱底（cranial base）。▶圖2-4

■骨縫

　　頂骨、額骨、枕骨、顳骨構成了顱骨，在這些骨頭之間的細縫稱為骨縫（suture）。

①矢狀縫（sagittal suture）：位於左右兩頂骨之間。

②冠狀縫（coronal suture）：位於額骨與左右兩頂骨之間。

③人字縫（lambdoid suture）：位於左右兩頂骨與枕骨之間。

④鱗狀縫（squamosal suture）：位於顳骨與頂骨之間。▶圖2-5

■囟門（fontanelle）

　　新生兒的頭蓋骨尚未完全骨化，留有類似結締組織的膜，稱為囟門。▶圖2-6

①額囟（anterior fontanelle）：矢狀縫與冠狀縫交界的菱形部位，出生後約1年半至2年閉合。

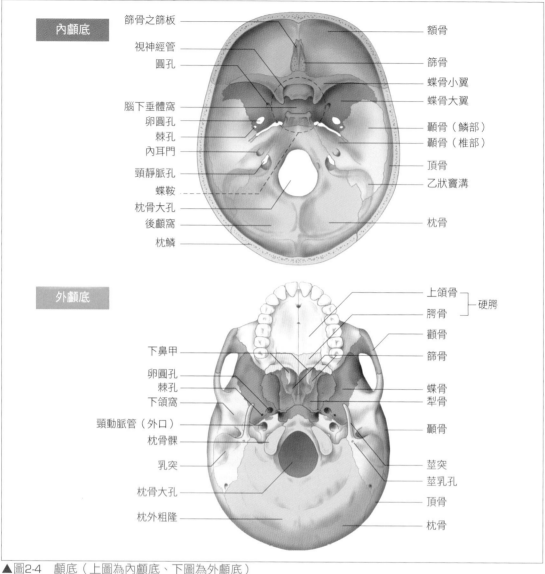

内顱底

篩骨之篩板
視神經管
圓孔
腦下垂體窩
卵圓孔
棘孔
內耳門
頸靜脈孔
蝶鞍
枕骨大孔
後顱窩
枕鱗

額骨
篩骨
蝶骨小翼
蝶骨大翼
顳骨（鱗部）
顳骨（椎部）
頂骨
乙狀竇溝
枕骨

外顱底

下鼻甲
卵圓孔
棘孔
下頜窩
頸動脈管（外口）
枕骨髁
乳突
枕骨大孔
枕外粗隆

上頜骨 ─┐
腭骨 ─┘ 硬腭
顴骨
篩骨
蝶骨
犁骨
顳骨
莖突
莖乳孔
頂骨
枕骨

▲圖2-4　顱底（上圖為內顱底、下圖為外顱底）

📖　　N o t e

下鼻甲

　上鼻甲與中鼻甲都是篩骨的一部
份，唯有下鼻甲是獨立的骨頭，屬
於顏面骨。

鼻中隔

　鼻中隔的上半部是篩骨的垂直
板，下半是犁骨，前方則是由鼻中
隔軟骨構成。

②後囟（posterior fontanelle）：為矢狀縫與人字縫之間的三角形部分，約在出生後6個月至1年閉合。

■鼻腔（nasal cavity）

　鼻腔的入口為梨狀孔（piriform aperture），內部由鼻中隔（nasal septum）將其分為左右兩邊。內側壁有突起的上鼻甲（superior nasal concha）、中鼻甲（middle nasal concha）與下鼻甲（inferior nasal concha），將鼻腔分成上鼻道（superior nasal meatus）、中鼻道（middle nasal meatus）與下鼻道（inferior nasal meatus）。▶圖2-7

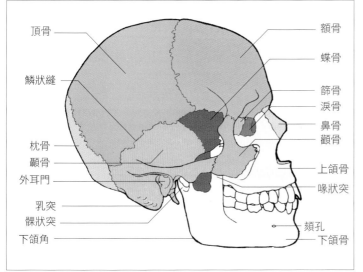

▲圖2-5　顱骨（右側面）

頂骨　　額骨　　蝶骨　　篩骨　　淚骨　　鼻骨　　顴骨

鱗狀縫

枕骨　顳骨　外耳門　乳突　髁狀突　下頜角

上頜骨　喙狀突　頦孔　下頜骨

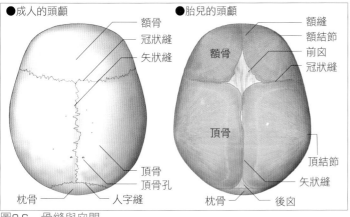

圖2-6　骨縫與囟門

●成人的頭顱

額骨　冠狀縫　矢狀縫

頂骨　頂骨孔　枕骨　人字縫

●胎兒的頭顱

額縫　額結節　前囟　冠狀縫

額骨　頂骨

頂結節　矢狀縫　枕骨　後囟

前囟

出生後約1年半至2年閉合。

後囟

出生後約6個月至1年閉合。

鼻淚管

通過淚骨，開口於下鼻道。

副鼻竇

有額竇、上頜竇、蝶竇、前篩竇
與後篩竇。

眼眶

眼眶內部有視管、眶上裂、眶下
裂等等，可讓神經與血管通過。周
圍有額骨、顴骨、上頜骨、蝶骨、
篩骨、腭骨、淚骨。

■副鼻竇

鼻腔周邊骨骼中的含氣空腔稱為副鼻竇，包括額竇（frontal sinus）、上頜竇（maxillary sinus）、蝶竇（sphenoidal sinus）與（前、後）篩竇（ethmoidal sinus）共4種。額竇、上頜竇與前篩竇和中鼻道相通，後篩竇與上鼻道連接，而蝶竇則與鼻腔後上方（蝶篩隱窩）相通。

■眼眶（orbit）

眼眶為凹陷狀，眼球位於其中。周圍有額骨、顴骨、上頜骨、蝶骨、篩骨、腭骨、淚骨這7種骨頭。

■蝶骨

蝶骨幾乎佔據了顱底的中央部分，其上的凹陷稱為蝶鞍（sella

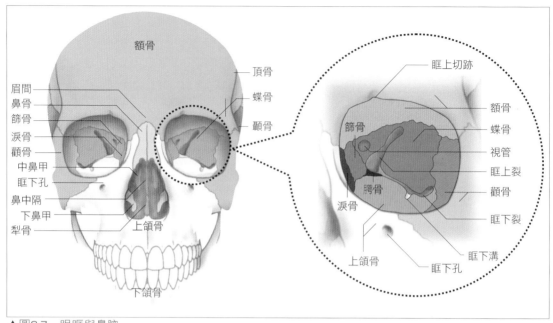

△圖2-7　眼眶與鼻腔

左圖標示（由上而下、由外而內）：

額骨

眉間
鼻骨
篩骨
淚骨
顴骨
中鼻甲
眶下孔
鼻中隔
下鼻甲
犁骨

頂骨
蝶骨
顴骨

上頜骨

下頜骨

右圖標示：

眶上切跡
篩骨
額骨
蝶骨
視管
眶上裂
顎骨
顴骨
淚骨
眶下裂
上頜骨
眶下溝
眶下孔

📖　N o t e

顳骨的下頜窩

　　頜關節由顳骨的下頜窩與下頜骨構成。

枕骨大孔

　　延髓與椎動脈皆會通過枕骨大孔。

turcica）。腦下垂體位於蝶鞍中央的腦下垂體窩（hypophysial fossa）。此外還有視管（optic canal）、眶上裂、眶面、圓孔、卵圓孔、棘孔，以及**蝶竇**。

■篩骨

　　篩骨為顱底的一部份，有許多小孔（篩板），其間有嗅覺神經通過。篩骨往下延伸至鼻腔〔垂直板（perpendicular plate）〕，可分為上鼻甲、中鼻甲、眶板及篩竇。

■顳骨

　　顳骨分成鱗部、岩部（錐體）與鼓室部。其中包含外耳門、外耳道、乳突（mastoid process）、下頜窩（mandibular fossa），並有位於內耳（主司平衡與聽覺）的椎體（pyramid），此外還有內耳門、內耳道等等。

■枕骨

　　枕骨的**枕骨大孔**（foramen magnum）是連接顱腔與脊椎管的通路。在大孔兩側下方有枕髁（occipital condyle）與環椎連結而形成關節頭（寰枕關節 atlantooccipital joint）。

■下頜骨

　　下頜骨中的髁狀突（condylar process）上端形成下頜頭（head of mandible）。下頜頭與顳骨的下頜窩一同形成下頜關節（mandibular joint）。▶圖2-8。顳骨肌終止於喙狀突（coronoid

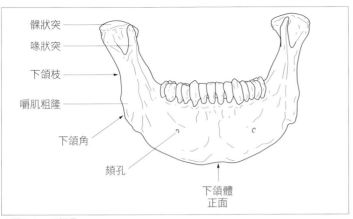

▲圖2-8　下頜骨

process）。

B.　脊柱（vertebral column）

■椎骨的基本架構

　　椎骨的基本架構有圓柱形的椎體（vertebral body）和後方的椎弓（vertebral arch），以及椎體與椎弓之間的椎孔（vertebral foramen）。椎弓上有4種共7個突起〔棘突（spinous process）、橫突（transverse process）、上關節突（superior articular process）、下關節突（inferior articular process），其中棘突只有1個，其餘皆為2個1對〕。椎弓基部的上下兩端皆有凹陷，分別稱為上椎骨切跡與下椎骨切跡。

■脊柱全貌

　　上下兩椎體之間，有纖維軟骨構成的椎間盤（intervertebral

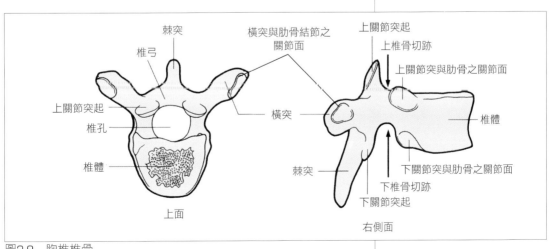

圖2-9　胸椎椎骨

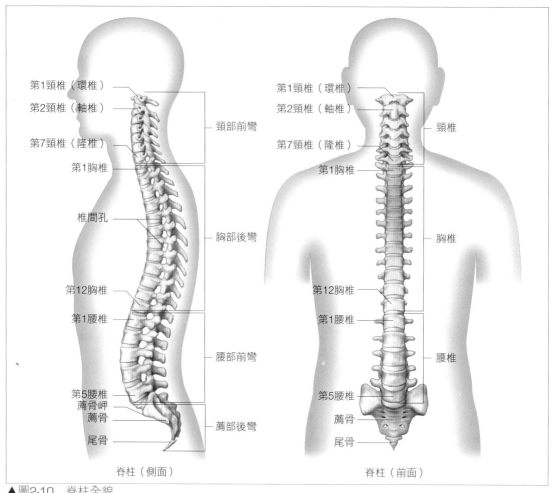

第1頸椎（環椎）
第2頸椎（軸椎）
第7頸椎（隆椎）
第1胸椎
椎間孔
第12胸椎
第1腰椎
第5腰椎
薦骨岬
薦骨
尾骨

頸部前彎
胸部後彎
腰部前彎
薦部後彎

脊柱（側面）

第1頸椎（環椎）
第2頸椎（軸椎）
第7頸椎（隆椎）
第1胸椎
第12胸椎
第1腰椎
第5腰椎
薦骨
尾骨

頸椎
胸椎
腰椎

脊柱（前面）

▲圖2-10　脊柱全貌

📖 N o t e

脊柱的前後彎曲
前彎：頸部、腰部。
後彎：胸部、薦尾部。

特別的頸椎
環椎：第1頸椎
軸椎：第2頸椎
隆錐：第7頸椎

disk）。椎體疊成柱狀便形成脊柱。上下的椎孔之間相連，形成脊椎管，其中含有骨髓。上位的下椎骨切跡與下位的上椎骨切跡會形成椎間孔（intervertebral foramen），其中有脊髓神經通過。

脊柱雖為柱狀，但在頸部與腰部為前彎（lordosis）、在胸部與薦部則為後彎（kyphosis），整體為S形的彎曲。

■頸椎

頸椎特有的橫突孔（transverse foramen）位於橫突的底部，其間有椎動脈通過。

①環椎（atlas，第1頸椎）：環椎呈環狀，沒有椎體，其上關節面與枕骨髁形成寰枕關節。

②軸椎（axis，第2頸椎）：軸椎的椎體上方有齒狀突（dens），凸向環椎前弓的後方，形成正中寰樞關節，以齒狀突為軸心讓頭顱得以轉動。

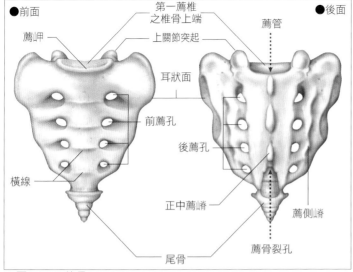

▲圖2-11　薦骨

（前面標示）●前面　第一薦椎之椎骨上端　薦岬　上關節突起　耳狀面　前薦孔　橫線　正中薦嵴　尾骨

（後面標示）●後面　薦管　後薦孔　薦側嵴　薦骨裂孔

③**隆椎**（prominent vertebra，第7頸椎）：隆椎與其上6個頸椎比起來，有較長的棘突，可直接從體表摸到，因此能當作起點以計算其它椎骨位置。

■薦骨

　　薦骨是由5塊薦椎癒合而成，正面的橫線（transverse lines）就是癒合的痕跡，而後面的正中薦嵴則是由棘突起癒合而成。當脊椎管延伸至薦骨便稱作薦管，而薦管周圍共4對的**前薦孔**（pelvic sacral foramen）、**後薦孔**（dorsal sacral foramina）就有如椎間孔一般▶圖2-11

①**薦岬**（promontory）：即為椎體上端前緣的突起。

②**耳狀面**（auricular surface of sacrum）：位於外側的關節面，與髖骨結合。

C.　胸廓（thorax）

　　胸廓為環狀，由12塊胸椎、12對肋骨與1個胸骨構成，可保護胸腔的器官並參與呼吸動作。

■胸廓上口（inlet of thorax）

　　由第1胸椎、左右第1肋骨與胸骨上緣圍繞而成，是甲狀腺、頸部神經，以及大血管在胸腔的出入口。

■胸廓下口（outlet of thorax）

　　由第12胸椎、左右肋骨弓及胸骨下緣圍繞而成。橫膈膜即是胸腔與腹腔的分界。

胸骨角

　　胸骨角位於胸骨柄與胸骨體的結合處，兩側與第2肋軟骨連接。因為胸骨角會往前突出，從體表便可觸摸到。因此觸診時只要記住胸骨角兩側為第二肋骨，便能推算其它肋骨位置。

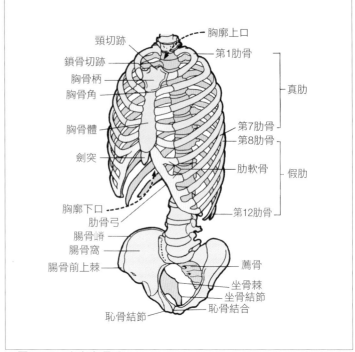

▲圖2-12　胸廓與骨盆

胸腔內臟

　　有肺、心臟、氣管、支氣管、食道等等。

骨盆內臟

　　有膀胱、子宮、前列腺、輸卵管、卵巢、直腸等等。

薦腸關節

　　位於薦骨與腸骨的耳狀面之間，屬於微動關節。

恥骨聯合

　　恥骨聯合是由左右兩側的髖骨構成，中間有纖維軟骨與兩髖骨連結。

D.　骨盆（pelvis）

　　骨盆是由左右髖骨，以及薦骨、尾骨所構成的一盆狀構造，能夠連結軀幹與下肢，並保護骨盆中的臟器。骨盆背面由薦骨與髖骨形成一耳狀面，構成薦腸關節（sacroiliac joint）。腹面則由兩側的髖骨在恥骨部位結合〔也就是恥骨聯合（symphysis pubis）〕。骨盆形狀會因性別而有所不同。▶圖2-13

　　分界線（terminal line）會將骨盆一分為二，上方為大骨盆（greater pelvis）；下方為小骨盆（lesser pelvis）。在小骨盆中，恥骨聯合會形成一封閉的骨盆腔（pelvic cavity），內含臟器，也是分娩時的產道。骨盆腔上端分界線的部分，稱為骨盆

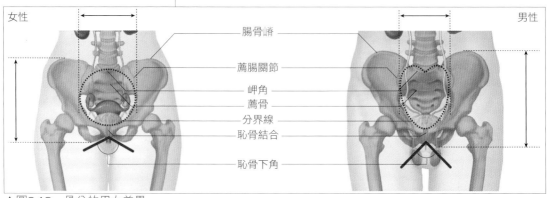

▲圖2-13　骨盆的男女差異

▼表1　男女骨盆的差異

	女　性	男　性
骨盆上口形狀	橫向橢圓	心型
恥骨下角	鈍角（70～90度）	銳角（50～60度）
骨盆腔	廣圓桶狀	狹長的漏斗形
薦骨	寬而短，彎曲度小。	細而長，彎曲度大。

上口（superior pelvic aperture），下端則稱做骨盆下口（inferior pelvic aperture）。

E. 上肢骨 bone of the upper limb（extremity）

■鎖骨（clavicle）

　鎖骨內側會與胸骨形成**胸鎖關節**（sternoclavicular joint），外側與肩胛骨的肩峰形成**肩鎖關節**（acromioclavicular joint）。

■肩胛骨（scapula）

　肩胛骨為扁平的倒三角形，範圍從背部的第2肋骨到第8肋骨。
▶圖2-14

①**關節盂**（glenoid cavity）：位於肩胛骨上外側，與肱骨形成肩關節。

②**肩峰**（acromion）**與肩胛棘**（spine of scapula）：位於背部皮下，可直接觸摸到。

③**喙突**（coracoid processs）：喙口突起為肌肉與韌帶附著處。

N o t e

分界線

　　分界線從恥骨聯合的上緣開始，通過左右恥骨上緣，再延伸到腸骨的弓狀線，最後到達薦骨的岬角。

附著在鎖骨和肩胛骨上的肌肉

　附著在鎖骨的肌肉：胸鎖乳突肌、胸大肌、斜方肌、三角肌等等。

　附著在喙突的肌肉：肱二頭肌短頭、胸小肌、喙肱肌。

　附著在盂上結節的肌肉：肱二頭肌長頭。

　附著在盂下結節的肌肉：肱三頭肌長頭。

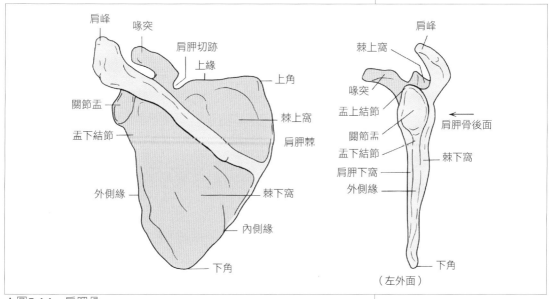

▲圖2-14　肩胛骨

肱骨的肌肉

附著於大結節的肌肉：棘上肌、棘下肌、小圓肌。

附著於小結節的肌肉：肩胛下肌。

附著於大結節嵴的肌肉：胸大肌。

附著於小結節嵴的肌肉：闊背肌、大圓肌。

橈骨與尺骨的神經溝

橈神經溝：由肱骨背面內側朝斜下方往外延伸的溝槽，內有橈神經。

尺神經溝：位於肱骨內上髁背面，內有尺神經。

④下角（inferior angle）：位於第7胸椎棘突的水平高度。

■肱骨（humerus）▶圖2-15

①肱骨頭（head of humerus）：有半球狀的關節面，可形成肩胛骨與肩關節。

②大結節（greater tubercle）與小結節（lesser tubercle）：為肌肉附著的地方。

③外科頸：在大、小結節的下方，呈凹陷狀，是肱骨最常骨折的部位。

④內、外上髁（medial epicondyle, lateral epicondyle）：為肱骨下端肘部附近的突起，透過皮膚也能清楚摸到內上髁。

⑤肱骨小頭（capitulum of humerus）：與橈骨一同構成肱橈關節（humeroradial joint）。

⑥肱骨滑車（trochlea of humerus）：與尺骨一同構成肱尺關節（humeroulnar joint）。

■橈骨（radius）

橈骨頭的上面是關節窩，可形成肱橈關節。橈骨全周〔關節環狀面（articular circumference）〕與尺骨的橈骨切痕之間，會形成近端橈尺關節〔superior（proximal）radioulnar joint〕。

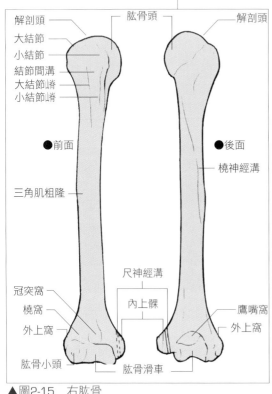

▲圖2-15　右肱骨

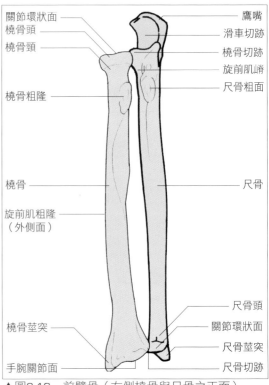

▲圖2-16　前臂骨（右側橈骨與尺骨之正面）

①橈骨粗隆（tuberosity of radius）：肱二頭肌附著於該處。

②橈骨莖突（styloid process）：位於手腕外側，可於皮下觸摸到。橈骨莖突的內側可測量橈動脈的脈搏。

③尺骨切跡（ulnar notch）：與尺骨一同構成遠端橈尺關節。

■尺骨（ulna）

①鷹嘴（olecranon）：是手肘後方的突起，可直接於皮下觸摸到。

②滑車切跡（trochlear notch）：與肱骨滑車一同構成肱尺關節。

③橈骨切跡（radial notch）：與橈骨的關節環狀面一同構成橈尺關節。

④尺骨粗隆（tuberosity of ulna）：肱肌附著於該處。

⑤尺骨頭（head of ulna）：遠端（手腕端）的外側面是關節環狀面，與橈骨的尺骨切跡一同構成遠端橈尺關節（inferior（distal）radioulnar joint）。

F. 下肢骨 bone of the lower limb（extremity）

■髖骨（hip bone）

髖骨屬於下肢骨骼，青春期之前由腸骨（ilium）、恥骨（pubis）與坐骨（ischium）這3種骨頭構成軟骨聯合。成年後會產生骨整合作用，讓3種骨頭形成髖骨。而這3塊骨骼接合的外側面則稱為髖臼。

①髖臼（acetabulum）：與股骨頭一同構成髖關節。

②腸骨前上棘（anterior superior iliac spine）：突出於腸骨峰的前端，可從皮膚上直接找出位置，能當作測量骨盆時的基準點。

N o t e

近、遠端橈尺關節

兩者皆為車軸關節，可讓前臂旋內或旋外。

鷹嘴

肱三頭肌附著於該處。

麥氏點

將右側的腸骨前上棘與肚臍連起，從外側取連線的三分之一，該點即為麥氏點，可診斷盲腸炎。

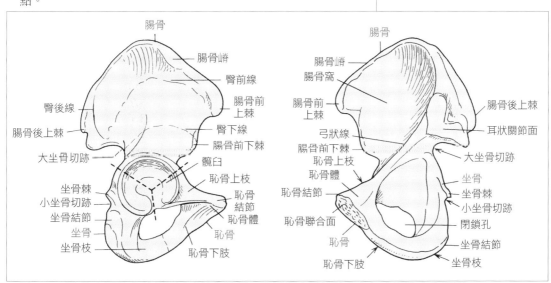

▲圖2-17　髖骨 左圖為右外側面（虛線為腸骨、恥骨與坐骨的結合處）右圖為右內側面。

坐骨神經的壓痛點

連起臀部的坐骨結節與股骨大轉子，坐骨神經會在其連線的中央深層往下降。若有坐骨神經痛，按壓該處通常會令人感到疼痛。

此外，行臀肌注射時也會避開該部位，於上外側1/4處注射，以免引起坐骨神經麻痺。

坐骨結節

其上附著半腱肌、半膜肌與股二頭肌長頭。

股骨相關肌肉

大轉子：臀中肌、臀小肌等等。
小轉子：腸腰肌。
臀肌粗隆：臀大肌。
恥骨線：恥骨肌。
粗線：內收大肌、內收長肌、外側廣肌、內側廣肌。

③耳狀關節面（auricular surface）：位於後上端內側，與薦骨的耳狀面一同構成薦腸關節。

④恥骨聯合面（symphyseal surface）：恥骨間盤（interpubic disk）位於聯合面之間，整體形成恥骨聯合。

⑤坐骨結節（ischial tuberosity）：坐骨結節為臀部的隆起，可在皮下觸摸到，許多大腿背面的肌肉都附著於此。

■股骨（femur）

股骨為人體中最大的管狀骨骼。

①股骨頭（head of femur）：與髖臼一同構成股關節。

②大轉子（greater trochanter）、小轉子（lesser trochanter）、轉子間嵴、臀肌粗隆（gluteal tuberosity）、恥骨線、粗線（linea aspera，內側唇、外側唇）：以上皆為肌肉附著的部位。

③內髁、外髁（medial condyle of femur、lateral condyle of femur）：與脛骨的內、外髁關節面一同構成膝關節。

■膝蓋骨（patella）

位於股四頭肌的肌腱中，是人體最大的種子骨（sesamoid bone）。

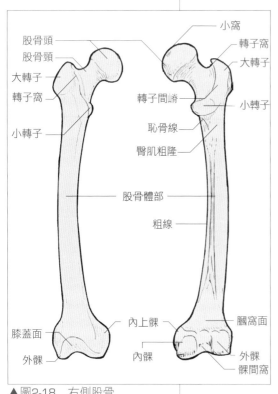

▲圖2-18　右側股骨

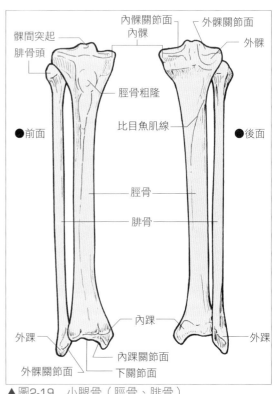

▲圖2-19　小腿骨（脛骨、腓骨）

■脛骨（tibia）

脛骨位於小腿內側，既粗且長。

①**內髁、外髁**：兩者上端皆為淺凹陷的關節面，與股骨一同構成膝關節。

②**脛骨粗隆**（tibial tuberosity）：其上附著膝蓋韌帶（股四頭肌的終止腱）。

③**內踝**（medial malleolus）：位於腳踝內側，內側面為關節面。與下關節面及距骨一同構成關節。

■腓骨（fibula）

位於小腿外側，既細且長。

①**腓骨頭**（head of fibula）：腓骨頭是腓骨上端粗大的部分，內側有關節面，可與脛骨構成脛腓關節（平面關節）。但不參與膝關節的動作。

②**外踝**（lateral malleolus）：位於腳踝外側，內側面為關節面。可與距骨、脛骨關節面一同構成距腿關節（talocrural joint）。

3 代表性的關節構造

A. 下頜關節mandibular joint（temporomandibular joint）

下頜關節位於下頜骨關節突的下頜頭，與顳骨下頜窩之間，其中有關節盤（articular disk）。

B. 肩關節（shoulder joint）

肩關節位於肩胛骨關節盂，與肱骨的肱骨頭之間，屬於杵臼關節。關節窩的周圍有肩關節盂唇（glenoidal labrum）、關節囊中有肱二頭肌長頭的肌腱。雖然肩關節的活動範圍是人體關節中最大的，但也相當容易脫臼。

C. 肘關節（elbow joint）

肘關節由橈骨、肱骨遠端、恥骨近端互相關連而成，也就是肱橈關節（humeroradial joint）、肱尺關節（humeroulnar joint）、近端橈尺關節〔superior（proximal）radioulnar joint〕，3個關節在同一關節囊內所形成的複關節。

■肱尺關節

肱尺關節位於肱骨滑車與尺骨的滑車切跡之間，屬於樞紐關節。

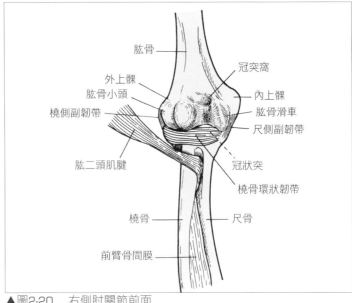

肱骨

冠突窩

外上髁
肱骨小頭
橈側副韌帶

內上髁
肱骨滑車
尺側副韌帶

肱二頭肌腱

冠狀突

橈骨環狀韌帶

橈骨

尺骨

前臂骨間膜

▲圖2-20　右側肘關節前面

■肱橈關節

　　肱橈關節位在肱骨小頭與橈骨頭上面的關節窩之間，屬於杵臼關節。

■近端橈尺關節

　　近端橈尺關節位於橈骨頭的關節環狀面與尺骨的橈骨切跡之間，屬於車軸關節。

①**橈骨環狀韌帶**（anular ligament of radius）：環住橈骨頭的關節環狀面，附著在尺骨的橈骨切跡前、後緣。

D.　手掌關節（joints of the hand）

　　手掌的關節相當複雜，大致可分為手腕、手掌與手指關節。手腕關節有4種、手掌關節有3種、手指關節有2種。

①**掌指骨關節**：位於掌骨頭與近側指骨基部之間的關節。

②**指間關節**：位於各指指節之間，屬於樞紐關節。第1指（拇指）的只分成近側骨與遠側骨，但第2～5指則分為近側、中間、遠側指骨，有2個指間關節。

　　·**近端指骨關節**：位於近側骨與中間骨之間。

　　·**遠端指骨關節**：位於中間骨與遠側骨之間。

E.　髖關節（hip joint）

　　髖關節位在股骨頭與髖臼（關節窩）之間，屬於杯狀關節。雖

手的關節

手腕關節：橈腕關節、腕骨間關節、腕中關節、豆狀骨關節。

手掌關節：腕掌關節、拇指的腕掌關節、掌骨間關節。

手指關節：掌指骨關節、指間關節。

指間關節

MP joint＝掌指骨關節

PIP joint＝近端指骨關節

DIP joint＝遠端指骨關節

MP joint：metacarpophalangeal joint

PIP joint：proximal inter phalangeal
　　　　　joint

DIP joint：distal inter phalangeal
　　　　　joint

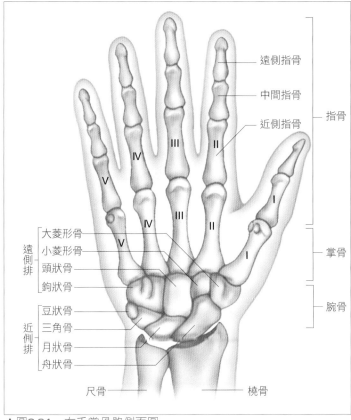

▲圖2-21　右手掌骨骼側面圖

說也是杵臼關節的一種，但因為關節窩相當深，因此運動限制比
肩關節來得多。▶圖2-22

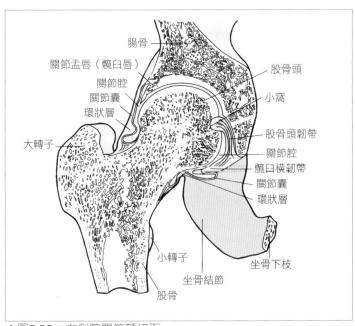

▲圖2-22　右側髖關節額切面

先天性髖關節脫臼

若髖臼太淺，關節盂唇的上唇形
成不全，就容易往上脫臼。這種先
天性疾病的患者多為女性。

膝關節

　　膝關節是由股骨、脛骨與膝蓋骨構成的複關節（腓骨並無參與）。

關節半月板：內側半月板、外側半月板。

韌帶：膝韌帶、膝十字韌帶、腓側副韌帶、脛側副韌帶。

①關節盂唇（acetabular labrum）：為髖臼周圍的纖維軟骨，可加深關節盂。

②股骨頭韌帶（ligament of head of femur）：從股骨頭延伸到髖臼的囊內韌帶。

F. 膝關節（knee joint）

　　膝關節是由股骨內外髁、脛骨內外髁、膝蓋骨關節面、股骨關節面構成的複關節。▶圖2-23。股骨與脛骨之間的關節為樞紐關節。

　　脛骨的關節盂較淺，因此兩側有纖維軟骨形成的關節半月板〔articular meniscus，分為內側半月板（medial meniscus）與外側半月板（lateral meniscus）〕加以彌補。

　　關節囊內有膝十字韌帶（cruciate ligament），是由前十字韌帶與後十字韌帶構成。而關節囊本身則依靠脛側副韌帶（tibial collateral ligament）與腓側副韌帶（fibular collateral ligament）等等補強。膝關節的前面有股四頭肌，形成關節囊的一部份，而在肌腱之下的膝蓋骨，則與股骨一同構成鞍狀關節。膝蓋骨下方的股四頭肌肌腱稱為**膝韌帶**（patellar ligament），附著在脛骨粗隆上。

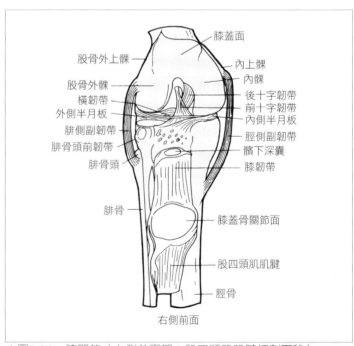

▲圖2-23　膝關節（右側前面觀：股四頭肌肌腱切割下移）

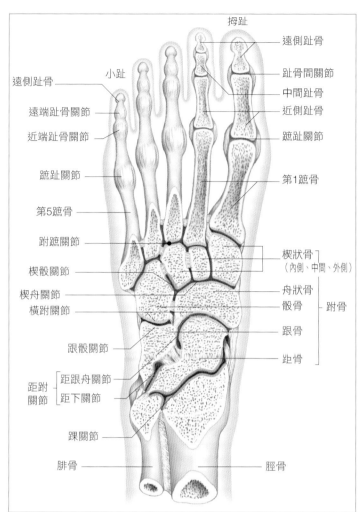

拇趾

小趾

遠側趾骨

遠端趾骨關節

近端趾骨關節

蹠趾關節

第5蹠骨

跗蹠關節

楔骰關節

楔舟關節

橫跗關節

跟骰關節

距跗
關節 ── 距跟舟關節

　　　　距下關節

踝關節

腓骨

遠側趾骨

趾骨間關節

中間趾骨

近側趾骨

蹠趾關節

第1蹠骨

楔狀骨
（內側、中間、外側）

舟狀骨

骰骨 ── 跗骨

跟骨

距骨

脛骨

▲圖2-24　足部的骨骼與關節

G.　踝關節（ankle joint，距腿關節）

　　踝關節位於小腿骨（脛骨、腓骨）與跗骨的距骨之間，又稱距腿關節（talocrural joint）。▶圖2-24。踝關節是由脛骨的下關節面與內踝關節，加上腓骨外踝關節面，構成關節盂，再由距骨滑車當作關節頭嵌入其中，屬於螺旋關節。

骨骼系統

1　棘突

棘突是背上的刺？

　　脖子由7塊骨骼（頸椎）上下連接而成，其中第1頸椎負責支撐頭骨，因此形狀與其它頸椎骨不同。圖2-25①為第7頸椎，頸椎骨通常就是這種形狀。當我們觸摸背部中央時，可感到突出的骨頭，這就是棘突。

　　「棘」字代表帶刺的植物或是尖刺本身，給人的印象就是又尖又硬。而「棘」字要怎麼念呢？請回想一下生物課，海膽跟海星的皮膚都帶刺，那種動物稱為棘皮動物，也就是棘突的棘。

　　請別人低下頭，沿著雙肩的稜線往後頸看去，可以感到皮膚稍微隆起。而自己低頭，從枕骨往下摸到後頸，應該能摸到突起的硬塊，這就是方才看到的隆起部分，該處正好是第7頸椎的棘突。其上的頸椎骨，棘突並不明顯，無法從皮膚直接摸到。正因為第7頸椎的棘突可以直接摸到，所以又稱為隆椎。椎體與上、下椎間盤相連，構成柱狀。

　　圖2-25②是第1頸椎，和形狀普通的第7頸椎比起來，可說相當特殊。我們在第2頸椎上看不到椎體，而椎孔又呈環狀，所以別稱環椎。環椎支撐著上方的顱骨，顱底的左右兩邊則有球狀的枕髁，就像小小的突起。當我們把球放在手上，接著輕輕縮起手掌，讓掌心下陷，球就不容易掉出來。環椎正是如此，它往下凹陷讓枕髁不易滑出。這兩個地方的凹陷稱為上關節窩。

　　環椎的學名為Atlas，是希臘神話的巨人，因為反抗眾神被罰扛起天空。或許人們把顱骨看做天空或地球，所以在負責支撐的脊柱中，最上端的骨頭便稱為Atlas。

　　圖2-25③是第2頸椎，形狀也相當特殊。一般而言，椎體往上的突起並不明顯，

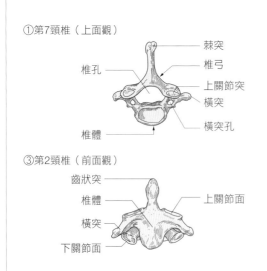

①第7頸椎（上面觀）

棘突
椎弓
上關節突
橫突
橫突孔
椎孔
椎體

③第2頸椎（前面觀）

齒狀突
椎體
橫突
下關節面
上關節面

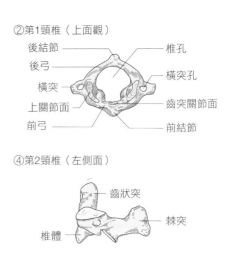

②第1頸椎（上面觀）

後結節
後弓
橫突
上關節面
前弓
椎孔
橫突孔
齒突關節面
前結節

④第2頸椎（左側面）

齒狀突
棘突
椎體

▲圖2-25　各類頸椎

但第2頸椎非常特別，會嵌入第1頸椎（環椎）的椎孔。第2頸椎的突起部分稱為齒狀突，發育初期本是環椎的椎體，之後會脫離環椎，與下方的第2頸椎合而為一。

當我們用食指甩著項鍊，鍊子會以手指為軸心轉動。而環椎便是以第2頸椎的齒狀突為軸心轉動。環椎支撐著顱骨，因此轉頭的動作就是以齒狀突為軸心，讓環椎跟顱骨轉動。只是人類的頭沒辦法像娃娃一樣轉上好幾圈。第2頸椎以下的關節，也可由上而下稍稍錯開，讓人類能做出回頭的動作。

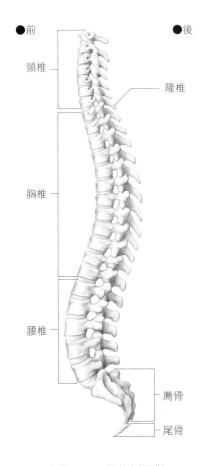

前●   ●後

頸椎

隆椎

胸椎

腰椎

薦骨

尾骨

▲圖2-26　脊柱側面觀

2　S型彎曲

以雙腳直立行走是人類的特色

請試著抬頭挺胸，讓脊椎打直。聽說以前的人為了讓身體挺直，還會把尺綁在背上呢！但將手放在腰間上下移動，就能感覺腰部是凹陷的，也因為如此，雖然不到駝背的程度，但背部也略微彎曲，無論怎麼努力挺直也是一樣。另一方面，腰間下方的臀部也往後突出。所以當父母陪小孩玩騎馬打仗，當馬給孩子騎時，坐在父母的腰間就不會摔下來，彷彿像裝了馬鞍一樣。

那真正的馬又如何呢？我們在遊樂區看到的馬都掛著鞍，所以不容易看出來。但動物園的迷你馬或斑馬，背部不像人類的腰間那樣往下凹。其實不止馬匹，生活中常見的貓狗亦然，當我們從頭部往尾巴撫過，只會摸到圓滑的弧形，仍然沒有類似腰部的凹陷。

這是因為人類的腰間和四足動物不同，脊椎會在腰部往下凹，也就是朝前彎曲。

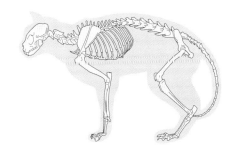

▲圖2-27　貓脊椎的弧形

因為脊椎這個名稱，人們都認為該是筆直的，但無論怎樣挺直、努力撐起，有前後彎曲才是人類背脊正確的形狀。這就是人類脊椎在生理上的前後彎曲。

頸部脊椎是朝前彎曲、而胸部的朝後、腰部的朝前、薦尾部的脊椎則是朝後彎曲。因為狀似S型，因此稱為S狀彎曲。特別是腰部的前彎，是以兩腳行走的人類所獨有之特徵。

試想著一根筆直的柱子，如果在前方綁上重物，便很容易往前倒。這就像人抱著一顆大西瓜時，如果把腰往後縮抱著西瓜，便很容易往前倒。但如果打直腰部，挺著腹部撐住西瓜，如此藉助腰部的幫忙便輕鬆許多。即便不是西瓜，例如孕婦或相撲力士這類肚子很大的人，都會弓起腰部，挺著肚子走路。因為這樣會讓重心放在前彎的腰椎上，使身體穩定許多。即使沒有抱著西瓜，也不是大腹便便，一般人的腰部也會前彎，使身體的重量落在腰椎上。

以四足步行的動物，脊椎幾乎和地面平行，內臟等身體的重量會吊在脊椎下方。因為要撐起這樣的重量，所以從背部至腰部的曲線是往上彎曲，就像的彩虹橋一般呈現拱形。

與人類相似的猴子，腰部仍然不像人類那樣彎曲。因此當飼育員牽著黑猩猩的手，讓牠以雙腳走路時，便會看到牠搖搖晃晃的步伐。

然而有醫學報告顯示，會表演才藝的猴子，因受到各種訓練，被迫以雙腳站立，會形成後天性的腰椎彎曲，且附有X光片作為證明。由此可見若要以兩足步行，仍少不了往前彎曲的腰椎。但這也造成了腰痛與椎間盤突出等人類特有的病症。這就是

為了用雙腳直立行走所付出的代價。

3 鎖骨

鎖骨亦為人類特徵

鎖骨位於軀幹的前面上端，特別是身材削瘦的人，鎖骨更加明顯。但即便狗或貓很瘦，也不曾看過牠們的鎖骨，這是因為貓與狗的鎖骨非常不明顯，感覺幾乎不存在。而馬或牛就真的沒有鎖骨。對人類而言，鎖骨連接胸鎖乳突肌與斜方肌，此外還與鎖骨下肌、肩膀隆起的三角肌、豐厚胸膛的胸大肌相連結，因此共有五塊肌肉與鎖骨相連。

從鎖骨往內撫，靠近喉嚨會摸到一凹陷，這裡正好被左右兩邊的胸鎖乳突肌包夾。在凹陷處的下方可摸到骨頭的邊緣，那裡就是胸骨。胸鎖乳突肌因為與胸部連接，所以才用了「胸」字。胸骨上的凹陷處稱為頸窩。

若以手指輕輕按壓頸窩，會感受到與皮膚迥異的彈性，若用力按壓則會覺得喘不過氣。

是的，按壓頸窩會令人喘不過氣。

若是更用力，甚至會讓人咳嗽。這是因為該處為空氣經過的路徑，也就是氣管，屬於呼吸道的一部份。頸窩上方是喉結，也就是喉部。喉頭軟骨是由環狀軟骨等構成。因為氣管也是由軟骨構成，所以按壓頸窩時會感到些許彈性，用力按壓便會令人咳嗽不止。

當我們把頸窩上的手指，沿著胸骨上緣往側邊移動，會摸到突出的鎖骨。接著把手放在頸窩旁，也就是胸骨與鎖骨之間，這時候再反覆聳肩或放鬆，手掌便能感覺

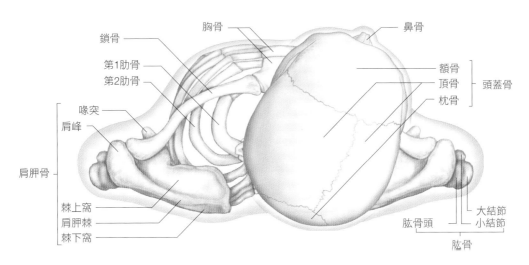

図中のラベル：

鎖骨　胸骨　鼻骨

第1肋骨　第2肋骨　額骨　頂骨　枕骨　頭蓋骨

喙突　肩峰

肩胛骨

棘上窩　肩胛棘　棘下窩

肱骨頭　大結節　小結節

肱骨

▲圖2-28　肩胛骨俯視圖

到胸骨與鎖骨的連結，這個就是胸鎖關節。代表該關節連接軀幹（胸骨）與上肢（鎖骨）的骨骼。連接軀幹的骨頭稱為肢帶骨，而鎖骨則屬於肩帶骨的一部份。

4 肘關節

鉸鏈般的連接

手肘屈伸的角度在某種程度上，是由尺骨與橈骨之間的關節（橈尺關節）構造所決定。當手肘彎曲時，二頭肌壯碩的人或許會卡住，但一般而言，手肘都能彎曲145度。

當手掌朝上、雙手伸直時，手臂幾乎無法彎向手背側。在關節活動度的參考表中也記載，這樣的狀況只能做出5度的彎曲。因此在連續劇中，逮捕嫌犯時都是抓住對方手掌、抵著手肘，形成反手姿勢讓犯人動彈不得。手肘屈曲的角度之所以有這樣的差異，取決於橈尺關節中，肱骨關節面與尺骨關節面的形狀。

肱骨關節面像捲線的滑車般，稱為肱骨滑車。而與其相關連的尺骨，則是像手掌般包住肱骨滑車。在尺骨中包住肱骨滑車的部位，便稱做滑車切跡。

以鋁罐這類圓桶狀的物體為例，手掌輕輕包住罐身轉動，這感覺就好比手肘的屈伸運動。位於肱骨滑車與尺骨滑車切跡之間的關節，就像鉸鏈般連接在一起，因此又稱為鉸鏈關節。

肱骨滑車的上方，正面與背面都有凹陷，這凹陷處是手臂屈伸時讓尺骨嵌入的地方。正面的凹陷較淺，稱為冠突窩；後方的凹陷稱為鷹嘴窩。先前提到尺骨的關節部位像手掌一般，而冠突在這時候就像

突出的拇指，當手肘彎曲時，冠突就會嵌進肱骨正面的冠突窩。鷹嘴就像與拇指相對的其他手指，當手臂伸直，朝後方彎曲，鷹嘴就會嵌進肱骨背面的鷹嘴窩。當鷹嘴嵌入其中，手臂就無法再往後彎。

某些人的手臂可以往後彎成「ㄑ」字型，不知道各位又是如何？這種情況稱為過度伸展。這種人不是鷹嘴太小，就是嵌入的鷹嘴窩太深，因此手臂會彎成「ㄑ」字。兒童或女性因為鷹嘴較小，常有這種情況。

肱骨正面的冠突窩與背面的鷹嘴窩之間，隔著一塊薄的骨頭。仔細觀察骨骼標本，有時可在該處看到小洞，這稱為滑車上孔。男性的出現機率為10％、女性為20％，因為這個小洞出現在尺骨鷹嘴所嵌入的鷹嘴窩，因此具有滑車上孔的人，通常都能將手臂彎成「ㄑ」字。

等腰三角形的差異？

除了過度伸展以外，男女之間的手肘也相當不一樣。

為了方便對照，請一男一女同時進行以下動作：手掌朝上，在手肘彎曲的狀態下併攏雙臂，讓前臂內側互相貼緊，接著將手肘伸直。我們可以發現女性的前臂仍能貼合在一起，但男性的前臂會分開，只剩手腕與手掌合在一起。雖然這是因人而異，有些女性會分開；也有些男性能緊緊併在一起，但基本上男性的肩膀到手腕會形成一等腰三角形，而女性的等腰三角形，則是從肩膀到手肘。

之所以有這樣的差異，其中之一的原因就是肩寬。男性的肩膀較寬，有45.6公分，

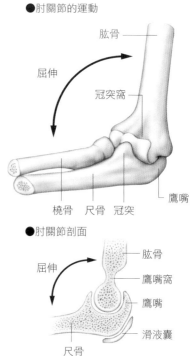

▲圖2-29　肘關節的結構與運動

女性則是40.8公分（現代年輕男性的平均身高為171.4公分、女性為159.1公分；男性手臂平均為73.5公分、女性為67.3公分）。

這次再讓手掌朝前，伸直一隻手臂就好。可以看出從上臂到前臂並非一條直線，而是在手肘處稍稍往外彎。若沿著上臂畫出一條線，再沿著前臂畫一條線，兩條線在手肘處並非水平相交，而是呈160度交叉，這個角度稱為外偏角。男性的外偏角接近180度，幾為直線，但女性則在手肘內側向外彎成「く」字型。如此一來，女性即便伸直手肘，仍可讓兩條前臂互相貼近。雖然這種說法或許有些極端，但男女在外偏角的差異與肩寬相同，在於手臂的等腰三角形是從肩膀到手腕，或是只到手肘。

5 膝關節

運動員經常受傷的部位

關於膝蓋的成語有「促膝常談」、「卑躬屈膝」，甚至說「男兒膝下有黃金」，這些都隱約指出了膝蓋的動作。膝蓋是指連接大腿與小腿的關節正面，或是指關節的上半部。因此「卑躬屈膝」正是指出膝蓋動作的好例子。請試著用指尖觸摸膝蓋的內外兩側，同時屈伸膝蓋，便可感覺到大腿的骨頭從膝蓋兩側突起。在這突起處的中央一帶，雖然不至於凹陷，但可感覺到明顯的界線。

那裡是關節的接合處，也就是膝關節的關節面，同時 又是股骨、脛骨、腓骨的關

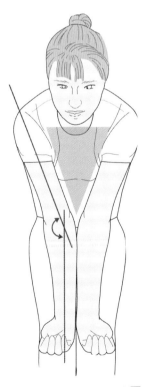
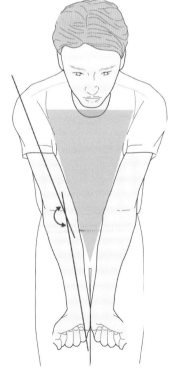

▲圖2-30　男女肘關節的差異

節部位。膝蓋之下稱為小腿，與上肢前臂一樣，由兩條骨頭構成。外側叫做腓骨，而內側的脛骨若有碰撞便會令人疼痛不已。

在肘關節中，肱骨與橈骨、尺骨都在關節囊中相互關連，但在膝關節中，股骨與小腿的腓骨並不相連。膝蓋外側下方可摸到一突起的骨頭，而從膝蓋骨下方的突起（脛骨粗隆）往外摸也能感覺到，那就是腓骨上端（近位端）的腓骨頭。腓骨頭的上方就是剛才彎起膝蓋時可感覺關節活動的部位，也就是脛骨與股骨的外側連結處。因此膝關節的內外兩側皆與股骨、脛骨相連，同時亦與前方的膝蓋骨有所連結。

剛才已經找出膝蓋兩側的連接處，其實這裡還有韌帶。新聞上經常看到棒球、足球、排球、網球或相撲選手，因為膝蓋的脛側副韌帶受傷而住院。連接大腿與脛骨的韌帶稱為脛側副韌帶；而連接股骨與腓骨（腓骨頭）的韌帶稱為腓側副韌帶，皆有助於增加關節囊的強度。膝關節的關節囊內有韌帶，這2條交叉的韌帶，斜著看便

呈十字，因此稱為十字韌帶，其中又分為前十字韌帶與後十字韌帶。十字韌帶因為運動傷害而廣為人知，而另一個常見的問題則是半月板損傷。半月板又稱為膝關節半月板。

在膝關節的關節面中，股骨的內髁與外髁都是大型突起，相較之下，脛骨上端內、外髁上面的關節面，則是幾近平面的凹陷。如此一來股骨關節頭沒辦法與脛骨關節窩順利嵌合。為了讓幾近平面的脛骨關節面，成為具備相當深度的關節窩，其關節面的四周有一層纖維軟骨圍繞。纖維軟骨的中央較薄，周圍則是較厚的半月形，分成內髁的內側半月板與外髁的外側半月板。外側半月板只有周圍的一部份附著在關節囊上，而內側半月板幾乎繞著關節囊一圈。此外內側半月板也和脛側副韌帶緊密連接，因此脛側副韌帶一受傷，內側半月板通常也無法倖免。當人在屈膝時扭轉膝蓋，便會使內側半月板受傷，所以足球與排球選手，或是跑步時讓膝蓋同時彎曲並旋轉，都很容易使該處受傷。

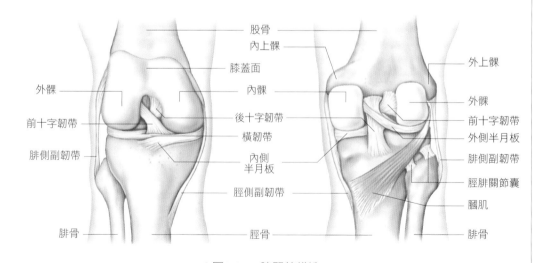

股骨
內上髁
膝蓋面
內髁
後十字韌帶
橫韌帶
內側半月板
脛側副韌帶
脛骨

外髁
前十字韌帶
腓側副韌帶
腓骨

外上髁
外髁
前十字韌帶
外側半月板
腓側副韌帶
脛腓關節囊
膕肌
腓骨

▲圖2-31　膝關節構造

第3章

肌肉系統
Muscular System

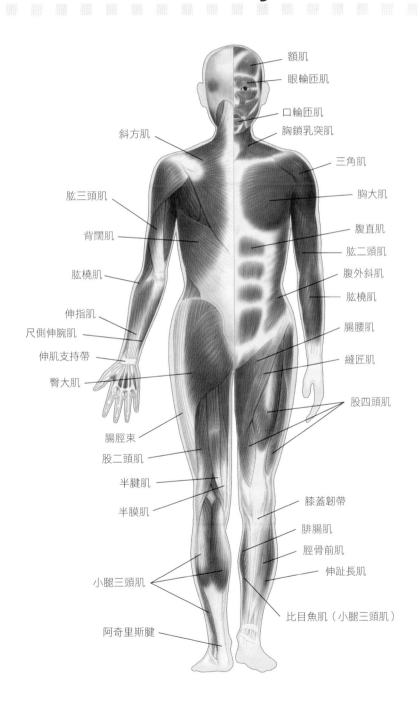

額肌
眼輪匝肌
口輪匝肌
胸鎖乳突肌
三角肌
斜方肌
肱三頭肌
胸大肌
背闊肌
腹直肌
肱二頭肌
肱橈肌
腹外斜肌
肱橈肌
伸指肌
腸腰肌
尺側伸腕肌
伸肌支持帶
縫匠肌
臀大肌
股四頭肌
腸脛束
股二頭肌
半腱肌
半膜肌
膝蓋韌帶
腓腸肌
脛骨前肌
小腿三頭肌
伸趾長肌
比目魚肌（小腿三頭肌）
阿奇里斯腱

肌肉系統總論

Note

骨骼肌

橫跨1個關節，附著在2個骨骼上，或是橫跨2個（雙關節肌）甚至多個關節者（多關節肌）。此外也有附著在皮膚上而非骨骼上的皮肌。

起始端

不動的一端，又稱為肌肉頭，靠近軀幹（近側端）。

終止端

動作的一端，又稱為肌肉尾，遠離軀幹（遠側端）。

協同肌

synergist muscle

為某種運動一同動作（作用於相同的運動方向）的肌群。
例：肱二頭肌的協同肌為肱肌。

1 肌肉的形狀

骨骼肌的基本定義，是越過關節連接兩塊骨骼的肌肉。在肌肉的兩端，附著於不動的骨骼者稱為**起始端**（origin），附著在會動的一邊則稱為**終止端**（insertion）。在四肢之中，肌肉起始於近端；終止於遠端。

骨骼肌的兩端可分為**肌肉頭**（muscular head）與**肌肉尾**（muscular tail），這兩者多半會成為**肌腱**（tendon），附著在骨膜上。肌肉的中央稱為**肌腹**（muscular belly），而位於肌腹之間的肌腱則稱為**中間腱**（intermediate tendon）。

肌纖維會構成肌腱的各種特性，因此肌肉形狀也不同，可區分為以下的類型。▶圖3-1紡錘狀肌、單羽狀肌以及羽狀肌有數個起始（肌肉頭），並可區分為二頭、三頭與四頭肌。此外，若肌肉頭只有一個，但與肌肉尾之間有一個或數個肌腱，則稱為二腹肌或多腹肌。

骨骼肌的作用，是藉由肌纖維的收縮進行關節運動，但肌肉收縮則由運動神經支配，因此學習時亦需瞭解各個主要肌肉的支配神經。

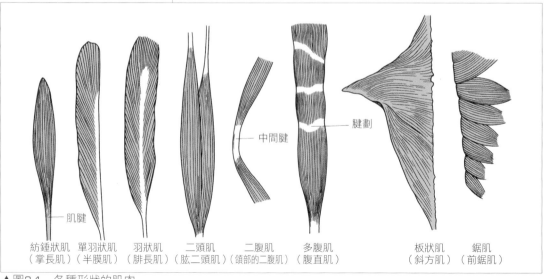

| 紡錘狀肌
（掌長肌） | 單羽狀肌
（半膜肌） | 羽狀肌
（腓長肌） | 二頭肌
（肱二頭肌） | 二腹肌
（頜部的二腹肌） | 多腹肌
（腹直肌） | 板狀肌
（斜方肌） | 鋸肌
（前鋸肌） |

中間腱　腱劃　肌腱

▲圖3-1　各種形狀的肌肉

2 肌肉的名稱

　　骨骼肌的名稱會依其所在部位、方向、形狀、功能等各項特徵而定。

①位置：如顳肌、胸肌（大、小）、肋間肌（內、外）、肱肌、臀肌（大、中、小）。

②肌纖維的方向：直肌（腹直肌、股直肌）、斜肌（腹外斜肌、腹內斜肌）、輪匝肌（眼輪匝肌、口輪匝肌）。

③形狀：三角肌、圓肌（大、小）、方肌（腰方肌、旋前方肌）、鋸肌（前、上後、下後）。

④肌肉頭與肌腹數目：二頭肌（肱、股）、三頭肌（肱、小腿）、二腹肌（頜部）。

⑤起點與終點位置：胸鎖乳突肌（胸骨、鎖骨與乳突）、胸骨舌骨肌（胸骨與舌骨）、肩胛舌骨肌（肩胛骨與舌骨）。

⑥作用：屈肌（flexor，屈指淺肌、橈側屈腕肌）、伸肌（extensor，伸趾長肌、尺側伸腕肌）、旋前肌（pronator，旋前圓肌、旋前方肌）、旋後肌（supinator，內收肌（adductor，內收長肌、內收大肌）、外展肌（abductor，外展小指肌）、嚼肌、笑肌。

3 肌肉的輔助裝置

　　為了使骨骼肌運動更為流暢，有以下幾種輔助裝置。

①肌膜（fascia）：肌膜是包覆於肌肉表面或整體的結締組織，具有保護作用，並可使肌肉在收縮時不會與其他肌肉摩擦。

②腱鞘〔tendon sheath，滑液鞘（synovial tendon sheath）〕：包住肌腱的腱鞘，其內層為滑液膜（synovial membrane），可分泌滑液（synovia）提供潤滑。

③滑液囊（synovial bursa）：位於肌肉或肌腱與骨骼或軟骨接觸的地方，是內含滑液的小囊袋，可使人體的動作更流暢。

④種子骨（sesamoid bone）：生長在肌腱或韌帶中的小骨骼，可減少肌腱與骨骼的摩擦。膝蓋骨（patella）位於股四頭肌肌腱中，屬於人體最大的種子骨。

⑤肌滑車（muscular pulley/ trochlea）：肌滑車是改變肌肉運動方向的軟骨組織，在二腹肌或眼肌中的上斜肌，都能可看見肌滑車。

Note

拮抗肌
antagonist muscle

　　拮抗肌是與某種運動相抗衡（作用於相反的運動方向）之肌群。例如肱三頭肌便是肱二頭肌的拮抗肌。

橈神經麻痺

　　讓手肘、手腕及手指伸直的肌肉，都在橈骨神經支配下。若橈骨神經麻痺，上述的肌肉便無法動彈，手肘跟手腕便會處在彎曲的狀態下（稱為垂腕症）。

　　換句話說，手肘與手腕之所以無法伸直，是因為肌肉無法動作，但問題不在肌肉本身，而是傳送指令的神經出了問題而引起麻痺，因此醫生對於控制肌肉的神經也得瞭若指掌（參閱67頁）。

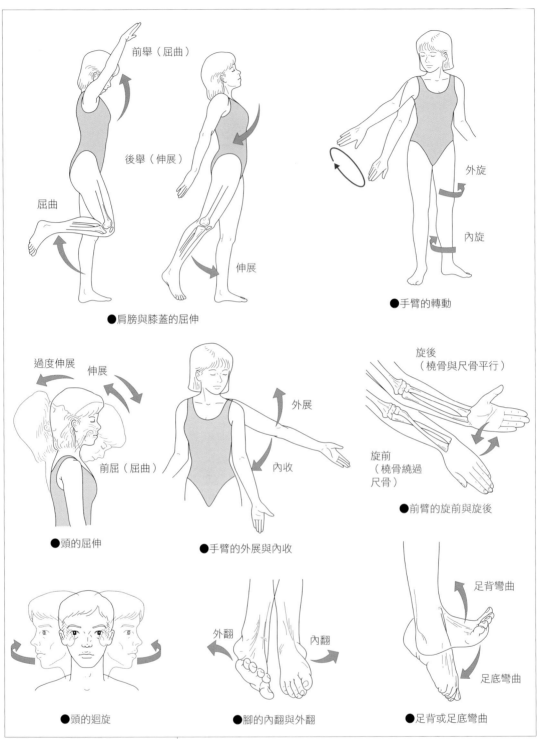

前舉（屈曲）

後舉（伸展）

屈曲

伸展

●肩膀與膝蓋的屈伸

外旋

內旋

●手臂的轉動

過度伸展

伸展

前屈（屈曲）

●頭的屈伸

外展

內收

●手臂的外展與內收

旋後
（橈骨與尺骨平行）

旋前
（橈骨繞過
尺骨）

●前臂的旋前與旋後

●頭的迴旋

外翻

內翻

●腳的內翻與外翻

足背彎曲

足底彎曲

●足背或足底彎曲

▲圖3-2　身體的動作

肌肉系統

1 橈神經麻痺

幽靈都患有橈神經麻痺

請將手掌旋前，用力伸展拇指，這時便可看到往斜前方伸展的長腱，以及往正前方伸展的短腱。在這兩條肌腱之間，皮膚會略往下凹。這個小凹陷稱為「解剖學上的鼻煙壺」，因為抽鼻煙就是把煙草放在這個小凹中嗅聞。

因為傳遞手腕脈搏的橈骨動脈也經過這個小凹陷，所以只要輕摸該處，便可感受到動脈的跳動。

其兩旁的肌腱，分別稱為伸拇指長肌與伸拇指短肌，都受到橈神經支配。橈神經可以讓手肘、手腕與手指伸直，掌控上臂與前臂所有伸肌。所以如果患有橈神經麻痺，肘關節與腕關節便無法伸直，特別是手腕無法旋後，手掌不能朝上，手腕只能彎著往下垂。這種狀態稱為「垂腕症」，就像出來索命的幽靈一般。

運動麻痺產生的爪狀手與猿手

寫字時會將筆靠在拇指與食指之間，如果將拇指靠向食指，便會以指腹夾住筆身，而不是以指尖抓住，這時出力的肌肉稱為內收拇肌。內收拇肌由尺神經支配，若神經麻痺，拇指便無法內收，所以不能用力夾起與食指之間的物體。這時拇指與其他四指呈現的手勢，就像在抓東西一般，這類型的運動麻痺稱為「爪形手」。

握拳再彎曲手腕，肌腱便會浮現。而橈側屈腕肌的肌腱，便在平時測量脈搏的拇指側縫隙旁。若以手指按壓該肌腱橈動脈的對側，也就是小指側的縫隙，除了疼痛之外，也會感到手掌發麻，這是因為正中神經受到壓迫。如果正中神經麻痺，拇指對掌肌便無法動作，拇指會與其他四指在同一平面上，導致無法握拳，會像猴子的手掌一樣呈扁平狀（即為猿手）。

●垂腕症

●爪狀手

●猿手

▲圖3-3　神經麻痺導致的手掌狀態異常

人體各部位肌肉

Note

骨骼的結構

A：頭部肌肉
　（1）淺層肌群（顏面表情肌）
　（2）深層肌群（咀嚼肌）
B：頸部肌肉
　（1）淺層肌群（闊頸肌）
　（2）頸側肌群（胸鎖乳突肌）
　（3）前頸肌群
　　（3）－1舌骨上肌群
　　（3）－2舌骨下肌群
　（4）後頸肌群
　　（4）－1椎前肌群
　　（4）－2斜角肌群
C：胸部肌肉
　（1）淺層肌群
　（2）深層肌群
　（3）橫膈膜
D：腹部肌肉
　（1）中央肌群
　（2）腹側肌群
　（3）後腹壁肌群
E：背部肌肉
　（1）淺層肌群
　（2）深層肌群
F：上肢肌肉
　（1）肩部肌群
　（2）上臂肌群
　（3）前臂肌群
　　（3）－1前臂屈肌群
　　（3）－2前臂伸肌群
　（4）手掌肌群
　　（4）－1拇指球肌群
　　（4）－2小指球肌群
　　（4）－3掌中間肌群
　　＊接續69頁

1　骨骼肌的劃分

　　若以全身的部位來看，可將骨骼肌劃分為7個部位，但同樣部位的功能並不一定相同。例如胸部肌群中的淺層肌群，可使上肢動作，屬於上肢肌肉。

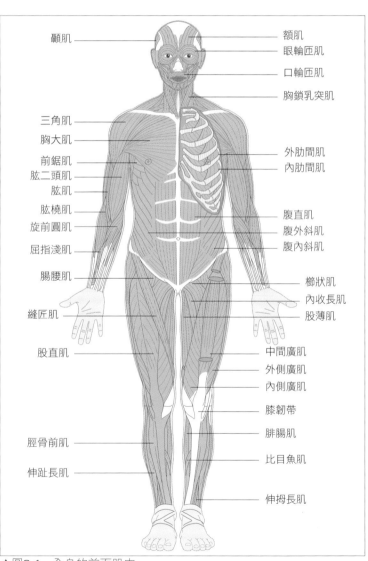

顳肌　額肌　眼輪匝肌　口輪匝肌　胸鎖乳突肌　三角肌　胸大肌　前鋸肌　肱二頭肌　肱肌　外肋間肌　內肋間肌　肱橈肌　旋前圓肌　屈指淺肌　腸腰肌　縫匠肌　股直肌　脛骨前肌　伸趾長肌　腹直肌　腹外斜肌　腹內斜肌　櫛狀肌　內收長肌　股薄肌　中間廣肌　外側廣肌　內側廣肌　膝韌帶　腓腸肌　比目魚肌　伸拇長肌

▲圖3-4　全身的前面肌肉

＊承接68頁

G：下肢肌肉
（1）骨盆肌群
（2）股肌群
（2）－1股伸肌群
（2）－2股內收肌群
（2）－3股屈肌群
（3）小腿肌群
（3）－1小腿伸肌群
（3）－2小腿屈肌群
（3）－3小腿腓骨肌群
（4）足部肌群
（4）－1足背肌群
（4）－2足底肌群

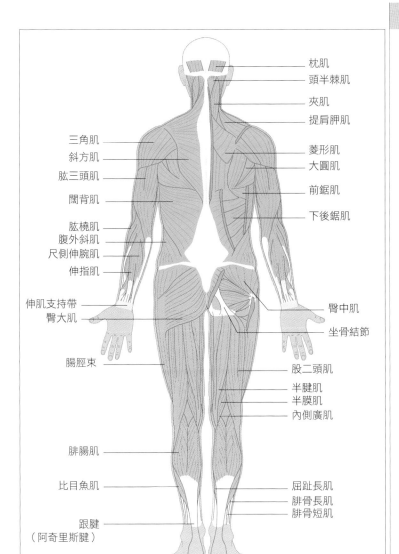

枕肌
頭半棘肌
夾肌
提肩胛肌
菱形肌
大圓肌
前鋸肌
下後鋸肌

三角肌
斜方肌
肱三頭肌
闊背肌
肱橈肌
腹外斜肌
尺側伸腕肌
伸指肌
伸肌支持帶
臀大肌
腸脛束
腓腸肌
比目魚肌
跟腱
（阿奇里斯腱）

臀中肌
坐骨結節
股二頭肌
半腱肌
半膜肌
內側廣肌
屈趾長肌
腓骨長肌
腓骨短肌

▲圖3-5　全身的背面肌肉

2 頭部肌肉
muscles of head

頭部的肌肉分為淺層的顏面表情肌與深層的咀嚼肌。

A. 淺層肌群（顏面表情肌）
muscles of expression

顏面表情肌位於臉部的淺層，主要起始於顱骨，終止於皮膚，又稱為皮肌（cutaneous muscle）。

眼輪匝肌（orbicularis oculi muscle）可使眼瞼關閉、口輪匝肌（orbicularis oris muscle）可嘟嘴或閉口、皺眉肌（corrugator

顏面表情肌的肌肉名稱

①顱頂肌（由額肌與枕肌構成）、顱上顱頂肌、帽狀腱膜。
②鼻眉肌、鼻肌、降鼻中隔肌。
③眼輪匝肌、皺眉肌、降眉肌。
④耳前肌、耳上肌、耳後肌。
⑤提上唇肌、提上唇鼻翼肌、降下唇肌、提嘴角肌。
⑥口輪匝肌、降嘴角肌、頰橫肌、頦肌。
⑦笑肌、顴大肌、顴小肌、顴肌。

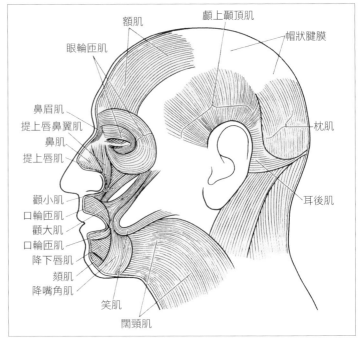

▲圖3-6　頭部肌肉（顏面表情肌）

顏面表情肌
由面神經支配

咀嚼肌
由下頜神經支配
①嚼肌
②顳肌
③翼內肌
④翼外肌

下頜神經
　三叉神經為第5腦神經，而下頜神經則為其第3枝。下頜神經混合了感覺與運動纖維，其中的運動纖維支配咀嚼肌。

①**嚼肌**
　起始：顴骨弓
　終止：下頜骨嚼肌粗隆
②**顳肌**
　起始：顳骨側面
　終止：下頜骨喙狀突
③**翼內肌**
　起始：蝶骨翼狀突內側之翼窩
　終止：下頜股翼狀突粗隆
④**翼外肌**
　起始：顳下脊、蝶骨外翼板外側
　終止：下頜股關節突、頜關節囊、關節盤

supercilii muscle）會讓眉間產生縱走的皺紋、降嘴角肌（depressor anguli oris muscle）可將嘴角往下拉、笑肌（risorius muscle）可產生酒窩。這些肌肉讓皮膚產生皺紋或線條，使人有喜怒哀樂的變化，因此稱為顏面表情肌。
　所有顏面表情肌都由面神經（facial nerve）支配。

B.　深層肌群（咀嚼肌）
muscles of mastication
　深層肌群起始於顴骨的側面與底面，終止於下頜骨

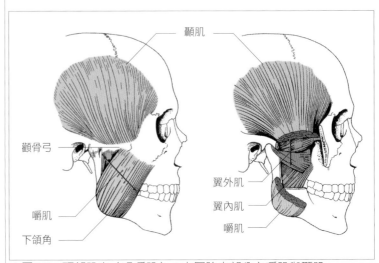

▲圖3-7　頭部肌肉（咀嚼肌）：右圖除去部分之嚼肌與顳肌。

（mandible），主導下頜關節（mandibular joint）的動作，也就是會參與咀嚼動作，因此又稱為咀嚼肌。深層肌群由嚼肌、顳肌、翼內肌與翼外肌共4條構成，皆由下頜神經（mandibular nerve）支配。

①嚼肌（masseter muscle）：起始於顴骨弓，停止於下頜角外側面。

②顳肌（temporalis muscle）：起始於顳骨，終止於下頜骨喙狀突（coronoid process）。

③翼內肌（medial pterygoid muscle）：起始於顱底，終止於下頜角內側面。

④翼外肌（lateral pterygoid muscle）：起始於顱底，終止於下頜頸與關節盤。

3 頸部肌肉
muscles of neck

頸部肌肉可分為淺層肌群、頸側肌群、前頸肌群與後頸肌群四種。

A. 淺層肌群

①闊頸肌（platysma）：分佈於前頸與側頸皮下，屬於顏面表情肌，由面神經（facial nerve）支配。

B. 頸側肌群

①胸鎖乳突肌（sternocleidomastoid muscle）：胸鎖乳突肌的起始有胸骨與鎖骨2處，終止端則在顳骨的乳突。若是兩邊同時動作，便會讓臉往上抬，使頭往後仰。若是只有一邊動作，頭便會彎向對側上方。胸鎖乳突肌由副神經（accessory nerve）與頸神經叢（cervical plexus）的肌枝支配。

C. 前頸肌群

前頸肌群位於前頸部，與其他骨骼並無連接，終止於甲狀軟骨上方的舌骨（hyoid bone）。前頸肌群可分成舌骨上方的舌骨上肌群與下方的舌骨下肌群。

■舌骨上肌群（suprahyoid muscles）

舌骨上肌群位於舌骨與下頜骨之間，有二腹肌〔digastric muscle，前腹與後腹（anterior belly、posterior belly）〕、莖突舌

N o t e 📖

斜頸症
torticollis
....
因胸鎖乳突肌變短而引起（先天肌肉性斜頸）。

舌骨上肌群與支配神經
....
①二腹肌 ⎰ 前腹：下頜神經
⎱ 後腹：面神經

②莖突舌骨肌：面神經
③下頜舌骨肌：下頜神經
④頦舌骨肌：舌下神經

骨肌（stylohyoid muscle）、下頷舌骨肌（mylohyoid muscle）以及頦舌骨肌（geniohyoid muscle）共4種。於張口（舌骨固定，下頷骨下降）與吞嚥（下頷骨固定，舌骨上提）時動作。

■舌骨下肌群（infrahyoid muscles）

　舌骨下肌群位於舌骨以下，與胸骨、甲狀軟骨及肩胛骨有所聯繫，可分為胸骨舌骨肌（sternohyoid muscle）、肩胛舌骨肌〔omohyoid muscle，上腹與下腹（superior belly、inferior belly）〕、胸骨甲狀肌（sternothyroid muscle）、甲狀舌骨肌（thyrohyoid muscle）4種，會參與張口（下拉舌骨並固定）及吞嚥（將喉部與甲狀軟骨上提）的動作。

D.　後頸肌群

■椎前肌群
位於頸椎及上胸椎前面，作用於頭頸部前屈及側屈時。

■斜角肌群
斜角肌群位於頸椎側面，有前、中、後3種斜角肌。前斜

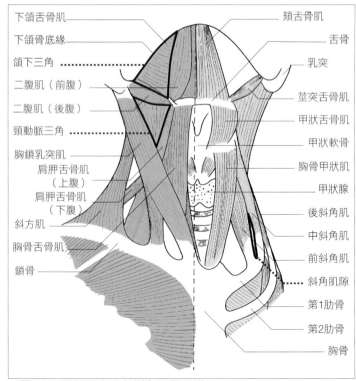

▲圖3-8　頸部肌肉：左側為深層肌群

角肌（scalenus anterior muscle）與中斜角肌（scalenus medius muscle）位於第1肋骨，而後斜角肌（scalenus posterior muscle）在第2肋骨上。斜角肌群會參與肋骨上提和頸部側屈，由頸神經叢（cervical plexus）支配。

4 胸部肌肉
muscles of thorax

胸部的肌肉可分為淺層肌群、深層肌群與橫膈膜三類。

A. 淺層肌群

胸部的淺層肌群有胸大肌、胸小肌、鎖骨下肌與前鋸肌4種，雖起始於胸廓，附著於前胸壁，但會參與肩帶及肱骨等上肢的運動，並受到臂神經叢（brachial plexus）分枝的支配。

① 胸大肌（pectoralis major muscle）：起始於鎖骨、胸骨、肋軟骨及腹直肌鞘，附著於肱骨大結節脊，可幫助上臂內收與內旋，亦可輔助呼吸。此外胸大肌亦構成了腋窩（axilla）前壁。

② 前鋸肌（serratus anterior muscle）：以鋸齒狀起始於第1至第9肋骨，終止於肩胛骨的上角、內側緣及下角，可將肩胛骨拉向前方。前鋸肌由胸長神經（long thoracic nerve）支配。

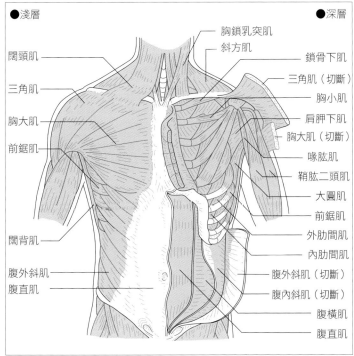

●淺層　　　　　　　　　　●深層

胸鎖乳突肌
斜方肌
闊頸肌
三角肌
胸大肌
前鋸肌

鎖骨下肌
三角肌（切斷）
胸小肌
肩胛下肌
胸大肌（切斷）
喙肱肌
鞘肱二頭肌
大圓肌
前鋸肌
外肋間肌
內肋間肌

闊背肌
腹外斜肌
腹直肌

腹外斜肌（切斷）
腹內斜肌（切斷）
腹橫肌
腹直肌

圖3-9　胸部肌肉：左側不含胸大肌

肋間肌的動作

外肋間肌：吸氣肌

內肋間肌：呼氣肌

胸式呼吸

以肋間肌呼吸

腹式呼吸

以橫膈膜呼吸

橫膈膜的三個孔

①主動脈裂孔 aortic aperture：有下
　行主動脈與胸管通過。

②食道裂孔 esophageal aperture：有
　食道與迷走神經通過。

③腔靜脈孔 vena caval opening：有
　下腔靜脈通過。

橫膈膜的支配神經

支配橫膈膜的隔神經，屬於頸神
經叢的分枝。

打嗝

hiccup

打嗝是因橫膈膜不隨意性的痙攣
性收縮，導致聲門關閉而引起。

橫膈膜

起始：腰椎部（第1至第4腰椎
　體）、肋骨部（肋骨弓、第7至
　12肋軟骨內側）、胸骨部（劍
　突、腹直肌鞘後葉）

終止：中央肌腱（central tendon）

腹直肌
腹外斜肌　　　　由肋間神經支配
腹內斜肌
腹橫肌

B. 深層肌群

深層肌群有外肋間肌、內肋間肌、最內肋間肌、肋下肌、胸橫肌、肋舉肌等等，起始與終止都在胸廓，可幫助呼吸，屬於肋間神經（intercostal nerves）的支配。

①外肋間肌（intercostales externi muscles）：負責上提肋骨，增大胸廓以吸氣。

②內肋間肌（intercostales interni muscles）：負責下拉肋骨，縮小胸廓以呼氣。

C. 橫膈膜（diaphragm）

橫膈膜起始自胸廓下口周圍（腰椎、肋骨、胸骨3處），朝胸腔形成圓弧狀，成為胸腔與腹腔的分界，收縮時胸腔會擴大（吸氣）；鬆弛時胸腔則會縮小（吐氣）。橫膈膜由膈神經（phrenic nerve）支配。

5 腹部肌肉
muscles of abdomen

腹部肌肉共有3群，為中央肌群、腹側肌群與後腹壁肌群（腰方肌），由肋間神經（intercostal nerves）支配。腹部肌肉可形成腹壁，保護腹部的內臟並提高腹壓（排便或分娩時屬用力狀態）。

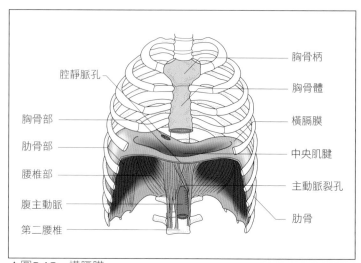

胸骨柄
胸骨體
橫膈膜
中央肌腱
主動脈裂孔
肋骨

腔靜脈孔
胸骨部
肋骨部
腰椎部
腹主動脈
第二腰椎

▲圖3-10　橫膈膜

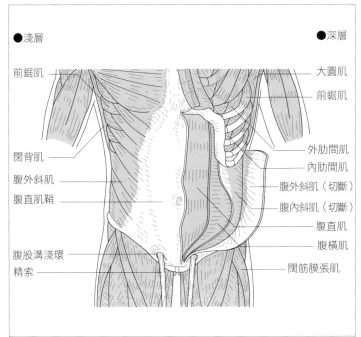

●淺層　　　　　　　　　　　　　　　●深層

前鋸肌　　　　　　　　　　　　　　　　大圓肌
　　　　　　　　　　　　　　　　　　　前鋸肌

闊背肌　　　　　　　　　　　　　　　　外肋間肌
　　　　　　　　　　　　　　　　　　　內肋間肌
腹外斜肌　　　　　　　　　　　　　　　腹外斜肌（切斷）
腹直肌鞘　　　　　　　　　　　　　　　腹內斜肌（切斷）
　　　　　　　　　　　　　　　　　　　腹直肌
　　　　　　　　　　　　　　　　　　　腹橫肌
腹股溝淺環　　　　　　　　　　　　　　闊筋膜張肌
精索

▲圖3-11　腹部肌肉：左側為深層

A. 中央肌群

　腹直肌（rectus abdominis muscle）：腹直肌位於第5至第7肋軟骨以及恥骨之間，〔線狀的中間肌腱橫切過肌腹，稱為腱劃（tendinous intersections，3～4個）〕，在**腹直肌鞘**（sheath of rectus abdominis）的包覆下，縱向通過於正中線的兩側。

B. 腹側肌群

　腹側壁由腹側肌群形成，由外而內分別是腹外斜肌、腹內斜肌、腹橫肌3層。

①**腹外斜肌**（obliquus externus abdominis muscle）：起始於側胸，延伸至內側前下方，為一寬扁的腱膜，屬於腹直肌鞘的**前葉**（lamina anterior），並終止於**白線**（linca alba）。

②**腹內斜肌**（obliquus internus abdominis muscle）：與腹外斜肌幾乎呈垂直交錯，腹內斜肌的腱膜會轉移為腹直肌鞘的前、**後葉**，終止於白線。

③**腹橫肌**（transversus abdominis muscle）：位於側腹最深層，肌纖維束幾乎呈水平，成為腹直肌鞘的**後葉**（lamina posterior），終止於白線。

Note

腹直肌鞘

　　腹直肌鞘由3層側腹肌正中的終止處腱膜構成。包覆腹直肌前方的前葉，由腹外斜肌與腹內斜肌的部分腱膜構成；包覆後方的後葉，由腹內斜肌與腹橫肌的部分腱膜構成。腹直肌下端的前葉，由上述三條肌肉的腱膜構成，但沒有後葉。

　　弓狀線（arcuate line）：位於腹直肌肌鞘後葉下端的邊緣。

白線

　　位於左右2塊腹直肌鞘會合的正中處，無肌漿，手術便是由此進行正中切開。

腹股溝韌帶
inguinal ligament

　　位於腹外斜肌的終止腱膜最下端，在腸骨前上棘與恥骨結節之間。

腹股溝管
inguinal canal

　　腹股溝管通過腹股溝韌帶的上方，內口為腹股溝深環（deep inguinal ring）、外口為腹股溝淺環（superficial inguinal ring）。男性的腹股溝管中是精索（spermatic cord）、女性則是子宮圓韌帶（round ligament of uterus）。

淺層肌群與支配神經

斜方肌：由副神經與頸神經叢支配

闊背肌
大菱形肌
小菱形肌   } 由臂神經叢分枝所支配
肩胛提肌

斜方肌

起始：枕骨上項線、枕骨隆突、項
　　　韌帶、第7頸椎以下的所有胸椎
　　　棘突。
終止：肩胛骨的肩胛棘、肩峰、鎖
　　　骨外側。

聽診三角
ausclatory triangle

聽診三角位於闊背肌、斜方肌與
肩胛骨下角內側之間，肌肉層較
薄，適合聽診與叩診。

肩膀僵硬

若斜方肌疲勞便會造成肩膀僵
硬。

闊背肌

起始：第7胸椎以下之棘突、胸腰
　　　筋膜的淺層、腸骨　　。
終止：肱骨小結節脊。
功能：讓上臂內旋、內收，以及拉
　　　向內側後方。
支配神經：胸背神經（thoracodorsal
　　　nerve）。

C.　後腹壁肌群

後腹壁肌群中有長方形的腰方肌（quadratus lumborum muscle），位於腰椎兩側，使腰椎可側彎與後彎。後腹壁肌群由腰神經叢（lumbar plexus）支配，與中央肌群和腹側肌群不同。

6 背部肌肉
muscles of back

背部肌肉分成兩個肌群，一是位於背部卻屬於上肢肌肉的淺層肌群，另一則是深層肌群，可說是不折不扣的背部肌肉。

A.　淺層肌群

背部的淺層肌群主要起始於脊椎，與胸部的淺層肌群相同，終止於肩帶及肱骨，會參與上肢運動。淺層肌群有斜方肌、闊背肌、小菱形肌、大菱形肌、肩胛提肌，除了斜方肌以外，其餘都在臂神經叢（brachial plexus）分枝的支配下。

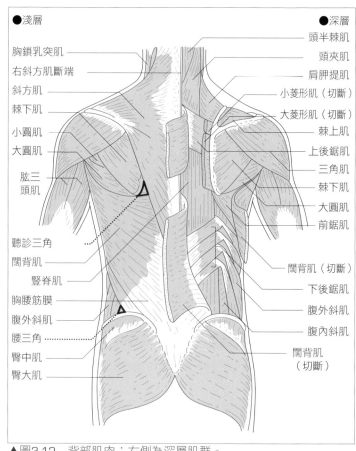

▲圖3-12　背部肌肉：右側為深層肌群。

①斜方肌（trapezius muscle）：起始於枕骨、項韌帶、第7頸椎以下的所有胸椎棘突，終止於肩胛棘、肩峰與鎖骨外側。斜方肌可將左右肩胛骨往內拉，挺起胸膛，也可以讓肩胛骨上提使肩膀縮起，還能讓肩胛骨往內後方拉，使關節盂向上並往外提，幫助上臂舉起。斜方肌由副神經（accessory nerve）與頸神經叢（cervical plexus）的分枝支配。

②闊背肌（latissimus dorsi muscle）：起始於第7到12胸椎、腰椎、薦骨、腸骨嵴，終止於肱骨的小結節嵴，可幫助上臂內收。

B. 深層肌群

背部的深層肌肉有兩層，一是與肋骨有關的後鋸肌（上後鋸肌、下後鋸肌），另一則是與脊椎有關的固有背肌。固有背肌分為夾肌、豎脊肌與橫脊肌三群，位於脊椎兩側，皆受到脊神經背枝（posterior ramus of spinal nerve）的支配。

上後鋸肌（superior posterior serratus muscle）可讓肋骨上提，幫助吸氣；而下後鋸肌（inferior posterior serratus muscle）可讓下側肋骨往下，幫助呼氣。

①豎脊肌（erector muscles of spine）：從骨盆後面沿著脊椎兩側往上到項部及頭部，由外而內分別是腸肋肌（iliocostalis muscles）、最長肌（longissimus muscles）、棘肌（spinalis muscles），而豎脊肌則是這3條肌肉的總稱。以上肌肉全體動員便能支撐脊椎往後弓起，若只有一側運動，脊椎便會往側邊彎曲。

②橫脊肌（transversospinalis muscles）：橫脊肌起始於組成脊椎的椎骨橫突，終止於正中棘突，為一背短肌。橫脊肌可分成半棘肌（semispinalis muscles）、多裂肌（multifidus muscles）、旋肌（rotator muscles），若兩側同時運動，脊椎便會往後彎，若只有單側運動，便會往另一側旋轉。

7 上肢肌肉
muscles of upper limb

上肢肌肉大致可分為肩胛部分，也就是肩帶周圍的肌肉，以及肱部、前臂、手掌共4個肌群。此外前述的胸部淺層肌群（胸大肌、前鋸肌）、背部淺層肌群（斜方肌、闊背肌）皆與上肢運動有關，為上肢肌肉的拮抗肌。

腰三角
lumbar triangle

　　位於闊背肌、腹外斜肌與腸骨嵴之間的空隙，是疝氣的開口處。

背部深層肌群

　　背部的深層肌群有上後鋸肌、下後鋸肌與固有背肌。

　　固有背肌：由脊神經後枝支配。
　　夾　肌：頭夾肌、頸夾肌。
　　豎脊肌：腸肋肌、最長肌、棘肌。
　　橫脊肌：半棘肌、多裂肌、旋肌。

上臂（肩關節）的運動

　　外展：三角肌、棘上肌。
　　內收：胸大肌、闊背肌。
　　屈曲：喙肱肌、肱二頭肌。
　　伸展：大圓肌、闊背肌。
　　外旋：棘下肌、小圓肌。
　　內旋：胸大肌、闊背肌。

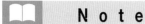
上臂肌群的終止處

肱二頭肌：橈骨粗隆
肱肌：尺骨粗隆
肱三頭肌：（尺骨）鷹嘴突

上臂肌群的支配神經

屈肌群：肌皮神經
伸肌群：橈神經

腋窩三角間隙
triangular space

　由肱三頭肌長頭、大圓肌、小圓肌構成，其中有旋肩胛動脈與旋肩胛靜脈通過。

腋窩四角間隙
quadrangular space

　由肱骨、肱三頭肌長頭、大圓肌、小圓肌構成，其中有腋神經與肱後環動脈、肱後環靜脈通過。

A.　肩帶肌群
muscles of shoulder girdle

　肩帶起始於鎖骨和肩胛骨，終止於肱骨上部，會參與肩關節的運動。肩帶有三角肌、棘上肌（supraspinatus muscle）、棘下肌、小圓肌（teres minor muscle）、大圓肌、肩胛下肌（subscapularis muscle）。

①**三角肌**（deltoid muscle）：起始於鎖骨（外側）與肩胛骨（肩胛棘、肩峰），終止於肱骨（中央外側的三角肌粗隆），可讓**上臂外展**（往側邊水平提起）。

②**棘下肌**（infraspinatus muscle）：起始於肩胛骨（棘下窩），終止於肱骨（大結節），可讓上臂外旋（往後拉並往外轉）。

③**大圓肌**（teres major muscle）：起始於肩胛骨（下角後面），終止於肱骨（小結節嵴），可讓上臂內收、內旋（往內轉）與伸展（往後拉）。

B.　上臂肌群
muscles of upper arm

　上臂肌群可分為前面的屈肌與後面的伸肌。

■上臂屈肌群

　上臂的屈肌有肱二頭肌、喙肱肌與肱肌三種，皆由肌皮神經（musculocutaneous nerve）支配。

①**肱二頭肌**（biceps brachii muscle）：肱二頭肌分成長頭（long head）與短頭（short head），長頭起始於肩胛骨關節上結節、短頭起始於喙突，而整體終止於前臂橈骨的橈骨粗隆（tuberosity of radius）。肱二頭肌可使**肘關節屈曲**、旋後，並鼓起「小老鼠」。

②**喙肱肌**（coracobrachialis muscle）：起始於肩胛骨的喙突，終止於肱骨骨體。作用於上臂前舉、內收時，並參與肩關節的屈曲。

③**肱肌**（brachialis muscle）：起始於肱骨前面，終止於尺骨冠狀突尺骨粗隆，作用於肘關節屈曲時。

■上臂伸肌

　伸肌群有肘關節肌、肘肌與上臂後面的肱三頭肌，皆由橈神經（radial nerve）支配。

①**肱三頭肌**（triceps brachii muscle）：肱三頭肌可分為長頭、內側頭（medial head）與外側頭（lateral head），長頭起始於肩胛骨關節的下結節、內側頭與外側頭則起始於肱骨後面，整體終止於尺骨的鷹嘴突。肱三頭肌作用於**肘關節伸展**時。

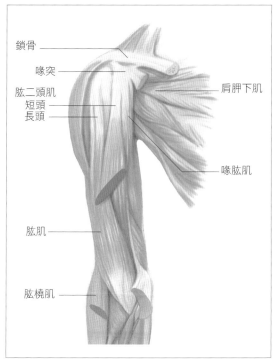

▲圖3-13　上臂前面肌肉

圖中標示：鎖骨、喙突、肱二頭肌、短頭、長頭、肱肌、肱橈肌、肩胛下肌、喙肱肌

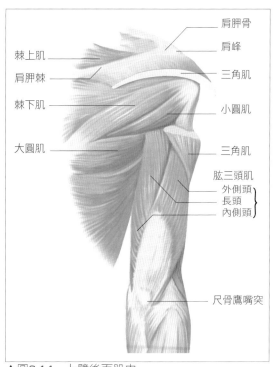

▲圖3-14　上臂後面肌肉

圖中標示：棘上肌、肩胛棘、棘下肌、大圓肌、肩胛骨、肩峰、三角肌、小圓肌、三角肌、肱三頭肌、外側頭、長頭、內側頭、尺骨鷹嘴突

C.　前臂肌群（muscles of forearm）

　　前臂前面的屈肌群有8種、後面的伸肌群有11種，皆起始於肱骨或前臂的骨頭，除了負責旋內與旋外的肌肉外，其餘都終止於掌骨，可使手腕與手指運動。

■前臂屈肌群

　　前臂的屈肌有旋前圓肌（pronator teres muscle）、橈側屈腕肌（flexor carpi radialis muscle）、掌長肌（palmaris longus muscle）、尺側屈腕肌（flexor carpi ulnaris muscle）、屈指淺肌（flexor digitorum superficialis muscle）、屈指深肌（flexor digitorum profundus muscle）、屈拇指長肌（flexor pollicis longus muscle）、旋前方肌（pronator quadratus muscle）。旋前圓肌可使前臂旋前，亦可讓肘關節屈曲；掌長肌會延伸至手掌，成為手掌腱膜；屈指淺肌的終止腱於第2至第5指的中間指骨根部兩側一分為二。在一分為二的屈指淺肌肌腱中央，有屈指深肌的終止腱通過，形成腱交差（chiasm of camper），而屈指深肌便終止於第2至第5指的遠側指骨。

　　屈拇指長肌終止於拇指的遠側指骨，可使其屈曲。

　　橈側屈腕肌可讓手腕屈曲與外展；尺側屈腕肌則負責內收。

Note

前臂（肘關節）的運動

屈曲：肱二頭肌、肱肌
伸展：肱三頭肌
旋後：旋後肌、肱二頭肌
旋前：旋前圓肌、旋前方肌

前臂肌群與支配神經

屈肌群：由正中神經支配，但屈指深肌（尺側部分）與尺側屈腕肌由尺神經支配。
伸肌群：橈神經

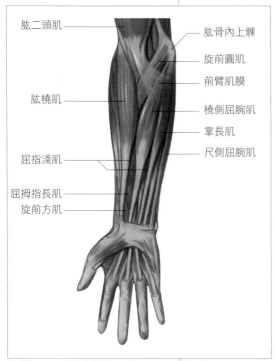

▲圖3-15　前臂前面肌肉

圖中標示（左圖）：
肱二頭肌
肱橈肌
屈指淺肌
屈拇指長肌
旋前方肌
肱骨內上髁
旋前圓肌
前臂肌膜
橈側屈腕肌
掌長肌
尺側屈腕肌

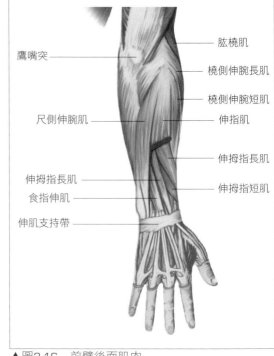

▲圖3-16　前臂後面肌肉

圖中標示（右圖）：
鷹嘴突
尺側伸腕肌
伸拇指長肌
食指伸肌
伸肌支持帶
肱橈肌
橈側伸腕長肌
橈側伸腕短肌
伸指肌
伸拇指長肌
伸拇指短肌

尺側屈腕肌與屈指深肌的尺側部份，由尺神經（ulnar nerve）支配，其它肌肉由正中神經（median nerve）支配。

■前臂伸肌群

前臂的伸肌有肱橈肌（brachioradialis muscle）、橈側伸腕長肌（extensor carpi radialis longus muscle）、橈側伸腕短肌（extensor carpi radialis brevis muscle）、旋後肌（supinator muscle）、尺側伸腕肌（extensor carpi ulnaris muscle）、伸指肌（extensor digitorum muscle）、伸小指肌（extensor digitiminimi muscle）、伸食指肌（extensor indicis muscle）、伸拇指長肌（extensor pollicis longus muscle）、伸拇指短肌（extensor pollicis brevis muscle）、外展拇指長肌（abductor pollicis longus muscle），皆屬於橈神經（radial nerve）支配。

伸指肌可伸展第2至第5指，伸拇指長肌附著於拇指遠側指骨，可伸展第一指。

外展拇指長肌位在第1掌骨，可讓拇指外展，或讓手掌往橈側屈曲。橈側伸腕長肌、短肌，可讓手腕外展；尺側屈腕長肌則負責內收。

前臂的伸肌中有9條肌肉通過手腕，其終止腱分別通過伸肌支持帶（extensor retinaculum）下方的6個骨纖維管。

D. 手掌肌群（muscles of hand）

手掌的肌群皆屬於屈肌，可分為拇指側（拇指球肌）、小指側（小指球肌）與手掌中央（掌中間肌）3群。

■拇指球肌群（muscles of thenar eminence）

拇指球肌群有外展拇指短肌、屈拇短肌、拇指對掌肌（opponens pollicis muscle），受到正中神經支配；而內收拇肌（adductor pollicis muscle）則由尺神經支配。

■小指球肌群（muscles of hypothenar eminence）

小指球肌群有短掌肌、外展小指肌（abductor digiti minimi muscle）、屈小指短肌、小指對掌肌（opponens digiti minimi muscle），皆由尺神經支配。

■掌中間肌群（muscles of metacarpus）

掌中間肌群有蚓狀肌（lumbrical muscle）、掌側骨間肌（palmer interossei muscle）、背側骨間肌（dorsal interossei muscle），皆由尺神經支配（蚓狀肌的橈側由正中神經支配）。蚓狀肌可彎曲第2至第5指的近側指骨，並使中間及遠側指骨伸直。掌側骨間肌負責手指內收、背側骨間肌負責外展，而兩條骨間肌可一同使近側指骨彎曲，並伸展中間及遠側指骨。

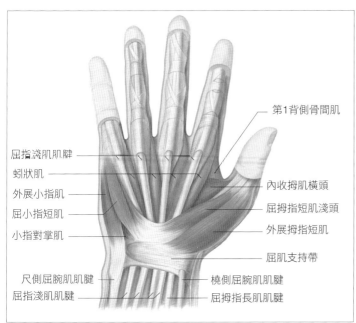

▲圖3-17 手掌肌肉

第1背側骨間肌

屈指淺肌肌腱
蚓狀肌
外展小指肌
屈小指短肌
小指對掌肌

內收拇肌橫頭
屈拇指短肌淺頭
外展拇指短肌
屈肌支持帶

尺側屈腕肌肌腱
屈指淺肌肌腱
橈側屈腕肌肌腱
屈拇指長肌肌腱

N o t e

腕關節（手腕）的運動

伸展（背屈）：橈側伸腕長肌
橈側伸腕短肌
尺側伸腕肌
屈曲（掌屈）：尺側屈腕肌
橈側屈腕肌
掌長肌

肱橈肌

肱橈肌受橈神經支配，因此雖屬於伸肌群，但可使肘關節屈曲，並參與前臂的旋前、旋後等旋轉運動。

手指的運動

（第2至第5指的掌指骨關節、指間關節）
①掌指骨關節（MP關節）的屈曲：蚓狀肌、骨間肌
②掌指骨關節（MP關節）的伸展：伸指肌、伸食指肌、伸小指肌
③近端指骨關節（PIP關節）的屈曲：淺指屈肌
④遠端指骨關節（DIP關節）的屈曲：深指屈肌
⑤指間關節（IP關節）的伸展：伸指肌，伸食指肌，伸小指肌
⑥內收：掌側骨間肌
⑦外展：背側骨間肌、外展小指肌

對掌運動

拉近拇指與小指的動作，這就是拇指對掌肌與小指對掌肌的作用。

髖關節的運動

屈曲：腸腰肌
伸展：臀大肌
外展：臀中肌、臀小肌
內收：內收長肌、短肌、大肌
外旋：梨狀肌、閉孔內肌、股方
　　　肌、縫匠肌
內旋：闊筋膜張肌、臀中肌、臀小
　　　肌

腸腰肌

起始：第12胸椎至第4腰椎椎體、
　　　橫突、腸骨窩
終止：股骨小轉子
支配神經：腰神經叢肌枝

臀大肌

起始：腸骨外側、薦骨、尾骨
終止：股骨臀肌粗隆、腸脛束

臀中肌

起始：腸骨外側
終止：股骨大轉子

腸脛束
iliotibial tract

　屬於闊筋膜外側較厚實的部分，
與闊筋膜張肌的終止腱一同附著在
脛骨外上側。

外髖骨肌的支配神經

臀大肌：臀下神經

臀中肌
臀小肌　　　　臀上神經
闊筋膜張肌

梨狀肌
閉孔內肌
上、下雙子肌　　薦神經叢的肌枝
股方肌

8 下肢肌肉
muscles of lower limb

　下肢肌肉可大致分為骨盆肌群，也就是下肢帶骨周邊，還有股肌群、小腿肌群及腳掌肌群。

A. 骨盆肌群 muscles of pelvic girdle

　骨盆肌群位於髖骨周邊，負責髖關節的運動，可分為骨盆內的內髖骨肌，以及髖骨外的外髖骨肌。

■內髖骨肌群

　內髖骨肌群有起始自腰椎椎體的腰大肌（psoas major muscle），以及起始於腸骨窩的腸骨肌（iliacus muscle），兩者皆終止於股骨的小轉子，受腰神經叢（lumbar plexus）的分枝支配，合稱腸腰肌（iliopsoas muscle），可使髖關節屈曲（大腿往前抬）。若下肢固定不動，內髖骨肌群可將腰椎骨盆往前下方拉。

■外髖骨肌（臀肌）群

　外髖骨肌群有臀大肌（gluteus maximus muscle）、臀中肌（gluteus medius muscle）、臀小肌（gluteus minimus muscle）、

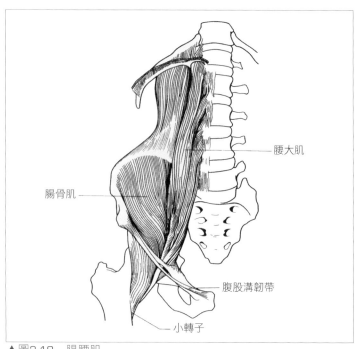

　　腰大肌

腸骨肌

腹股溝韌帶

小轉子

▲圖3-18　腸腰肌

闊筋膜張肌（tensor fasciae latae muscle）、梨狀肌（piriformis muscle）、閉孔內肌（obturator internus muscle）、上雙子肌（gemellus superior muscle）、下雙子肌（gemellus inferior muscle）、股方肌（quadratus femoris muscle）。

　　負責進行髖關節、大腿的伸展、外展、外轉運動。臀中肌、臀小肌的前方，以及闊肌膜張肌則負責進行大腿的內轉運動。

①臀大肌（gluteas maximus muscle）：起始自薦骨、尾骨與腸骨外側，終止於股骨後面上方的臀肌粗隆與腸脛束，是髖關節伸展時最主要的肌肉，受到臀下神經（inferior gluteal nerve）支配。

②臀中肌（gluteus medius muscle）：起始自腸骨外側，終止於股骨大轉子，可讓大腿外展。由臀上神經（superior gluteal nerve）支配。

B.　股肌群（muscles of thigh）

　　股肌群分為伸肌群、屈肌群與內收肌群。伸肌群與屈肌群可使膝關節屈伸，內收肌群則使髖關節內收。

■股伸肌群

　　股伸肌群有縫匠肌（sartorius muscle）、股四頭肌（quadriceps femoris muscle），由股神經（femoral nerve）支配，可讓膝關節伸展。

①股四頭肌（quadriceps fermoris muscle）：分佈在大腿的前面與兩側，相當強健。起始頭有四個〔股直肌（rectus femoris muscle）、內側廣肌（vastus medialis muscle）、中間廣肌（vastus intermedius muscle）、外側廣肌（vastus lateralis muscle）〕，在膝關節前會合成膝韌帶（patellar ligament），

股四頭肌的四頭
①股直肌：起始於髖骨
②內側廣肌
③中間廣肌　起始於股骨
④外側廣肌

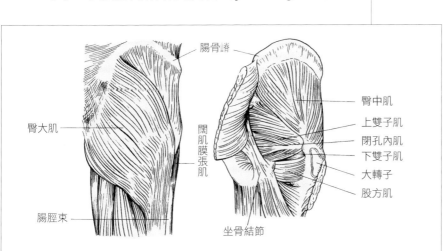

▲圖3-19　大腿後面肌肉

腸骨嵴

臀中肌
上雙子肌
閉孔內肌
下雙子肌
大轉子
股方肌

臀大肌

闊肌膜張肌

腸脛束

坐骨結節

股四頭肌在肌尾會集合成一條肌腱，進入種子骨，也就是膝蓋骨，最後附著在脛骨粗隆，這一段便稱做膝韌帶。臨床使用的膝蓋肌腱反射，就是敲打膝韌帶。

股三角
femoral triangle

位於大腿內側上方，是由腹股溝韌帶、內收長肌與縫匠肌圍成的三角形，可在此摸到股動脈於皮下的跳動。

膕旁肌腱
hamstrings

股二頭肌的終止腱會構成膕窩上緣、半腱肌與半膜肌則構成其上方內側緣。上述3條肌肉的終止腱稱做膕旁肌腱（hamstrings），而這3條肌肉本身，則統稱為膕旁肌。

終止於脛骨前面上端的脛骨粗隆（tibial tuberosity）。股直肌起始於髖骨的腸骨前下棘與髖臼上緣，通過髖關節，可將大腿往上提（髖關節屈曲）。

■股內收肌群

內收肌群位於大腿內上方，負責內收動作，起始於髖骨（主要為恥骨）、終止於股骨內後方（恥骨肌線與粗線內側唇）。內收肌群包含有恥骨肌（pectineus muscle）、內收長肌（adductor longus muscle）、內收短肌（adductor brevis muscle）、內收大肌（adductor magnus muscle）、股薄肌（gracilis muscle）、閉孔外肌（obturator externum muscle）。由閉孔神經（obturator nerve）支配。

①**內收長肌**（adductor longus muscle）：起始於恥骨聯合前面及恥骨結節，終止於股骨粗線內側唇，可使大腿內收、屈曲，或往側面旋轉。

②**內收大肌**（adductor magnus muscle）：起始於坐骨下枝前面及坐骨結節，終止於股骨粗線內側唇與內上髁。內收大肌的終止腱會形成腱弓，打開內收肌腱裂孔，讓股動脈與股靜脈通過，流向膕窩。

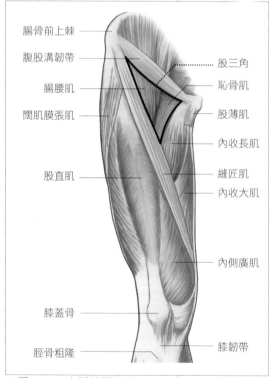

▲圖3-20　大腿前面肌肉

腸骨前上棘
腹股溝韌帶
腸腰肌
闊肌膜張肌
股直肌
膝蓋骨
脛骨粗隆
股三角
恥骨肌
股薄肌
內收長肌
縫匠肌
內收大肌
內側廣肌
膝韌帶

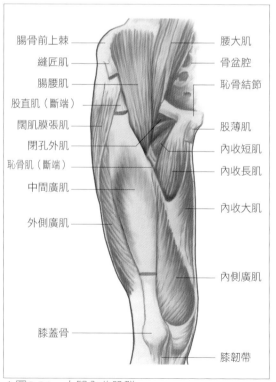

▲圖3-21　大腿內收肌群

腸骨前上棘
縫匠肌
腸腰肌
股直肌（斷端）
闊肌膜張肌
閉孔外肌
恥骨肌（斷端）
中間廣肌
外側廣肌
膝蓋骨
腰大肌
骨盆腔
恥骨結節
股薄肌
內收短肌
內收長肌
內收大肌
內側廣肌
膝韌帶

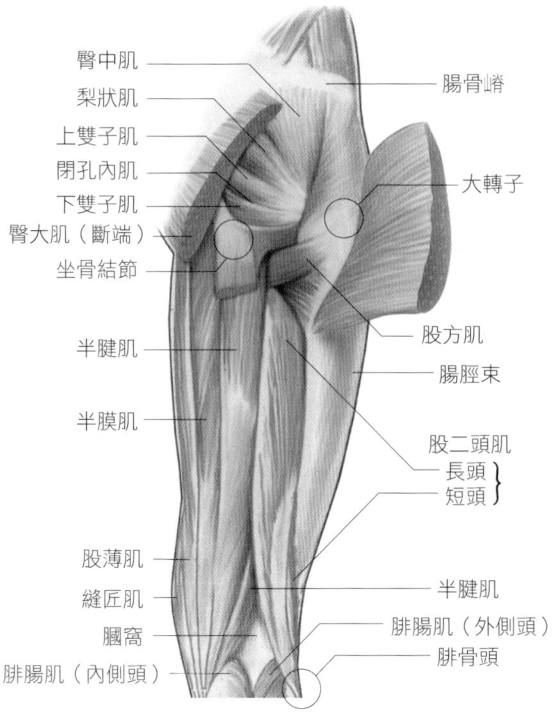

圖中標示：
臀中肌
梨狀肌
上雙子肌
閉孔內肌
下雙子肌
臀大肌（斷端）
坐骨結節
半腱肌
半膜肌
股薄肌
縫匠肌
膕窩
腓腸肌（內側頭）
腸骨嵴
大轉子
股方肌
腸脛束
股二頭肌
長頭
短頭
半腱肌
腓腸肌（外側頭）
腓骨頭

▲圖3-22　大腿後面肌肉

■股屈肌群

屈肌群位於大腿後方，有股二頭肌〔biceps femoris muscle，長頭（long head）、短頭（short head）〕、半腱肌（semitendinosus muscle）、半膜肌（semimembranosus muscle）。負責膝關節的屈曲與大腿的伸展，由坐骨神經（sciatic nerve）支配。

股二頭肌短頭起始於股骨的骨體後面（粗線外側唇），而股二頭肌長頭與半腱肌、半膜肌，則起始於坐骨結節。股二頭肌終止於腓骨（腓骨頭），半腱肌與半膜肌則附著在脛骨（脛骨粗隆內側），如此便形成於膕窩（popliteal fossa）的上緣。

C.　小腿肌群

小腿的前面有伸肌群、後面有屈肌群、外側是腓骨肌群。

■小腿伸肌群

主要負責腳掌背屈，有脛骨前肌（tibialis anterior muscle）、伸拇趾長肌（extensor hallucis longus muscle）、伸趾長肌（extensor digitorum longus muscle）、第三腓骨肌（peroneus tertius muscle），以上皆由深腓神經〔deep peroneal（fibular）

Note

膝關節的運動

屈曲：股二頭肌、半腱肌
伸展：股四頭肌

股肌群與支配神經

股伸肌群：股神經
股內收肌群：閉孔神經
股屈肌群：坐骨神經
　股二頭肌短頭：腓骨神經部
　股二頭肌長頭
　半腱肌　　　　｝脛骨神經部
　半膜肌

膕窩

膕窩位於膝蓋後面，為菱形的凹陷，上緣是股二頭肌、半腱肌與半膜肌的肌肉尾；下緣是小腿三頭肌的腓腸肌內側頭與外側頭，其間有膕窩動靜脈及腓神經通過。

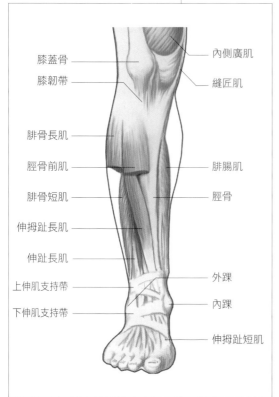

膝蓋骨
膝韌帶
腓骨長肌
脛骨前肌
腓骨短肌
伸拇趾長肌
伸趾長肌
上伸肌支持帶
下伸肌支持帶

內側廣肌
縫匠肌
腓腸肌
脛骨
外踝
內踝
伸拇趾短肌

▲圖3-23 小腿前面肌肉

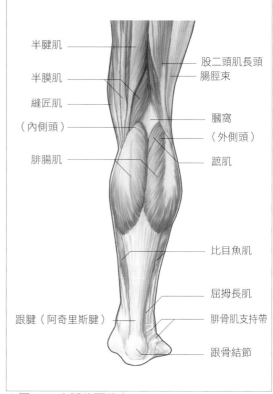

半腱肌
半膜肌
縫匠肌
（內側頭）
腓腸肌

股二頭肌長頭
腸脛束
膕窩
（外側頭）
蹠肌
比目魚肌
屈拇長肌
腓骨肌支持帶
跟骨結節

跟腱（阿奇里斯腱）

▲圖3-24 小腿後面肌肉

nerve〕支配。若腳掌固定，小腿伸肌群會讓小腿往前傾斜。

①**脛骨前肌**（tibialis anterior muscle）：位於小腿前面的脛骨外側，通過踝關節，終止於內側楔狀骨與第1蹠骨的底面。脛骨前肌可使腳掌往背側彎曲〔足背彎曲（dorsiflexion）〕，並往內側緣提起（內翻）。

②**伸趾長肌**（extensor digitorum longus muscle）：起始於脛骨上端及腓骨前緣，於中途分成4條肌腱延伸至腳背，終止於第2～第5趾。伸趾長肌可伸展腳趾、進行足背彎曲並讓腳掌外翻。

■小腿屈肌群

屈肌群主要負責足底彎曲（plantar flexion）的動作，有小腿三頭肌（triceps surae muscle）、脛骨後肌（tibialis posterior muscle）、蹠肌（plantaris muscle）、膕肌（popliteus muscle）、屈拇趾長肌（flexor hallucis longus muscle）、屈趾長肌（flexor digitorum longus muscle），皆在脛神經（tibial nerve）的支配下。

①**小腿三頭肌**（triceps surae muscle）：小腿三頭肌可形成小腿肚，由腓腸肌（gastrocnemius muscle）的內側頭（medial head）、外側頭（lateral head）與比目魚肌（soleus muscle）這

3頭構成，肌肉尾會成為跟骨腱〔calcaneal tendon（阿奇里斯腱，Achilles's tendon）〕，終止於跟骨。小腿三頭肌可在行走時抬起腳跟，以腳尖支持身體。腓腸肌內側頭起始於股骨內上髁、外側頭起始於股骨外上髁，可使膝關節屈曲。

②脛骨後肌（tibialis posterior muscle）：脛骨後肌位於小腿背面的深層，終止肌腱繞過內踝後方，止於足底（舟狀骨、內側楔狀骨、中間楔狀骨、外側楔狀骨、骰骨、第2至第4蹠骨的底面）。脛骨後肌可讓腳掌往腳底側彎曲（底屈），亦可讓腳掌向內側彎（內翻）。

■小腿腓骨肌群

起始自腓骨，可分為腓骨長肌（peroneus longus muscle）與腓骨短肌（peroneus brevis muscle）。

腓骨長肌的終止肌腱從外踝後方延伸到足底，止於第1、2蹠骨底部與內側楔狀骨。

腓骨短肌附著在第5蹠骨粗隆，腓骨長、短肌可將腳掌外半邊上提，或讓腳底外翻、往腳底邊彎曲（底屈）。

- 小腿腓骨肌群由淺腓神經〔superficial peroneal（fibular）nerve〕支配。

D. 腳掌肌群

■足背肌群

腳背有伸拇趾短肌（extensor hallucis brevis muscle）、伸趾短肌（extensor digitorum brevis muscle），由深腓神經〔deep peroneal（fibular）nerve〕支配。伸趾短肌可伸展第2～第4趾。

■足底肌群

腳底有拇趾球肌群〔（屈拇趾短肌，flexor hallucis brevis muscle）、內收拇肌（adductor hallucis muscle）、外展拇肌（abductor hallucis muscle）〕、小趾球肌群〔外展小趾肌（abductor digiti minimi muscle）、屈小趾短肌（flexor digiti minimi brevis muscle）〕蹠肌群〔屈趾短肌（flexor digitorum brevis muscle）、蹠方肌（quadratus plantae muscle）、蚓狀肌（lumbrical muscles）、足底骨間肌（plantar interossei muscles）、背側骨間肌（dorsal interossei muscles）〕，皆受脛神經（tibial nerve）支配。

外展拇肌由內側蹠神經（medial plantar nerve）支配、內收拇肌則由外側蹠神經支配。

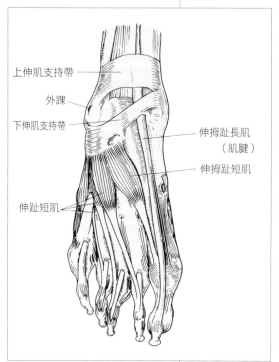

上伸肌支持帶

外踝

下伸肌支持帶

伸拇趾長肌
（肌腱）

伸拇趾短肌

伸趾短肌

▲圖3-25　腳掌肌肉（足背）

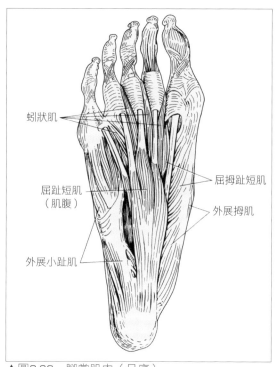

蚓狀肌

屈趾短肌
（肌腹）

外展小趾肌

屈拇趾短肌

外展拇肌

▲圖3-26　腳掌肌肉（足底）

蚓狀肌可使第2～第5趾的近側趾骨彎曲。

　　足底骨間肌有3條，接近第3、4、5趾內側；背側骨間肌有4條，第1背側骨間肌位在第2趾內側、第2～4背側骨間肌則位於外側。

肌肉的生理構造

1 肌肉的收縮

人體因肌肉收縮而產生動作。無論是肌肉收縮、移動身體或提起重物，都需要能量。而其來源便是由ATP（adenosin triphosphate，腺核苷三磷酸）分解所產生的化學能量。

A. 骨骼肌的結構

骨骼肌表面由肌膜（fascia）包覆，肌膜中有許多肌纖維（muscle fiber），由結締組織（connective tissue）集合成束，稱為肌束。1條肌纖維即是1個細胞。

N o t e

肌纖維直徑

肌纖維直徑為10～100μm，長度各自不一，從數mm至數十公分者皆有。

肌原纖維直徑

1～2μm

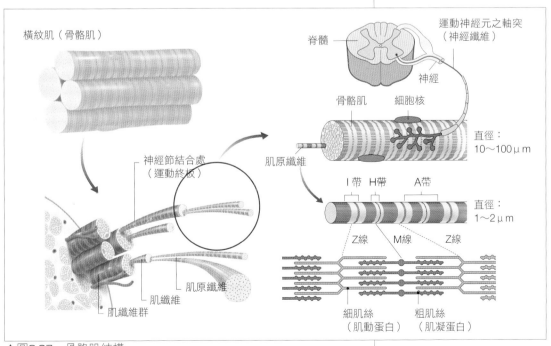

▲圖3-27　骨骼肌結構

B. 骨骼肌纖維之種類

由肉眼所見的顏色，可將骨骼肌分為紅肌（red muscle）、白肌（white muscle）與中間肌（intermediate muscle）。這是因為肌細胞所含的色素蛋白，也就是肌紅素（myoglobin）含量不同所致，其中以紅肌含有最多肌紅素。這三種肌肉的功用各自不同，紅肌耐力高，是負責收縮的慢肌，不易疲勞；白肌是動作迅速的快肌，但容易疲勞。紅肌在體內深處，接近骨骼；白肌則較靠近身體表面。

肌纖維同樣可以分為紅肌纖維（慢肌纖維，slow muscle fiber）、白肌纖維（快肌纖維，fast muscle fiber）與中間肌纖維（intermediate fiber）。

肌纖維是由數百至數千條具收縮性的肌原纖維（myofibril）沿著長軸排列而成。

肌原纖維上的橫紋，會重複排成暗帶〔A帶（A band），anisotropic band〕與明帶〔I帶（I band），isotropic band〕。A帶中央的細小紋路稱為H帶；I帶中央則有Z帶，2個Z帶相隔2～3 μ m，這個間隔稱做肌節，是肌肉動作時的功能單位。此外肌原纖維中有2種纖維（肌絲，filament）沿著長軸規則排列，細肌絲（thin filament）稱為肌動蛋白（actin）、粗肌絲（thick filament）稱為肌凝蛋白（myosin）。肌凝蛋白位於A帶、肌動蛋白則在I帶與A帶的H帶以外部分。

肌漿網（sarcoplasmic reticulum）包住了肌原纖維，佔了骨骼肌的10％。肌漿網會藉由釋放或回收Ca^{2+}（鈣離子），控制肌原纖維的收縮或鬆弛。

滑動學說

> 肌動蛋白會受到肌凝蛋白所牽引，滑入肌凝蛋白之間。因此肌絲的長度並不會改變，只是重疊的部分增加，使肌節變短，產生肌肉收縮。

C. 肌肉收縮的機制

肌肉的收縮起因於肌原纖維收縮。肌原纖維的收縮或鬆弛，則是由兩種肌絲，也就是肌動蛋白與肌凝蛋白的排列狀態而定。

肌纖維表面的膜，受到神經纖維刺激後會產生電流（動作電位，action potential），使肌漿網將鈣離子釋放到細胞質中，藉此引發肌動蛋白與肌凝蛋白的反應，使肌肉收縮。相反地，若肌漿網吸收鈣離子，便會使肌肉鬆弛。

肌電圖

EMG：electromyogram

> 肌肉收縮時會產生動作電位，記錄這種變化的圖形即為肌電圖。

D. 肌肉收縮的能量

肌肉收縮所必須的能源，來自細胞質中的ATP（腺核苷三磷酸）分解後形成ADP（二磷酸腺甘酸，adenosine diphosphate）時產生的能源。

ATP分解成ADP後，可以再次合成為ATP，但此時需要肌肉中的磷酸肌酸（creatine phosphate）分解成肌酸（creatine）與磷酸（phosphoric acid）時產生的能源。

E. 肌肉收縮產生的熱量

肌肉收縮時會產生熱量，有助於維持體溫。

F. 肌肉的性質

肌肉有以下四種特性，分別是收縮性、彈性、興奮性與傳導性。

①**收縮性**（contractility）：肌肉或肌纖維受到刺激便會收縮，該動作會順著肌纖維的長軸發生。

②**彈性**（elasticity）：肌肉可以伸長，放開後又恢復原狀。

③**興奮性**（excitability）：肌肉受到刺激會產生反應，產生某種變化或衝動。

④**傳導性**（conductivity）：肌纖維的單點受到刺激後，反應產生的衝動便會傳導到整個肌纖維。

2 肌肉收縮的方式

A. 抽動收縮（攣縮，twitch）

肌肉對於單一刺激（1個動作電位）會產生1次收縮。

B. 強直收縮（tetanus）

在適當的間隔內受到2次刺激，收縮動作便會重疊，產生比單次收縮更大的動作。若是反覆增加刺激次數，肌肉會在刺激的期

ATP再合成

磷酸肌酸（CP）分解時產生的能源，可用於ATP的再合成。

$ADP+CP \leftrightarrows ATP+C$

CP：磷酸肌酸
　（creatine phosphate）

C：肌酸（creatine）

ATP：腺核苷三磷酸
　（adenosine triphosphate）

ADP：二磷酸腺甘酸
　（adenosine diphosphate）

肌肉緊張
....

　骨骼肌通常會保持在一定程度的
收縮狀態，也就是輕度的強直收
縮，這就是肌肉的緊張狀態。

僵直
rigor
....

　肌肉實質變硬，無法恢復原本的
狀態，便稱做肌肉僵直。肌肉會在
死後2～3小時失去彈性，這個狀態
稱為死後僵直（rigor mortis）。

疲勞的原因
....

　乳酸、二氧化碳等堆積導致肌肉
的pH值降低，或是肌酸、酮體等
代謝廢物的堆積，都會導致肌肉疲
勞。

間內，產生持續性的強力收縮，這就是強直收縮。

C.　肌肉疲勞

　若持續進行強烈運動（例如長時間的強直收縮），肌肉會無法維持強而有力的收縮，最後便無法收縮。這個現象稱為肌肉疲勞。

　長時間運動會消耗ATP與肝醣，並堆積乳酸等分解後的產物，降低肌肉的收縮能力導致肌肉疲勞。

D.　全或無定律（all or none law）

　肌肉的收縮需要一定強度的刺激，若刺激太小，肌纖維便不會產生反應，但刺激達到一定強度後，肌纖維就會以最大程度收縮。但即便再增加刺激的強度，收縮狀態依舊不變，這就是全或無定律。

肌肉系統

1 伸指肌

為什麼結婚戒指會戴在無名指

手指可以做出各種動作，像是握、抓、夾等等，這都是因為手指關節可以彎曲。一般都認為夾東西用拇指跟食指最合宜，其實拇指搭配中指、無名指甚至小指都可以。而伸展方面又如何呢？先將手掌輕輕握拳，試著一根根伸直。若是用力伸直拇指，讓解剖學上的鼻煙壺浮現，這時的形狀就像比「讚！」一樣。而食指伸直的時候就像在指著別人一樣；翹小指時便充滿秀氣的感覺。那中指跟無名指又如何呢？若用拇指壓住其他四指，手指就無法伸直；但如果拇指彎曲，四指一起伸直的話就沒問題，但若只想伸直中指或無名指，這可就難了。硬要伸直的話，手背就會感到疼痛，特別是想伸直無名指時更是嚴重。

之所以有這種情形，是因為掌指骨關節（MP關節）無法伸直。這次換成圖中手勢，以指腹讓中指以外的四指相互靠緊，彎起中指讓近端指骨關節（PIP關節）呈90度，以中間指骨的背側互相接觸，讓近端指骨保持一直線，不可讓中指分開。在這狀態下讓兩個拇指分開並打直（呈過度伸展），應該不成問題才對。

接著讓拇指回到原位，讓兩個小指分開。這也沒問題。再來讓小指回到原位，換食指試試看，這時要注意別讓中指鬆開。食指拉開的距離雖然不像拇指與小指那麼大，但仍可以在中指相連的狀況下分開。

最後試著拉開無名指。無論如何掙扎，應該都沒辦法讓無名指分開。或許有人拉得開也不一定，但在高興前得確定中指沒有鬆開才行。

無名指的英文是ring finger，也就是戴上結婚戒指的手指。難道因為無名指無法

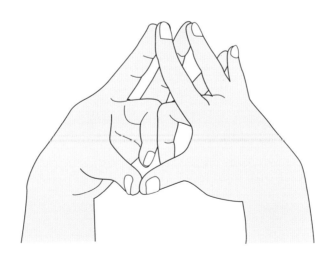

▲圖3-28　無名指是分不開的

分開，才會將戒指戴在這嗎？雖然目前沒有任何相關的證據或傳聞，只是單純的猜測，但總是令人有這種感覺。

使關節得以伸展的肌肉稱為伸肌。挺直手指形成過度伸展，也是伸肌的功勞。手指的伸肌有伸拇長肌、伸拇短肌、伸食指肌、伸小指肌與伸指肌。上述肌肉的主幹都在前臂或手肘，延伸到手腕處成為肌腱，再沿著手背延伸，附著在不同的指骨上。若用力伸直手指，手背就會浮現肌腱，其中讓拇指伸直的就是伸拇長肌與伸拇短肌。

伸食指肌可伸展食指、伸小指肌可伸展小指。伸指肌雖然是一條肌肉，但會在手腕一帶分成4條肌腱，延伸到手背，附著在食指、中指、無名指與小指。換言之，伸指肌可伸展拇指以外的其他四指。

在手掌靠近指間處，有肌腱連接伸指肌的4條肌腱，稱為腱間聯合。正因如此，若伸直一根手指時，其他手指也會受到牽動。

想在輕握拳狀態伸直食指時，若旁邊的中指沒有稍微放鬆，便無法讓食指打直。

這個道理和先前提到的無名指一樣，想伸直無名指時，也因為腱間聯合與中指肌腱相連，所以中指被壓住無法伸直時，便無法拉開無名指。相較之下，食指與小指，不像中指跟無名指那樣具有腱間聯合，即便有也不緊密，不像中指和無名指那樣緊緊相連。

除此之外，食指與小指除了伸指肌以外，還具備特有的肌腱，也就是伸食指肌與伸小指肌。伸展時會有2條肌肉一同動作，所以食指與小指才能輕鬆拉開。

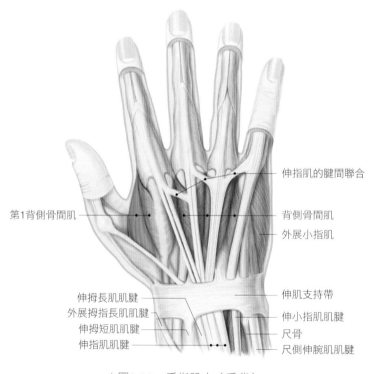

第1背側骨間肌

伸指肌的腱間聯合

背側骨間肌

外展小指肌

伸拇長肌肌腱
外展拇指長肌肌腱
伸拇短肌肌腱
伸指肌肌腱

伸肌支持帶
伸小指肌肌腱
尺骨
尺側伸腕肌肌腱

▲圖3-29　手指肌肉（手背）

2 伸肌支持帶與腱鞘

兩者彷彿刀與鞘

用力伸直手指時，手背會浮出肌腱，但這些肌腱到手腕處就會消失。

這是因為伸展手指的肌肉中，其肌腹大部分位於前臂，而且是手肘附近。這些肌肉在手腕一帶成為肌腱，再從手腕延伸到手背與指骨。將手指伸直，讓手腕朝手背面彎曲的話，肌腱彷彿會把皮膚往上提，但在手腕與手指處的皮膚則不會隆起。

手腕的伸肌支持帶是一薄膜，包著肌腱，就像打網球時戴的護腕。當我們在桌上用手指壓住繩子，再將繩子往後抽，會因摩擦而感到疼痛與發熱。受到伸肌支持帶包覆的肌腱，也會因為肌肉動作而摩擦，若活動過於頻繁就會發炎。再回到繩子的比喻，如果讓繩子通過空管，不用手直接按壓的話，手指與繩子之間就不會產生摩擦。而肌腱也是一樣通過中空管，伸肌支持帶則包覆在管外，肌腱就像刀一般，而這中空管就像刀鞘，所以稱為腱鞘。

手的掌側屈肌也是如此，屈肌支持帶是帶狀的厚膜，也包著腱鞘。

讓手掌彎成爪形，可看到手指朝掌側彎曲，且從底部算起有3處彎曲，拇指只有2處彎曲。食指（第2指）到小指（第5指）中，彎曲中間指節與遠側指節的肌肉就是屈指肌。屈指肌的肌腹在前臂，其肌腱通過屈肌支持帶延伸到手掌，分成4條肌腱，附著在第2至第5指骨的中間骨與遠側骨。不過彎曲中間指節與遠側指節的肌肉各不相同，且深度也不一樣。彎曲中間指節的肌肉位於淺層，彎曲遠側指節的肌肉為深層，分別稱為屈指淺肌與屈指深肌。

淺層肌肉位在近端、深層肌肉位在遠端，感覺好像不太對勁。若寫在紙上更一目暸然，一般都是淺層（上層）位在遠端，深層（下層）位在近端，但屈肌就是淺層近、深層遠，如此一來肌肉便會交叉相錯（即為腱交叉）。彎曲中間指骨的屈指淺肌，其肌腱在附著到指骨前會分成

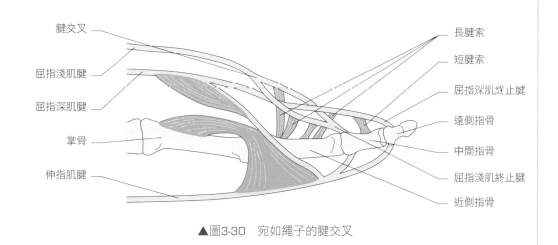

▲圖3-30　宛如繩子的腱交叉

2條，而屈指深肌便會穿過這兩條淺肌之間，延伸到遠側指骨。

　　一般人都覺得學名複雜難記，但這交叉部位的名稱卻一反常態，相當直接單純。即是稱為長腱索與短腱索，跟繩索的索一樣。前述屈指淺肌與屈指深肌的肌腱會附著在指骨，但附著在指骨前，有個連結肌腱與骨骼的索狀薄膜，稱為腱索。靠近肌腱附著處的三角形皺褶稱為短腱索，而較遠處的細長皺褶稱做長腱索。這麼簡單明快的學名，實在令人訝異對吧。

3 上臂

小老鼠是因上臂肌肉收縮

　　要展現肌肉時，一般人都會用力彎起手肘，露出上臂的「小老鼠」。請將手指放在肘窩（也就是抽血時插針的地方），試著彎曲手肘。手指會隨著手肘的彎曲，漸漸往上，指腹也可以摸到條狀的堅硬物

體，這就是「肌腱」。這個肌腱與阿奇里斯腱的「腱」相同。

　　肌腱是肌肉的前端，幾乎所有肌腱的尖端都附著在骨頭上。試著觸摸阿奇里斯腱，同樣可以在下方摸到跟骨。而往上延伸就是小腿肚的肌肉。

　　回到手肘上，這次不是摸著肌腱，而是在彎著手肘的狀態下捏住肌腱，讓手指往肩膀方向移動，這時就會連到上臂的小老鼠。代表在手肘處隆起的肌腱，到了上臂就是形成小老鼠的肌肉。

　　這條肌腱會通過肘關節，附著在前臂的骨頭上。換言之，小老鼠是上臂肌肉收縮的產物。這條肌肉的遠端會越過肘關節，附著在前臂的骨頭上，將其往後拉。所以前臂才會彎向上臂，讓手肘彎曲。肌肉就是依照這個原理彎曲肘關節。

　　因此正確說來不是手肘彎曲形成小老鼠，而是上臂小老鼠的肌肉收縮，才彎起手肘。

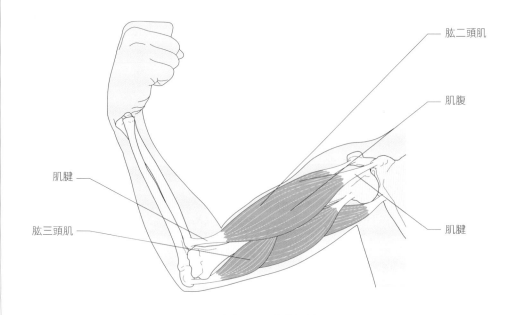

肱二頭肌

肌腹

肌腱

肱三頭肌

肌腱

▲圖3-31　上臂肌肉

前臂肌肉就像紡錘

若要伸直手肘，可以伸展到什麼程度呢？

一般來講，要讓東西靠近自己會用拉的，相反則是用推的。若不用推的，換個方式，就是將另一側往回拉。

所有關節的動作都是因肌肉收縮，將遠端的骨頭往回拉。想伸展彎曲的關節，也是要收縮肌肉。我們很難想像「收縮肌肉以便將遠端骨頭往前推」的動作。所以無論屈曲或伸展，都是將另一側往回拉。

當我們用手托著下巴時，手肘頂住桌子的部位會感覺硬硬的。先前談到小老鼠時，手指壓住的肘窩部位剛好是它的另一面。手肘的背面會有一個突出的骨頭，這就是架拐子時會用到的部位。當手肘伸直時，該部位的皮膚會略微鬆弛，而彎曲時，就會繃得很緊。

接下來我們彎曲手肘，抓住該部位的皮膚往上（往肩膀的方向）拉。雖然不太好抓，但我們可以發現手肘開始伸直。手肘的骨頭突起處稱為鷹嘴，其上有肱三頭肌附著，屬於上臂背側肌肉。就是這肱三頭肌收縮，拉住鷹嘴以伸展手肘。

小老鼠由肱二頭肌形成，該肌肉收縮時，手肘便會彎曲，產生小老鼠。而彎曲的手肘，便要靠肱三頭肌的收縮才能伸直。

手臂（上肢）與腿部（下肢）的肌肉幾乎都是紡錘狀，兩端是肌腱，附著在骨頭上，形狀就像日本人包納豆的稻草包。這時候靠近軀幹的部位稱為肌肉頭，以手臂而言就是靠肩膀那端、以腿部而言就是靠近髖關節那端。而肌肉中央鼓起的部位稱為肌腹；離軀體較遠的部位稱做肌肉尾。

形成小老鼠的肌肉，其肌肉頭分成2條，稱為二頭肌。又因為位於上臂（肱部）所以名為肱二頭肌。而肱三頭肌是因為肌肉頭在肩膀處分成3條因而得名。

4　小腿三頭肌

腿抽筋…

各位是否曾在睡覺或游泳時抽筋呢？正確說來，腿抽筋的部位是小腿肚，這時候腳背會打直、腳跟則是往上拉。抽筋時小腿肚會因痙攣而變硬，令人感到疼痛非常，就算在睡覺也會痛到跳起來。小腿肚的正式名稱是小腿三頭肌，末端成為阿奇里斯腱，最後終止於跟骨（腳跟）。而阿奇里斯腱是來自希臘神話的英雄。傳說阿奇里斯除了腳跟的肌腱以外，全身刀槍不

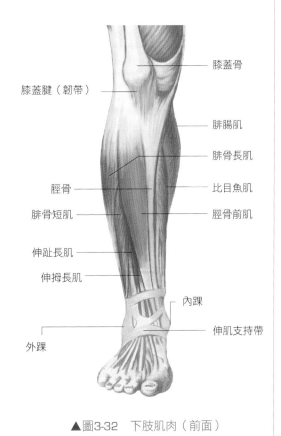

膝蓋骨
膝蓋腱（韌帶）
腓腸肌
腓骨長肌
比目魚肌
脛骨前肌
脛骨
腓骨短肌
伸趾長肌
伸拇長肌
內踝
伸肌支持帶
外踝

▲圖3-32　下肢肌肉（前面）

入。而阿奇里斯腱也是運動中經常受傷的部位。

小腿三頭肌是由3條肌肉頭構成，但因為這3條肌肉都很發達，因此也有自己的名稱。有2條肌肉頭的腓腸肌（內側頭與外側頭）位於淺層，並形成膕窩下三角的內緣與外緣；深層則有像魚肉切片一樣呈平板狀的比目魚肌。

以往有個笑話說左腳是比目魚肌，那右腳就是鰈魚肌，因為分辨兩種魚類的方法就是「左比目右鰈魚」。比目魚和鰈魚都是扁平狀，且眼睛都在背上，而比目魚的眼睛偏左，鰈魚的眼睛偏右邊。

但玩笑歸玩笑，人體兩邊的小腿肚都是比目魚肌，可別搞錯。

請縮起腳跟以腳尖站立，這時會感覺小腿肚變硬。這是因為小腿三頭肌收縮，將腳跟往上提，使踝關節（距腿關節）進行足底彎曲。伸展腳背，將踝關節往足背的方向彎，就稱做足底彎屈。相反地，弓起大拇趾，讓腳背朝小腿彎曲，叫做踝關節的足背彎曲。

足底彎曲會用到的其他肌肉有脛骨後肌、屈拇長肌、屈指長肌等等，這些屈肌皆受脛神經支配。足背彎曲會用到的肌肉有脛骨前肌、讓拇趾弓起的伸拇長肌，還有伸趾長肌等伸肌群。這些肌肉附著處正是人體最大的弱點，也就是脛骨前緣外側。用力弓起腳背時，該部位會有條肌肉緊繃，在快走時也會感到疼痛。這些肌肉都受到深腓神經的支配。

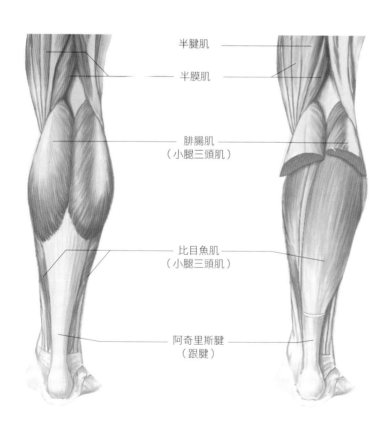

半腱肌

半膜肌

腓腸肌
（小腿三頭肌）

比目魚肌
（小腿三頭肌）

阿奇里斯腱
（跟腱）

▲圖3-33　下肢肌肉（背面）

第4章
循環系統
Circulatory System

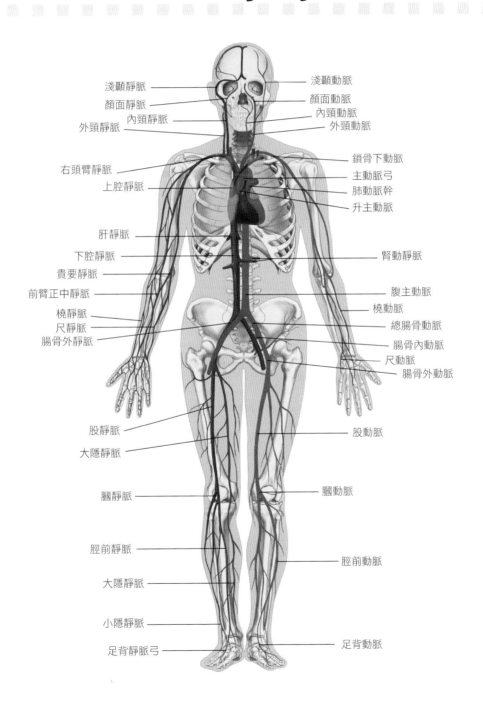

淺顳靜脈 —
顏面靜脈 —
內頸靜脈 —
外頸靜脈 —

右頭臂靜脈 —
上腔靜脈 —

肝靜脈 —
下腔靜脈 —
貴要靜脈 —
前臂正中靜脈 —
橈靜脈 —
尺靜脈 —
腸骨外靜脈 —

股靜脈 —
大隱靜脈 —

膕靜脈 —

脛前靜脈 —

大隱靜脈 —

小隱靜脈 —
足背靜脈弓 —

— 淺顳動脈
— 顏面動脈
— 內頸動脈
— 外頸動脈

— 鎖骨下動脈
— 主動脈弓
— 肺動脈幹
— 升主動脈

— 腎動靜脈

— 腹主動脈
— 橈動脈
— 總腸骨動脈
— 腸骨內動脈
— 尺動脈
— 腸骨外動脈

— 股動脈

— 膕動脈

— 脛前動脈

— 足背動脈

血管系統
vascular system

血管壁

①內膜：內皮細胞與結締組織
②中膜：平滑肌
③外膜：結締組織

最粗的動脈

最粗的動脈是主動脈與肺動脈的起始處（直徑2.8～3公分）。

1 血管之結構

A. 血管壁之結構

血管壁由內膜、中膜與外膜構成，為承受血液流動，動脈壁既厚且有彈性，即便內部壓力降低，仍能保持圓型。而靜脈壁薄且軟，缺乏彈性。

①內膜（tunica intima）：為血管內側的內皮細胞（單層上皮細胞），由結締組織構成。

②中膜（tunica media）：由平滑肌與彈性纖維構成，動脈的中膜比靜脈厚上許多。

③外膜（tunica adventitia）：位於最外層，由疏鬆性結締組織構成。

B. 動脈、靜脈、微血管

①動脈（artery）：動脈可將心臟打出的血液送至身體遠端，中膜的平滑肌與彈性纖維，讓動脈有良好的伸縮性與彈性。末端會分得較細，成為小動脈（arteriole）。

②靜脈（vein）：靜脈會連接微血管，將血液送回心臟。靜脈中膜的平滑肌較少，缺乏彈性。靜脈的起始為小靜脈（venule）。有些部位的靜脈內膜會有半月狀的瓣膜，稱為靜脈瓣（venous valve），可防止血液逆流。流動於皮下組織的

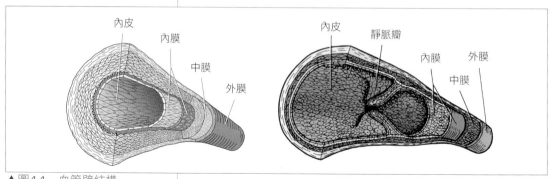

▲圖4-1 血管壁結構

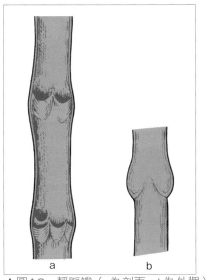

▲圖4-2 靜脈瓣（a為剖面、b為外觀）

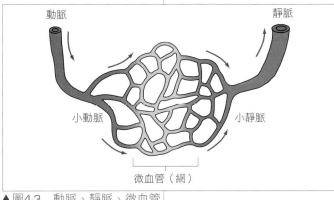

▲圖4-3 動脈、靜脈、微血管

靜脈稱為**皮靜脈**（cutaneous veins），靜脈瓣在皮靜脈中特別
發達。

③**微血管**（blood capillary）：微血管呈網狀，與小動脈、小靜
脈相連結。直徑5～20μm，是最細的血管。管壁由單層的內
皮細胞構成，沒有平滑肌。養分、氧氣、二氧化碳以及身體的
廢物，都是透過微血管壁細胞的空隙，在血管與組織間進行物
質交換。

C. 血管吻合與終動脈

①**血管吻合**（anastomosis）：小動脈或小靜脈在微血管之前會各
自相交，稱為血管吻合。

②**側枝循環**（collateral circulation）：動脈分枝因吻合現象而相
互交通，若一處堵塞而導致循環產生障礙，也能藉由血管吻合
轉流其他血管。這種由吻合現象形成的另一條通路稱為側枝循
環。

③**動靜脈吻合**（arteriovenous anastomosis）：有時候動脈與靜脈
會直接相連而不透過微血管，例如在指尖或陰部海綿體便是如
此。

④**終動脈**（end artery）：有些動脈不與微血管前的小動脈吻
合，稱為終動脈。例如在腦部、肺臟、肝臟、腎臟、脾臟、心
臟等處便是如此。

血管名稱

動脈與靜脈之分，是依其對心臟
的流向而定。連接右心室與肺臟的
肺動脈，雖然流著靜脈血，但因為
是由心臟流出，因此稱為肺動脈。
連接肺臟與左心房的肺靜脈，流的
動脈血已在肺部交換氣體，但因為
是流向心臟，所以稱為肺靜脈。

動脈與靜脈

動脈：內含自心臟流出的血液。
靜脈：內含流回心臟的血液。
微血管：直徑5～20μm，物質會透
過管壁進行交換。

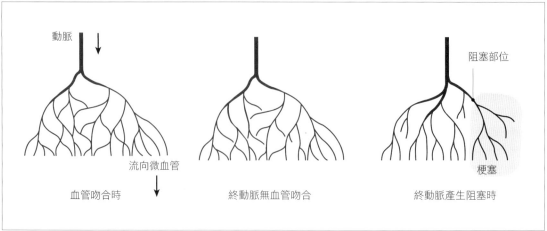

▲圖4-4　終動脈

2 心臟
heart

A.　心臟的位置

　心臟位於胸腔內，由心包膜（pericardium）包覆，左右為肺臟，下為橫膈膜。心臟的三分之二位於正中線左邊，心軸從右後上方往左下前方傾斜。▶圖4-5

B.　心臟的形狀

　心基（cardiac base）是後上方大血管進出處、心尖（cardiac apex）則是前下方左心室尖端、冠狀溝（coronary sulcus）則是劃分心室與心房的界線。

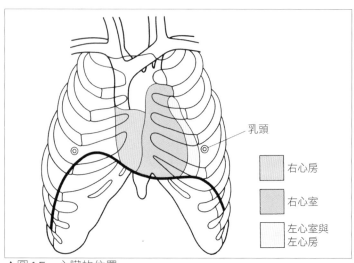

乳頭

□ 右心房

□ 右心室

□ 左心室與
　左心房

▲圖4-5　心臟的位置

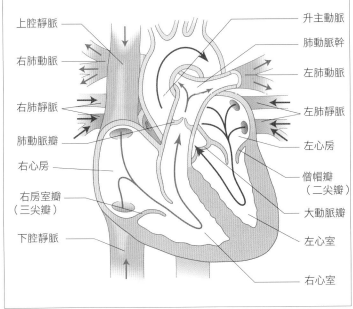

左側標示（由上而下）：上腔靜脈、右肺動脈、右肺靜脈、肺動脈瓣、右心房、右房室瓣（三尖瓣）、下腔靜脈

右側標示（由上而下）：升主動脈、肺動脈幹、左肺動脈、左肺靜脈、左心房、僧帽瓣（二尖瓣）、大動脈瓣、左心室、右心室

▲圖4-6　心臟內腔

C. 心臟內腔

心臟上部為心房（atrium）、下部為心室（ventricle），各由心房中隔（interatrial septum）與心室中隔（interventricular septum）分為左右兩邊，構成2心房、2心室。▶圖4-6

①右心房（right atrium）：有上腔靜脈、下腔靜脈與冠狀竇通過。

②右心室（right ventricle）：肺動脈幹由此流出（肺動脈孔，pulmonary orifice）。

③左心房（left atrium）：左右各有2條肺靜脈進入，共計4條。

④左心室（left ventricle）：（升）主動脈由此流出（主動脈孔，aortic orifice）。

D. 心臟壁之構造

心臟壁有3層，分別是心內膜、心肌與心外膜。

①心內膜（endocardium）：為覆蓋於心臟內面之薄膜（單層扁平上皮），是心臟內腔血管的內膜延伸而成。

②心肌（myocardium）：位在心內膜與心外膜之間，雖有橫紋但屬於不隨意肌。心房的心肌相當薄；心室則很厚。心肌有特殊的心肌纖維，功用彷彿神經一般，可結合心房肌與心室

進出心臟的血管

右心房：上腔靜脈、下腔靜脈、冠狀竇。
左心房：4條肺靜脈。
右心室：肺動脈（幹）。
左心室：升主動脈。

心臟的形狀

心臟為圓錐形，約拳頭大小，重量為250～300克。

心臟的部位

心基：上端有大血管進出，相當寬廣。
心尖：心臟左下方的尖端部。
心軸：心基與心尖的連線，為心臟的長軸。

心尖跳動的位置

在左邊第5肋間的間隙，於乳頭線內側可摸到。

心肌

　　左心室的心肌厚度為右心室的3倍。

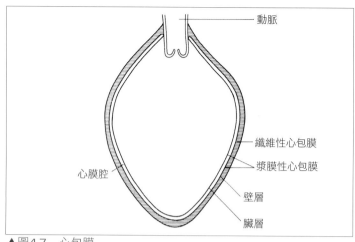

圖中標示：動脈、纖維性心包膜、漿膜性心包膜、壁層、臟層、心膜腔

▲圖4-7　心包膜

肌，為衝動傳導系統。

③心外膜（epicardium）：是心包膜的臟層，為漿膜結構。

E.　心包膜（pericardium）

　　心臟由2層心包膜包覆，外層是**纖維性心包膜**（fibrous pericardium）、內層是**漿膜性心包膜**（serous pericardium）。▶圖4-7

　　內層的漿膜性心包膜是由單層扁平上皮構成，其中又分為2層，直接緊貼心臟表面者稱為**臟層**（=心外膜），另一在大血管基部反摺形成袋狀，稱為壁層，兩者之間形成的腔室稱為**心包腔**（pericardial cavity），內含漿液（心包液，liquor pericardii）。

心包膜

纖維性心包膜 ── 壁層
漿膜性心包膜 ⟨ （心包腔）
　　　　　　　　臟層＝心外膜

F.　心臟瓣膜

　　位於心房與心室間的房室口，有尖瓣構成的**房室瓣**；而心室的動脈口，有半月瓣構成的**動脈瓣**。▶圖4-8

①**左房室瓣**：位於左房室口，由兩片尖瓣構成二尖瓣，又稱為僧帽瓣（mitral valve）。

②**右房室瓣**：位於右房室口，為三尖瓣（tricuspidal valve）。

③**主動脈瓣**（aortic valve）：為升主動脈基部，位於左心室的主動脈孔。

④**肺動脈瓣**（pulmonary valve）：為肺動脈幹基部，位於右心室的肺動脈孔。

心臟瓣膜

右房室口：三尖瓣
左房室口：僧帽瓣（二尖瓣）
右心室（肺動脈孔）：肺動脈瓣
左心室（主動脈孔）：主動脈瓣

房室瓣

　　房室瓣由尖瓣構成，瓣膜邊緣有腱索（tendinous cords）附著，並與心室內的乳頭肌（papillary muscle）相連。

僧帽瓣

　　為2片尖瓣構成的二尖瓣，屬於左房室瓣。

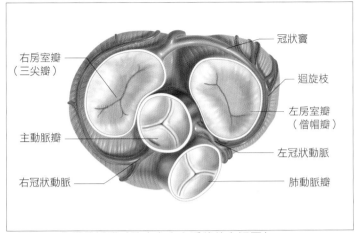

▲圖4-8 心臟的瓣膜（除去左右心房後的上視圖）

右房室瓣
（三尖瓣）

冠狀竇

迴旋枝

左房室瓣
（僧帽瓣）

主動脈瓣

左冠狀動脈

右冠狀動脈

肺動脈瓣

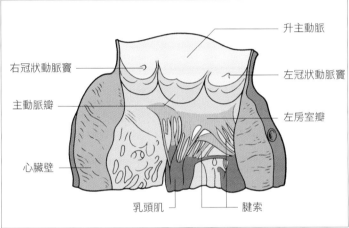

▲圖4-9 附著於尖瓣邊緣的腱索與心室內的乳頭肌

升主動脈

右冠狀動脈竇

左冠狀動脈竇

主動脈瓣

左房室瓣

心臟壁

乳頭肌　　　　　腱索

G. 心臟的脈管與神經

①供給心臟營養的血管

· **動脈**：出自升主動脈基部的左、右冠狀動脈（coronary artery），分佈於心臟壁。

· **靜脈**：心臟的靜脈匯聚於冠狀竇（coronary sinus），流入右心房。

②支配心臟的神經

自主神經（交感與副交感神經）。

冠狀動脈

右冠狀動脈
　　分枝：後室間枝（分流於左、右
　　　　　心室，同時流至心尖）

左冠狀動脈
　　前枝：前室間枝（分佈於左右心
　　　　　室與心室中隔）
　　後枝：迴旋枝（分佈於左心房與
　　　　　左心室背側）

冠狀竇

流入冠狀竇之靜脈
　　①心大靜脈
　　②左室後靜脈
　　③左房斜靜脈
　　④心中靜脈
　　⑤心小靜脈

直接進入右心房之靜脈
　　①心前靜脈
　　②心小靜脈

交感神經

　　可促進心臟活動。

副交感神經

　　為迷走神經分枝，可抑制心臟活動。

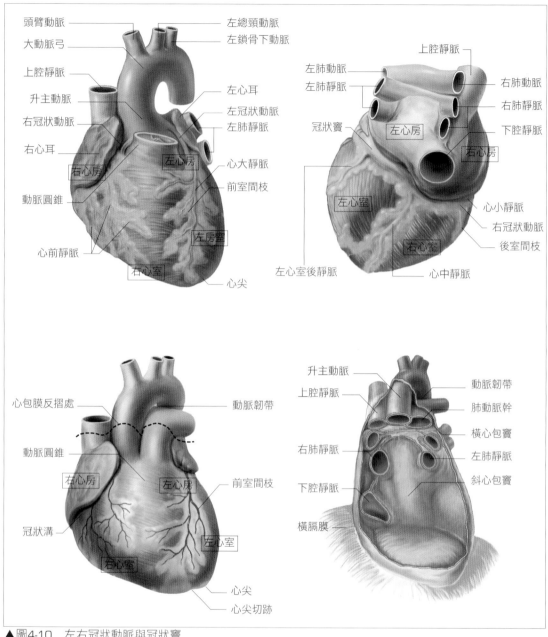

▲圖4-10　左右冠狀動脈與冠狀竇

3 血液循環系統

A. 肺循環與體循環

■肺（小）循環（pulmonary circulation）

　　全身的靜脈血會從右心室流向肺動脈（幹）〔pulmonary artery（trunk）〕。肺動脈（幹）會分成2路，從左、右肺門進入肺部。左、右肺各有2條肺靜脈（pulmonary veins），從肺門將動脈

血注入左心房。▶圖4-6、圖4-11

■體（大）循環（systemic circulation）

　　肺部來的動脈血，會從左心室的**主動脈**（aorta）流出。主動脈的分枝遍佈全身，可將氧氣與養分送至各組織。而含有二氧化碳與廢物的靜脈血，則由靜脈運送。全身各靜脈會經由上、下腔2條大靜脈（上腔靜脈，superior vena cava、下腔靜脈，inferior vena cava）流回右心房。▶圖4-11

N o t e

肺循環與體循環

　　肺循環：右心室→肺動脈→肺→肺
　　　靜脈→左心房。
　　體循環：左心室→主動脈→全身器
　　　官與組織→上、下腔靜脈→右心
　　　房。

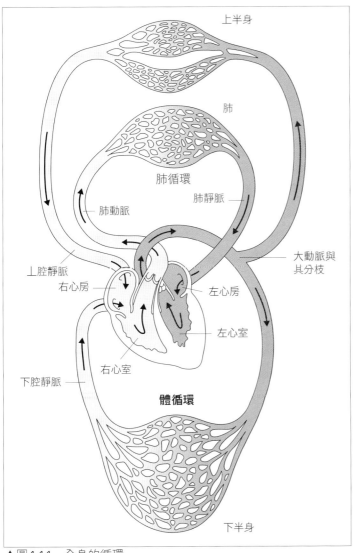

▲圖4-11　全身的循環

主動脈竇（左心室）
↓
升主動脈
↓
主動脈弓（分流至頭頸與上肢）
↓
胸主動脈
↓
腹主動脈 ⟨ 左總腸骨動脈
　　　　　右總腸骨動脈

主動脈分界

升主動脈：主動脈竇至第2胸肋關
　節之水平高度。

主動脈弓：起始自右側第2胸肋關
　節的高度，至第2胸椎處呈弓
　狀，再到第4胸椎之水平高度。

胸主動脈：第4胸椎至第12胸椎
　之水平高度（橫膈膜主動脈裂
　孔）。

腹主動脈：起始的高度為第12胸
　椎，至第4腰椎前方分為左、右
　總腸骨動脈，最後延伸至薦中動
　脈。

B. 動脈系統（體循環）（arterial system）

　　主動脈（aorta）始於左心室的主動脈竇，接著往上升（升主動脈，ascending aorta），再於左後方彎成弓狀（主動脈弓，aortic arch），沿著脊椎往下降（降主動脈，descending aorta）。降主動脈在抵達橫膈膜前稱為胸主動脈（thoracic aorta），起始於脊椎左側，經由脊椎前方往下降，通過橫膈膜的主動脈裂孔，進入腹腔後便成為腹主動脈（abdominal aorta）。腹主動脈位於身體正中線，會在脊椎前方往下降，於第4腰椎前面分為左、右總腸骨動脈（common iliac artery）。左、右總腸骨動脈是分佈於下肢的兩大動脈。▶圖4-12

■升主動脈（ascending aorta）

　　主動脈會分枝為左、右冠狀動脈（right and left coronary arteries），延伸至心臟壁。

■主動脈弓（aortic arch）

　　主動脈弓由右至左依序分為3支：頭臂動脈（brachiocephalic trunk）、左頸總動脈（left common carotid artery）、左鎖骨下動脈（left subclavian artery）。

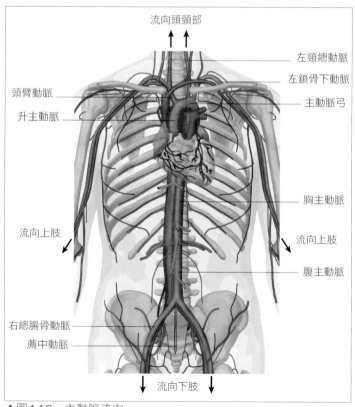

▲圖4-12　主動脈流向

■頸總動脈（common carotid artery）

　頸總動脈沿著氣管上升，延伸至喉部外側，在甲狀軟骨上緣的水平高度一分為二，成為外頸動脈（external carotid artery）與內頸動脈（internal carotid artery）。▶圖4-13

①外頸動脈：主要分枝於顱腔外、頭皮、顏面、頸部等處。

N o t e

主動脈弓分枝（3條）

①頭臂動脈
②左頸總動脈
③左鎖骨下動脈

●外頸動脈（右側）分枝

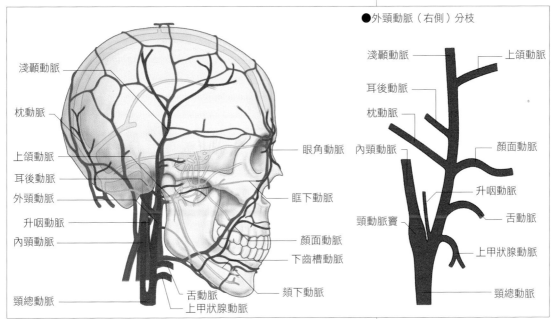

▲圖4-13　外頸動脈

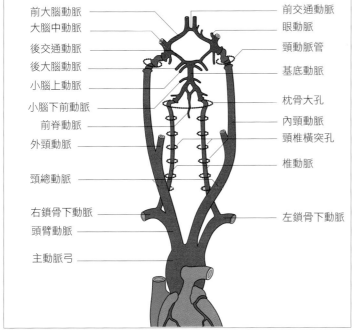

▲圖4-14　內頸動脈與椎動脈

頭臂動脈

　頭臂動脈於右側胸鎖關節背面分成右頸總動脈與右鎖骨下動脈。

頭臂動脈

　頸總動脈雖為主動脈弓的分枝，但於右側上升時，會先和鎖骨下動脈共通，接著分開上升至右頸部。

**內頸動脈與
外頸動脈分岔點**

　內、外頸動脈於第6頸椎的高度分岔，大約在喉節處。

頸總動脈之脈搏

　頸總動脈下方為胸鎖乳突肌所覆蓋，但頸動脈三角的分岔處附近，可於皮下觸摸到其脈搏。

前、後交通動脈

前交通動脈（1條）：橫走於視神
經交叉前，與左、右大腦前動脈
互通。

後交通動脈（2條）：後交通動脈
離開眼動脈後，成為內頸動脈的
一枝，與基底動脈分枝出的後大
腦動脈相通。

大腦動脈環（威利氏環）：由內頸
動脈與鎖骨下動脈分枝出的椎動
脈構成。

腦膜中動脈

middle meningeal artery

外頸動脈分出上頜動脈後，再由
上頜動脈分出腦膜中動脈。該動脈
會進入顱腔，分佈於腦硬膜。

眼動脈

眼動脈為內頸動脈的分枝，由顱
腔內再度通過視神經管進入眼眶，
接著分佈於眼球、眼肌、淚腺與額
骨部皮膚。

鎖骨下動脈分枝

椎動脈（vertebral artery）：分佈於
腦部。

甲狀頸幹（thyrocervical trunk）：
分佈於頸部。

**內胸動脈（internal thoracic
artery）**：分佈於胸壁。

肋頸幹（costocervical trunk）：分
佈於項部和第1、2肋間。

甲狀頸幹分枝

下甲狀腺動脈、升頸動脈、橫頸
動脈、肩胛上動脈。

肋頸幹分枝

頸深動脈與最上端的肋間動脈
（第1、2肋間動脈）。

椎動脈～腦後主動脈

椎動脈穿過頸椎橫突孔上升，通
過枕骨大孔後左右合而為一，成為
基底動脈（basilar artery）。基底動
脈的分枝會延伸至左、右兩邊，進
入小腦，最後成為左、右後大腦動
脈，並參與大腦動脈環之組成。

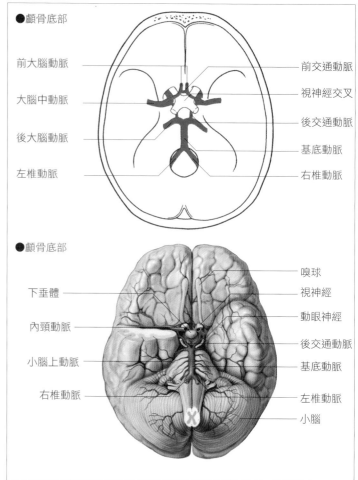

▲圖4-15　大腦動脈環（威利氏環）

外頸動脈的分枝有上甲狀腺動脈（superior thyroid artery）、
舌動脈（lingual artery）、顏面動脈（facial artery）、枕動脈
（occipital artery）、淺顳動脈（superficial temporal artery）、
上頜動脈（maxillary artery）、升咽動脈（ascending pharyngeal
artery）、耳後動脈（posterior auricular artery）等等。而外頸動
脈的最末分枝為淺顳動脈與上頜動脈。

②**內頸動脈**：內頸動脈深入顱腔，主要分佈於腦部。其分枝有
前大腦動脈（anterior cerebral artery）、大腦中動脈（middle
cerebral artery）、眼動脈（ophthalmic artery）等等。

■鎖骨下動脈（subclavian artery）

鎖骨下動脈通過斜角肌隙，行經鎖骨與第1肋骨之間，接著進
入腋窩成為**腋動脈**（axillary artery）。鎖骨下動脈的分枝遍佈腦
部、頸部與胸壁等。

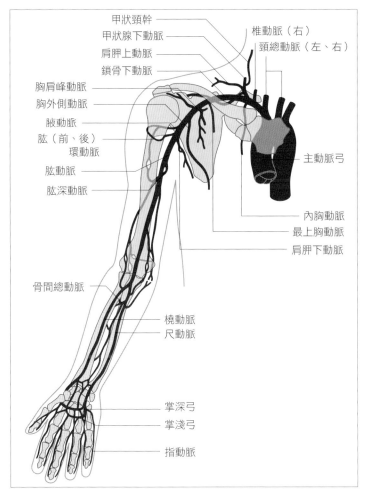

▲圖4-16　上肢動脈

N o t e

觸知脈搏

　　肘窩的肱動脈末端，以及手腕的橈動脈下端，都能藉由觸摸感知脈搏。

上肢動脈

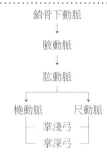

腋動脈分枝

最上胸動脈（highest thoracic artery）
胸肩峰動脈（thoracoacromial artery）
胸外側動脈（lateral thoracic artery）
肩胛下動脈（subscapular artery）
　胸背動脈
　旋肩胛動脈
肱前環動脈
（anterior circumflex humeral artery）
肱後環動脈
（posterior circumflex humeral artery）

肋間動脈

　　胸壁有12對動脈，但第1與第2肋間動脈屬於鎖骨下動脈的分枝，而第12肋骨下方因為沒有肋間，因此正式名稱為肋下動脈，而非第12肋間動脈。

肺動、靜脈

為肺的機能血管

支氣管動、靜脈

為肺的營養血管

■腦部動脈

　　椎動脈（vertebral artery）分枝出的後大腦動脈（posterior cerebral artery），以及內頸動脈分枝出的前大腦動脈、大腦中動脈，會藉由交通動脈構成大腦動脈環〔cerebral arterial circle（of Willis）〕。▶圖4-15

■上肢動脈

　　鎖骨下動脈下降後成腋動脈，再於胸大肌下緣變為肱動脈（brachial artery），經由上臂內側直到肘窩。接著於肘窩分成尺動脈（ulnar artery）與橈動脈（radial artery），延伸至前臂與手掌。▶圖4-16

■胸主動脈（thoracic aorta）

①體壁枝

·肋間動脈（posterior intercostal arteries）：有10對（第3～11肋間動脈加上肋下動脈），可將養分運送至胸壁。

腹主動脈內臟枝分佈順序

①腹腔動脈
②上腸繫膜動脈
③腎動脈
④睪丸（卵巢）動脈
⑤下腸繫膜動脈

成對或不成對的
腹主動脈內臟枝

①成對：腎動脈
　　　　睪丸（卵巢）動脈
②不成對：腹腔動脈
　　　　　上腸繫膜動脈
　　　　　下腸繫膜動脈

腹腔動脈的3個主要分枝
及其細枝

（1）左胃動脈
　　①食道枝
（2）肝總動脈
　　①肝固有動脈
　　　右胃動脈
　　　右枝
　　　　膽囊動脈
　　　　尾葉動脈
　　　　前節動脈
　　　　後節動脈
　　　左枝
　　　　尾葉動脈
　　　　內側節動脈
　　　　外側節動脈
　　②胃十二指腸動脈
　　　胰十二指腸上動脈
　　　胰腺枝
　　　十二指腸枝
　　　後十二指腸動脈
　　　右胃網膜動脈
　　　網膜枝
（3）脾動脈
　　①胰腺枝
　　　胰後動脈
　　　胰下動脈
　　　胰主動脈
　　　胰尾動脈
　　②左胃網膜動脈
　　　網膜枝
　　③短胃動脈
　　④脾枝

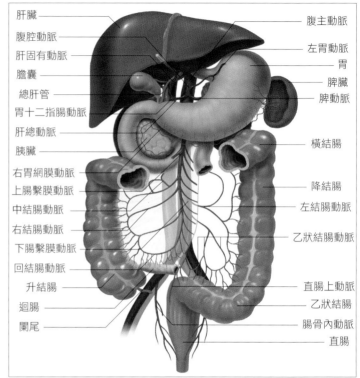

▲圖4-17　流向腹部消化器官的動脈

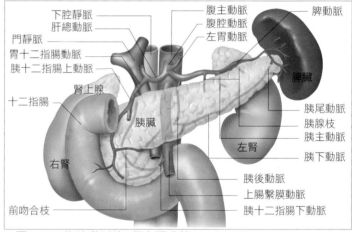

▲圖4-18　腹腔動脈的3個主要分枝

②內臟枝

　‧**食道動脈**（esophageal arteries）：分佈於食道。

　‧**支氣管動脈**（bronchial arteries）：分佈於肺部，為肺的營養動脈。

■腹主動脈（abdominal aorta）

①體壁枝

　‧**橫膈下動脈**（inferior phrenic artery）與**腰動脈**（lumbar

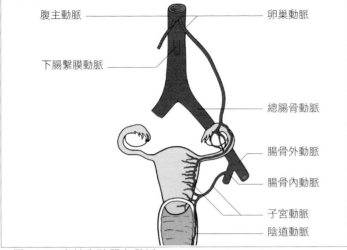

▲圖4-19 女性生殖器之動脈

arteries）（4對）。

②內臟枝

- **分佈於消化器者**：腹腔動脈（celiac trunk）、上腸繫膜動脈（superior mesenteric artery）、下腸繫膜動脈（inferior mesenteric artery）。

- **分佈於泌尿器與生殖器者**：腎動脈（renal artery）、睪丸動脈（testicular artery）、卵巢動脈（ovarian artery）。

③腹腔動脈枝

- **左胃動脈**（left gastric artery）：分佈於胃部及食道下部。

- **肝總動脈**（common hepatic artery）：分佈於肝臟、膽囊、胃、十二指腸、胰臟（頭端）。

- **脾動脈**（splenic artery）：分佈於脾臟、胃、胰臟（中段、尾端）、網膜。

④上腸繫膜動脈分佈區域：胰臟、十二指腸、空腸、迴腸、闌尾、盲腸、升結腸，以及橫結腸中段一帶。

⑤下腸繫膜動脈分佈區域：橫結腸尾端、降結腸、乙狀結腸、直腸上部。

■總腸骨動脈（common iliac artery）

位於第4椎體前，從腹主動脈分為左右兩邊，至薦腸關節前分為腸骨內、外動脈這2大分枝。

①腸骨內動脈（internal iliac artery）：分佈於骨盤內的臟器、外陰部與臀部。

- **內臟枝**：臍動脈（umbilical artery）、下膀胱動脈（inferior vesical artery）、輸精管動脈（artery to ductus deferens）、子宮動脈（uterine artery）、直腸中動脈（middle rectal artery）、陰部內動脈（internal pudendal artery）。

上腸繫膜動脈分枝
胰十二指腸下動脈
空腸動脈
迴腸動脈
回結腸動脈
　闌尾動脈
右結腸動脈
中結腸動脈

下腸繫膜動脈分枝
左結腸動脈
乙狀結腸動脈
直腸上動脈

子宮動脈分枝
陰道動脈
輸卵管枝
卵巢枝（與卵巢動脈吻合）

流向直腸的動脈
流向直腸的動脈有直腸上、中、下動脈三對，而直腸上動脈分枝於下腸繫膜動脈，下腸繫膜動脈又是分枝於腹主動脈。直腸中動脈則由腸骨內動脈分枝而成，直腸下動脈是腸骨內動脈分枝出的陰部內動脈之一枝。

臍動脈
人類在胎生期時，臍動脈也是腸骨內動脈的一枝，出生後雖會封閉，但起始端會至膀胱上動脈，並無封閉。

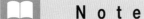

深股動脈

　深股動脈為股動脈的最大枝，不僅分佈在大腿正面及內側肌肉，還分佈在背面的屈肌群。

下肢動脈

腸骨外動脈
↓
股動脈
↓
膕動脈
├ 脛前動脈　　脛後動脈
├ 足背動脈　　　腓動脈
└ 內足底動脈　外足底動脈

下肢脈搏的觸知

　在內踝後下方，亦即腳跟與骨頭之間，可觸知脛後動脈的跳動。

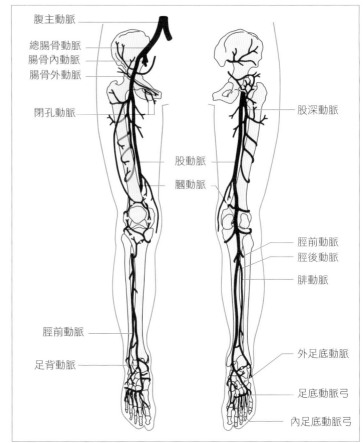

▲圖4-20　下肢動脈

　　・**體壁枝**：有閉孔動脈（obturator artery）、臀上動脈（superior gluteal artery）、臀下動脈（inferior gluteal artery）等等。

②**腸骨外動脈**（external artery）：為下肢動脈的基幹。

③**下肢動脈**：腸骨外動脈會經過腹股溝韌帶的下方，延伸至大腿正面成為股動脈。▶圖4-20

　　・**股動脈**（femoral artery）：在大腿內側通過股三角（femoral triangle）往下降，穿越內收大肌的肌腱裂孔，成為膕動脈，接著轉向膝關節背面，於膕窩（popliteal fossa）附近往下降。

　　・**膕動脈**（popliteal artery）：於比目魚肌的起始處分為脛骨前、後動脈。

　　・**脛前動脈**（anterior tibial artery）：在小腿正面往下降，於足背成為足背動脈（dorsal artery of foot）。**足背動脈**的脈動可用手直接觸摸到。

　　・**脛後動脈**（posterior tibial artery）：於起始處附近分出**腓動脈**（peroneal artery），繞過內踝下方成為足底動脈。足底動脈又分為**內足底動脈**（medial plantar artery）與**外足底動脈**（lateral plantar artery）。

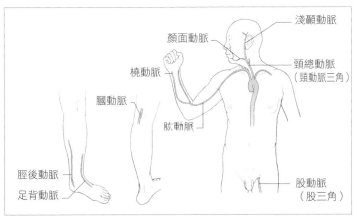

橈動脈 — 尺動脈

拇主要動脈 — 掌側腕動脈網

淺掌動脈 — 掌深弓

— 掌淺弓

— 指掌側總動脈

— 指掌側固有動脈

脛後動脈

內足底動脈 — 外足底動脈

足底動脈弓 — 蹠動脈

— 趾底固有動脈

▲圖4-21　手和腳的動脈

淺顳動脈

顏面動脈

橈動脈 — 頸總動脈（頸動脈三角）

膕動脈

肱動脈

脛後動脈

足背動脈 — 股動脈（股三角）

▲圖4-22　容易觸知脈搏的動脈

掌淺弓與掌深弓
superficial palmar arch/deep palmar arch

橈動脈與尺動脈在手腕附近的2條最後分枝，會在手掌相互結合，成為掌淺弓與掌深弓。動脈弓會延伸成掌動脈，最後到手指處成為指動脈。

足底動脈弓
plantar arch

外足底動脈與足背動脈的分枝，在腳底會形成動脈弓，經過蹠動脈到達腳趾。

容易觸知脈動的動脈
淺顳動脈
顏面動脈
頸總動脈（頸動脈三角）
肱動脈
橈動脈
股動脈（股三角）
膕動脈
脛後動脈
足背動脈

伴行靜脈

伴行靜脈在四肢末稍（頭臂靜脈以下、小腿靜脈以下）有2條，並沿著同名動脈的兩側行走。

靜脈與動脈相異點

①靜脈的主幹：2條
②顱腔內的靜脈：硬膜靜脈竇
③腹腔內消化器系統等的靜脈：門靜脈
④胸、腹壁的靜脈：奇靜脈
⑤皮下組織的靜脈：皮靜脈

頭臂靜脈

頭臂靜脈為內頸靜脈與鎖骨下靜脈匯流而成，左頭臂靜脈明顯較右頭臂靜脈長。

內頸靜脈

internal jugular vein

內頸靜脈在此與動脈相異，不稱做頸總靜脈。該靜脈會匯集腦部流出的血液，像淺顳靜脈、上頜靜脈與顏面靜脈，並且開口於內頸靜脈。順帶一提，上述三靜脈的分佈區域與外頸動脈分枝出的淺顳動脈、上頜動脈、顏面動脈相同。

外頸靜脈

external jugular vein

由耳後靜脈與枕靜脈匯流而成，流入鎖骨下靜脈。

C. 靜脈系統（體循環）（venous system）

一般而言，靜脈會與動脈並行，名稱也與動脈相同。這種靜脈稱為伴行靜脈（accompanying veins）。

從心臟流出的主動脈只有1條，但流回心臟的主靜脈分成上腔靜脈與下腔靜脈，這點就是靜脈與動脈相異的地方。之後也會介紹其他動、靜脈的相異之處。▶圖4-23

■上腔靜脈與下腔靜脈

①上腔靜脈（superior vena cava）：上腔靜脈是聚集上半身血液的主幹。匯聚了頭頸部與上肢靜脈的左、右頭臂靜脈（brachiocephalic vein）後，再與奇靜脈會合，最後流進右心房。

②下腔靜脈（inferior vena cava）：下腔靜脈是聚集下半身血液的主幹。左、右總腸骨靜脈（common iliac vein）合而為一後，接著又與腎靜脈（renal veins）、肝靜脈（hepatic veins）會合，最後進入右心房。

■硬膜靜脈竇（sinuses of dura mater）

腦部流回的血液會經過硬膜靜脈竇，流向內頸靜脈。硬膜靜脈竇是構成腦硬膜的靜脈竇。上矢狀竇（superior sagittal sinus）

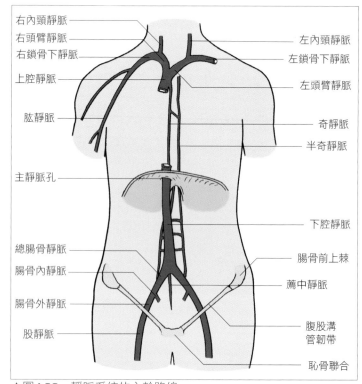

▲圖4-23　靜脈系統的主幹路線

與直竇（straight sinus）在枕骨部會合，接著分枝成左右橫竇（transverse sinus），自頸靜脈孔流出顱腔，轉往內頸靜脈。

▶圖 4-25

■門靜脈（portal vein）

門靜脈匯集了腹腔內的腸胃等消化管以及胰臟、脾臟之血液，將其從肝門運送至肝臟，長度約6～8公分。上腸繫膜靜脈（superior mesenteric vein）、下腸繫膜靜脈（inferior mesenteric

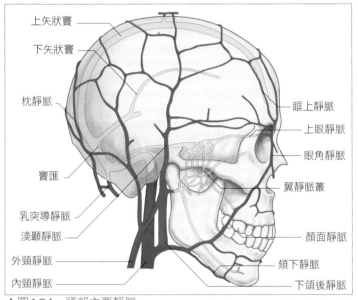

▲圖4-24 頭部主要靜脈

上矢狀竇
下矢狀竇
枕靜脈
竇匯
乳突導靜脈
淺顳靜脈
外頸靜脈
內頸靜脈
眶上靜脈
上眼靜脈
眼角靜脈
翼靜脈叢
顏面靜脈
頦下靜脈
下頜後靜脈

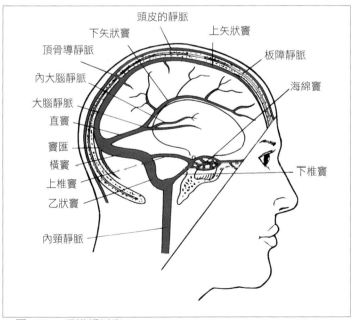

▲圖4-25 硬膜靜脈竇

頭皮的靜脈
下矢狀竇
頂骨導靜脈
內大腦靜脈
大腦靜脈
直竇
竇匯
橫竇
上椎竇
乙狀竇
內頸靜脈
上矢狀竇
板障靜脈
海綿竇
下椎竇

Note

硬膜靜脈竇

位於顱腔腦硬膜的兩層之間，缺乏固有的靜脈壁。

主要的硬膜靜脈竇

①上矢狀竇　②下矢狀竇
③橫竇　　　④乙狀竇
⑤直竇　　　⑥海綿竇
⑦椎竇　　　⑧竇匯

導靜脈
emissary veins

可連通靜脈竇與顱腔外（頭皮、顏面）的靜脈，會經過頭蓋骨的小孔（頂骨孔、乳突孔）。

板障靜脈
diploic veins

板障靜脈行走於顱頂的內外兩板之間，可藉由導靜脈使顱骨內外的靜脈相通。

頭部的靜脈系統

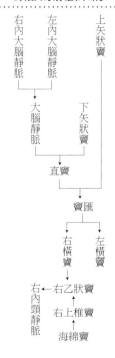

N o t e

門靜脈

　　在肝臟流動的血液之中，有1/5是動脈血，而4/5是門靜脈血。

　　門靜脈會在肝臟內形成微血管網，經過中心靜脈成為肝靜脈，離開肝臟後注入下腔靜脈。

▶可參閱172頁圖6-18～19

奇靜脈系統
azygos system

　　可將胸、腹腔壁的血液注入上腔靜脈。

後肋間靜脈（以及肋下靜脈）
posterior intercostal veins
(subcostal vein)

　　後肋間靜脈與肋下靜脈，皆與同名動脈伴行於肋間部位。除了最上位的1～2條以外，其餘皆在右側注入奇靜脈；而左側上端的2～4條注入副半奇靜脈，以下則注入半奇靜脈。

vein）與脾靜脈（splenic vein），都是匯流至門靜脈的主要靜脈。▶圖4-26

■奇靜脈系統

　　奇靜脈系統主要匯集腹腔壁的血液，沿著脊椎兩側上升，進入上腔靜脈。▶圖4-27

①奇靜脈（azygos vein）：接續右側的升腰靜脈（ascending lumbar veins），通過胸椎右側往上升，進入上腔靜脈。

②半奇靜脈（hemiazygos vein）：接續左側的升腰靜脈（ascending lumbar veins），通過胸椎左側往上升，於第9胸椎的水平右轉，與奇靜脈會合。副半奇靜脈（accessory hemiazygos vein）位於胸壁左側，位置較半奇靜脈高。

■皮靜脈（cutaneous veins）

　　全身的皮下組織中，有著發達的**靜脈網**。由靜脈網延伸出的靜脈會在皮下行走，開口於深層的靜脈。像這種通過皮下一定部位的靜脈，稱為皮靜脈。

①上肢皮靜脈：上肢的皮靜脈起始於手背的靜脈網（**手背靜脈網**，dorsal venous network），接著分成頭靜脈（cephalic vein）、貴要靜脈（basilic vein）、肘正中靜脈（median cubital vein）、前臂正中靜脈（median antebrachial vein）等

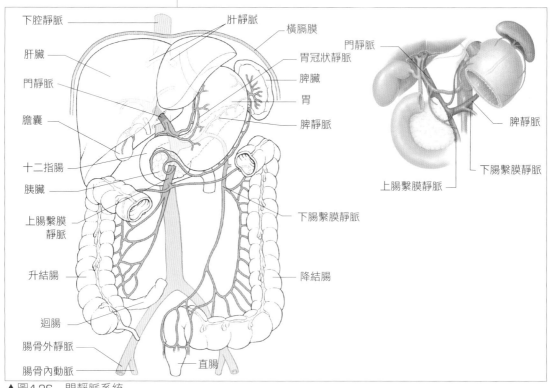

▲圖4-26　門靜脈系統

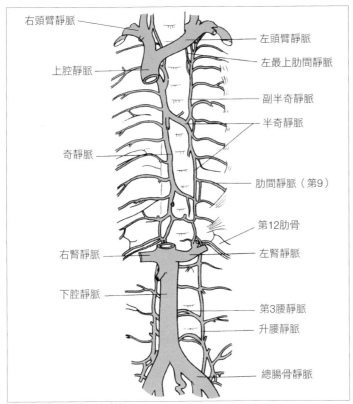

右頭臂靜脈
左頭臂靜脈
左最上肋間靜脈
上腔靜脈
副半奇靜脈
半奇靜脈
奇靜脈
肋間靜脈（第9）
第12肋骨
右腎靜脈
左腎靜脈
下腔靜脈
第3腰靜脈
升腰靜脈
總腸骨靜脈

▲圖4-27　奇靜脈系統

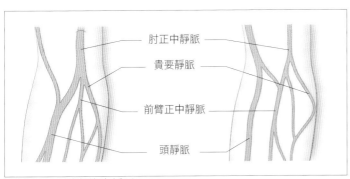

肘正中靜脈
貴要靜脈
前臂正中靜脈
頭靜脈

▲圖4-28　肘窩的皮靜脈

等。▶圖4-29

②**下肢的皮靜脈**：下肢的皮靜脈始於足背的靜脈網（足背靜脈網，dorsal venous network），接著通過內踝前方，順著小腿及大腿內側上升，從髖關節附近的隱靜脈孔（saphenous opening）流入股靜脈，這段稱為**大隱靜脈**（great saphenous vein）。而**小隱靜脈**（small saphenous vein）則是從外踝後方穿越小腿背面，上升之後流入膕靜脈。▶圖4-29

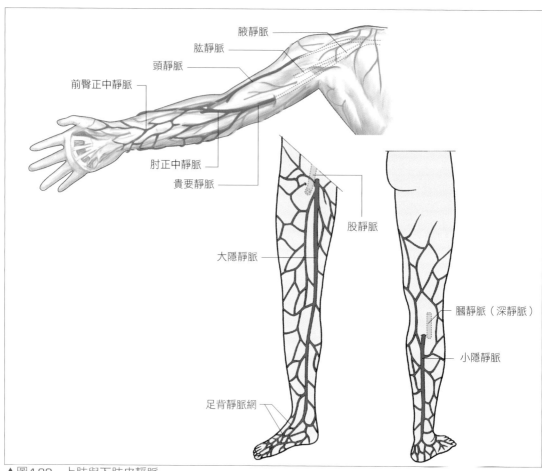

▲圖4-29 上肢與下肢皮靜脈

圖中標示：
腋靜脈、肱靜脈、頭靜脈、前臂正中靜脈、肘正中靜脈、貴要靜脈、股靜脈、大隱靜脈、膕靜脈（深靜脈）、小隱靜脈、足背靜脈網

N o t e

胎兒循環的特徵
①臍靜脈（1條）
②臍動脈（2條）
③動脈導管（Botallo's duct）
④靜脈導管（Arantiu's duct）
⑤卵圓孔

胎兒循環於出生後之變化
①肝圓韌帶（臍靜脈）
②臍內韌帶（臍靜脈）
③動脈韌帶（動脈導管）
④靜脈韌帶（靜脈導管）
⑤卵圓窩（卵圓孔）

D. 胎兒循環（fetal circulation）

胎兒在母體的子宮內發育成長，但無法以肺交換氣體、以消化器官攝取營養、以泌尿器官排泄廢物，只能經由胎盤讓母體代為進行上述活動，因此血液的循環路徑與出生後不同。▶圖4-30

■臍靜脈(umbilical vein)

臍靜脈是從胎盤延伸出的1條血管，通過臍帶，自肚臍進入胎兒體內。臍靜脈在肝臟下面會分為2枝，其中1枝與門靜脈會合，另一枝成為靜脈導管。臍靜脈運送的是富含氧氣及養分的**動脈血**。

■臍動脈(umbilical artery)

臍動脈是出自胎兒的左、右腸骨內動脈，為2條血管，負責將胎兒製造的二氧化碳與廢物送至胎盤，運送的是**靜脈性血液**（嚴格說來是混合血）。

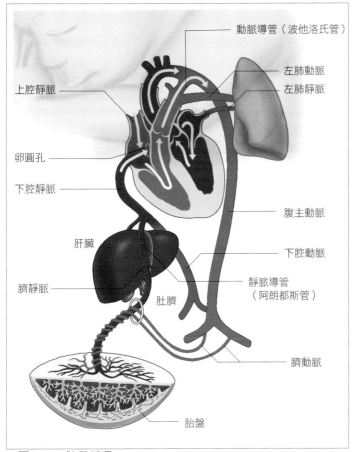

▲圖4-30　胎兒循環

圖中標示：
- 動脈導管（波他洛氏管）
- 左肺動脈
- 左肺靜脈
- 上腔靜脈
- 卵圓孔
- 下腔靜脈
- 腹主動脈
- 肝臟
- 下腔動脈
- 靜脈導管（阿朗都斯管）
- 臍靜脈
- 肚臍
- 臍動脈
- 胎盤

■**動脈導管**(波他洛氏管)ductus arteriosus(Botallo's duct)

　　動脈導管連接了肺動脈與主動脈弓。因胎兒不會進行肺呼吸，因此流向肺動脈的血液，絕大部分不會進入肺部，而是經過動脈導管流入主動脈。

■**靜脈導管**(阿朗都斯管)ductus venosus(Arantius' duct)

　　與門靜脈匯流的臍靜脈會分出靜脈導管，直接流入下腔靜脈。因為來自母體的養分不須解毒或儲存，因此不會通往肝臟，直接由靜脈導管送至下腔靜脈。

■**卵圓孔**(foramen ovale)

　　卵圓孔開在左右心房之間的心房中隔上。因胎兒不會進行肺呼吸，因此沒有必要讓血液像肺循環那般，從右心室流到肺部跟左心房；直接從右心房經卵圓孔到左心房即可。

先天性心臟病

　　像卵圓孔未閉合、開放性動脈導管、心房中隔缺損等，都是出生後該部位沒有閉合或缺損。

淋巴系統
lymphatic system

N o t e

淋巴系統

　　在全身的組織中，細胞與細胞間的組織液會經由微血管回到血液中。而小部分（約10%）會流入毛細淋巴管，由淋巴管運送至靜脈。這種循環稱為淋巴系統，而運行於其中的液體稱做淋巴。

組織液

　　血液中的液態成分，會有一部分從動脈微血管滲出，進入組織的細胞之間，稱為組織液。細胞會藉由組織液交換物質。在組織液中，屬於高分子的蛋白質、粒子與脂質，會與水分和鹽類一同流入淋巴管。

水腫
edema

　　當組織液超過淋巴管的吸收量後，就會堆積在組織間形成水腫。

浮腫

　　當組織液超過淋巴管的吸收量，堆積在皮下組織時便會形成浮腫。

靜脈角

　　是內頸靜脈與鎖骨下靜脈的匯流處。左有胸管、右有右淋巴管流入。

胸管

　　集合了下半身左右兩側與上半身左側的淋巴，會合後流入左靜脈角。

1　淋巴管 lymphatic vessels

　　許多毛細淋巴管（lymph capillary）集合變粗之後便成為淋巴管（lymphatic vessel）。淋巴管有許多瓣膜，特別是在粗的淋巴管上，看起來就像串珠。淋巴管會經由淋巴結（lymphatic nodes）會合成為淋巴幹（lymphatic trunk）流入靜脈。胸管（thoracic duct）匯聚了下半身左右兩側與上半身左側的淋巴，流入左靜脈角（left venous angle）。而右淋巴管（right lymphatic duct，右胸管）則是匯集了上半身右側的淋巴，流入右靜脈角。

A.　淋巴幹（lymphatic trunk）

■頸淋巴幹（jugular trunk）
匯集頭部、顏面與頸部淋巴管的淋巴幹。

■鎖骨下淋巴幹（subclavian trunk）
　　分佈區域和鎖骨下靜脈相同，是匯聚上肢與胸部（包含背面的上半部）表層淋巴管（superficial lymph vessels）的淋巴幹。

■支氣管縱膈淋巴幹（bronchomediastinal trunk）
　　分佈區域和奇靜脈相同，是匯聚胸壁深層與胸部內臟（肺與縱膈的心臟、氣管、食道等）淋巴管之淋巴幹。

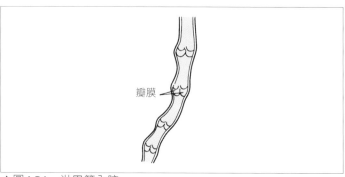

瓣膜

▲圖4-31　淋巴管內腔

■腸淋巴幹（intestinal trunks）

分佈區域和門靜脈相同，是匯聚腹部內臟（胃、腸、肝臟、胰臟、脾臟等非成對器官）淋巴管的淋巴幹。

■腰淋巴幹（lumbar trunks）

位於腹主動脈的兩側，匯聚了下肢、腹腔與部分骨盆內臟（成對的腎臟、腎上腺、睪丸、卵巢等）的淋巴管，以及軀體下半部的表層淋巴管。

B. 胸管（thoracic duct）

乳糜池（cisterna chyli）位於第1～2腰椎的前面，由左右腰巴幹與腸淋巴幹匯流而成。胸管便是起始於乳糜池，接著沿主動脈上升，穿過橫膈膜，在縱膈內與左支氣管縱膈淋巴幹會合後繼續上升，最後流入左靜脈角。在流進靜脈角之前，再與左頸淋巴幹和左鎖骨下淋巴幹匯流。

C. 右淋巴管（右胸管，right lymphatic duct）

右淋巴管由右頸淋巴幹、右鎖骨下淋巴幹及右支氣管縱膈淋巴幹這3條會合而成，長度僅1公分，開口於右靜脈角。

2 淋巴結
lymphatic nodes

淋巴結位於淋巴管之間，由被膜包覆。淋巴結會有許多淋巴管（**輸入淋巴管**，afferent vessels）流入。接著淋巴管（**輸出淋巴管**，efferent vessels）會從凹陷的淋巴門（hilum of lymph node）離開淋巴結。

淋巴結的內部由**淋巴竇**（lymphatic sinus）及**淋巴小結**（lymph nodule）構成。淋巴竇為網狀組織構成、而淋巴小結由淋巴球聚集而成，可產生新的淋巴球。

淋巴結會產生免疫抗體，以吞噬作用（phagocytosis）處理細菌及異物，發揮過濾的作用。

淋巴結主要聚集在大血管周圍，以及進出各內臟器官的血管附近。因為這些部位附近一定範圍的淋巴都會聚集在淋巴結，因此稱為局部淋巴結。

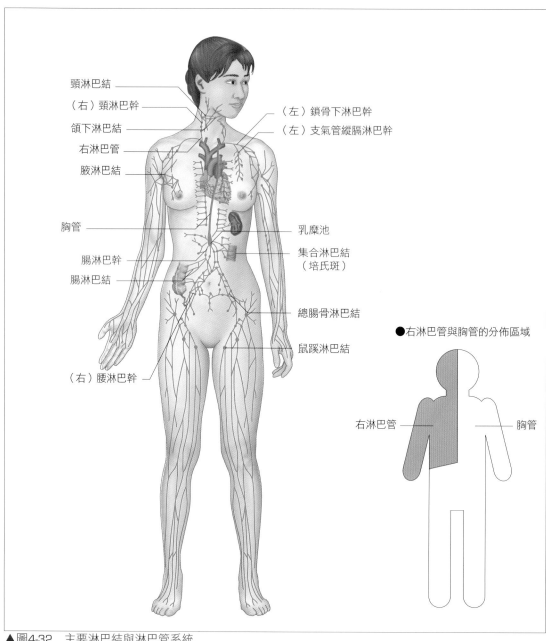

頸淋巴結

（右）頸淋巴幹

頜下淋巴結

右淋巴管

腋淋巴結

胸管

腸淋巴幹

腸淋巴結

（右）腰淋巴幹

（左）鎖骨下淋巴幹

（左）支氣管縱膈淋巴幹

乳糜池

集合淋巴結
（培氏斑）

總腸骨淋巴結

鼠蹊淋巴結

●右淋巴管與胸管的分佈區域

右淋巴管

胸管

▲圖4-32　主要淋巴結與淋巴管系統

■頸淋巴幹之局部淋巴結

　　有枕骨淋巴結、耳後淋巴結、腮腺淋巴結、頜下淋巴結、淺頸淋巴結（superficial cervical lymph nodes，位於側頸皮下，沿著外頸靜脈分佈）、深頸淋巴結（deep cervical lymph nodes，沿著內頸靜脈分佈）。

■鎖骨下淋巴幹之局部淋巴結

　　有肘淋巴結、腋淋巴結（axillary lymph nodes）、胸肌淋巴

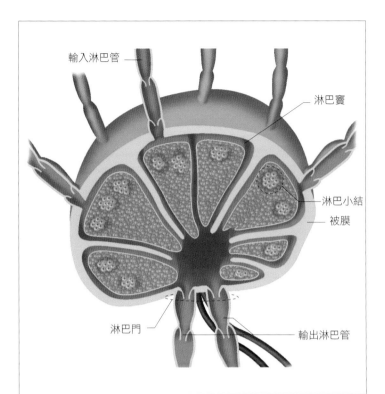

▲圖4-33　淋巴結構造

図中標示：
輸入淋巴管、淋巴竇、淋巴小結、被膜、淋巴門、輸出淋巴管

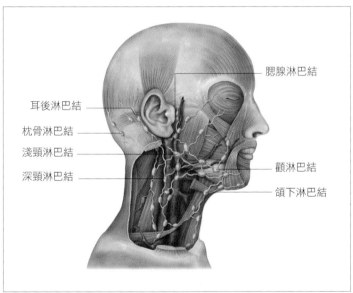

▲圖4-34　始於頸部的淋巴結

図中標示：
腮腺淋巴結、耳後淋巴結、枕骨淋巴結、淺頸淋巴結、深頸淋巴結、顴淋巴結、頜下淋巴結

N o t e

頜下淋巴結

　　牙齒或其周邊組織發炎時，頜下淋巴結會受到波及而腫脹。

淺、深頸淋巴結

　　頭部、顏面（眼眶、鼻腔、口腔）、頸部的所有淋巴管皆流入該淋巴結，是臨床上重要的觸診部位。▶圖 4-34

左鎖骨上淋巴結

　　胸管的靜脈流入處，也就是左靜脈角附近的淋巴結稱為左鎖骨上淋巴結。該淋巴結在胃癌轉移時會腫脹。因此左鎖骨上方的觸診，在臨床上相當重要。

肺門淋巴結

　　肺門淋巴結又稱為支氣管肺淋巴結，位在支氣管的分岔處，特別是肺門內外。該處在肺結核初期會發炎。

淋巴球

　　為白血球的一種，與免疫有關。

結。

■支氣管縱膈淋巴幹之局部淋巴結

　　有旁胸淋巴結、肋間淋巴結、氣管淋巴結、氣管支氣管淋巴結（氣管分岔處）、支氣管肺淋巴結、肺淋巴結。

■腸淋巴幹之局部淋巴結

有腹腔淋巴結、腸繫膜淋巴結、胰脾淋巴結、胃淋巴結、肝淋巴結。

■腰淋巴幹之局部淋巴結

有總腸骨淋巴結、內腸骨淋巴結、外腸骨淋巴結、（淺、深）鼠蹊淋巴結（superficial and deep inguinal lymph nodes）、膕淋巴結。

腋淋巴結

匯集了上肢、胸壁、乳房（乳腺）的淋巴，乳癌便由該處轉移。
▶圖4-35

腋淋巴結（5大類）

①胸肌淋巴結：前腋淋巴結
②外側（腋）淋巴結
③肩胛下淋巴結：後腋淋巴結
④中心（腋）淋巴結
⑤上（腋）淋巴結：鎖骨下淋巴結

鼠蹊淋巴結

鼠蹊淋巴結分為淺層與深層，位於髖關節腹股溝韌帶下方的大隱靜脈底部。除了匯聚下肢淋巴以外，也聚集了外陰部、會陰、肛門的淋巴。淺鼠蹊淋巴結若發生腫脹，從皮膚上觸摸便可得知。▶圖4-36

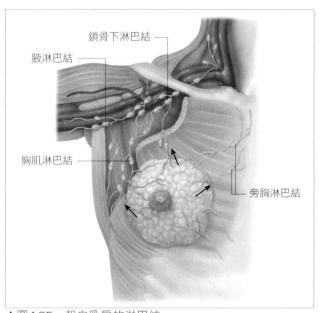

▲圖4-35 起自乳房的淋巴結

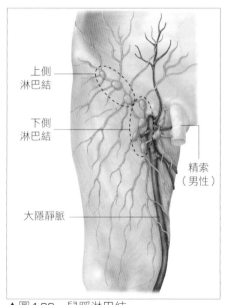

▲圖4-36 鼠蹊淋巴結

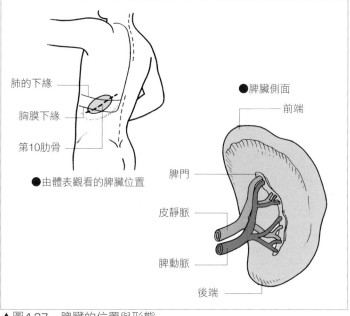

肺的下緣
胸膜下緣
第10肋骨

●由體表觀看的脾臟位置

●脾臟側面

前端

脾門

皮靜脈

脾動脈

後端

▲圖4-37　脾臟的位置與形態

3 脾臟
spleen

　　脾臟位於腹腔左側上方，與橫膈膜和胃的底部相鄰，朝前下方
傾斜，長軸與第10肋骨平行。▶圖4-37

　　脾臟可生產淋巴球、破壞紅血球、處理血中的細菌與異物。

　　皮臟內側的中央有脾動脈與脾靜脈出入，該部位稱為**脾門**
（hilum of spleen）。

　　脾臟內部充滿紅血球，散佈著暗紅色的**紅髓**（red pulp）與白
斑狀的**白髓**（white pulp）。

4 胸腺
thymus

　　胸腺位於胸骨柄後方、心臟的前上方，為成對的器官。胸腺在
兒童時期相當發達，於新生兒體內有10～15公克、在青春期則有
30～40公克，青春期後逐漸縮小，年老時則為脂肪組織所取代。

　　胸腺位於網狀結締組織中，含有淋巴球，屬於**免疫系統的器
官**。相較於其他淋巴性組織，胸腺較早發生，可生產T細胞（T
淋巴球，由胸腺產生）並將其分配至全身的淋巴組織。

白髓

　　產生大量淋巴球的淋巴小結可形
成白髓，又稱為脾（淋巴）小節。

為何左側腹會
在餐後感到疼痛？

　　有些人在餐後會感到左肋下半部
疼痛，這是因為脾臟暫時儲存靜脈
血而腫脹，造成被膜伸展。脾靜脈
血之所以會暫時儲留，是因為消化
功能於飯後增強，消化系統的血流
增加，提昇了門靜脈的血流量。

心臟的性質

1 自發性與衝動傳導系統
automaticity and impulse-conducting system

　　心臟會藉由收縮將血液送到動脈中，再借由舒張讓靜脈的血液流入。這種幫浦的功能，都是來自於構成心臟壁的心肌，而其動作屬於自發性，會以穩定的速率重複收縮與舒張。

A. 心臟的自發性

　　即便神經被切斷，心臟仍會自發地產生興奮，持續跳動。這是因為心臟具備自動興奮與收縮的能力，也就是自發性（automaticity）。然而並非所有心肌都有自發性，只有特殊的心肌纖維才有。但因為這種特殊的心肌纖維與一般的心肌纖維結合，故產生於右心房部分區域的興奮，仍能傳遍整個心臟，使其收縮。

衝動傳導系統

　　竇房結（SA node）→房室結→房室束→右支與左支→普金奇氏纖維。

節律點

　　即為右心房的竇房結。

竇房結

　　位於右心房上腔靜脈的開口附近。

房室結

AV node

　　位於右心房底部，接近內側的心房中隔。

右支與左支

　　於心室中隔上部，從房室束（bundle of His）分枝出去，順著心室中隔下降。

B. 衝動傳導系統
impulse-conducting system

　　心肌的自發性興奮，起始於右心房的竇房結（sinoatrial node/ SA node、Keith-Flack node），該處稱為節律點（pacemaker potential）。

　　竇房結產生的興奮會傳遞到左右心房，使心房收縮。且該興奮會傳至房室結（atrioventricular node/ AV node），藉由出自此部位的房室束（atrioventricular bundle/ bundle of His）傳導至心室。房室束可分成右支（right bundle branch）與左支（left bundle branch），尖端則是普金奇氏纖維（Purkinje fiber），附著於左右心室的乳頭肌與心肌。房室束可將衝動傳導至左右心室，使兩心室幾乎同時收縮。▶圖4-38

　　由此可知，衝動傳導系統起始於竇房結，直到普金奇氏纖維，此為特殊的心肌纖維所構成之路徑。

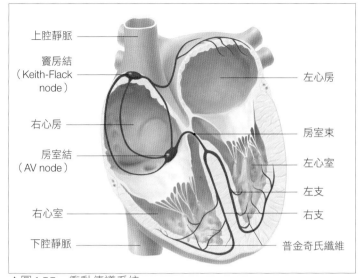

左心房

右心房 ── 房室束

房室結
（AV node） ── 左心室

左支

右心室 ── 右支

下腔靜脈 ── 普金奇氏纖維

上腔靜脈

竇房結
（Keith-Flack
node）

▲圖4-38　衝動傳導系統

2 心臟收縮

■心肌收縮

心肌的收縮與骨骼肌相同，都是藉由肌動蛋白與肌凝蛋白的相互反應，運用ATP的能量。

心肌的活動電位持續時間較長、不反應期也長，因此收縮不會增強。

①正性變力作用：正性變力作用可使心肌的收縮力量增強，可增加衝動的頻率。若再讓腎上腺素作用，增加細胞外液的鈣離子濃度，或與毛地黃作用，會使收縮更加強力。

②心肌長度與收縮力之關連：心肌伸得越長，產生的收縮力就越大。

③弗蘭克－史達林定律：心肌因血液流入而伸展，伸得越長收縮力越大。心臟（心室、心房）若流進大量血液，心肌在舒張期就會因內部壓力上升而強力伸展，使收縮期產生強大力量，送出更多血液。心輸出量便是藉此自動調整。

■心臟的週期

心臟有週期性的收縮與舒張，而收縮與舒張一次動作，稱為心動週期（cardiac cycle）。其中可分為收縮期與舒張期。

①心動週期（cardiac cycle）：從瓣膜的開閉與心臟開始收縮的時間點，可細分為5個時期。

正性變力作用

可增加心肌的收縮力。

弗蘭克－史達林定律

若於舒張期流入心臟的血液變多，內部壓力就會上升，伸展力會增加，使收縮期的力量變強，心臟便可送出更多血液。

心音

第1心音：心尖部位最容易聽到第1
　心音。聲音既低且鈍。
第2心音：兩側的第2肋間水平高
　度，胸骨邊緣處最容易聽到第2
　心音。聲音尖且高。

心雜音
heart murmur

　當瓣膜閉鎖不全或因瓣膜狹窄而
無法完全打開時，便會聽到不正常
的心音。

心率

　1分鐘約70次。

心音的聽診部位

僧帽瓣：心尖
三尖瓣：右側第4肋間
主動脈瓣：右側第2肋間
肺動脈瓣：左側第2肋間

・**心室等長收縮期**：從心室收縮開始至動脈瓣打開前。
・**心室射血期**：動脈瓣打開至關閉。
・**心室等長舒張期**：動脈瓣關閉至房室瓣打開前。
・**心室充血期**：房室瓣打開至心房開始收縮前。
・**心房收縮期**：心房收縮至心室開始收縮前。

■心音（heart sound）

　每次的心動週期會產生2次心音，有時繼第2心音之後，還會聽到第3心音。

①**第一心音**（first sound）：收縮期開始時產生第一心音，這是房室瓣關閉、心室肌收縮產生的聲音。

②**第二心音**（second sound）：因收縮期結束、動脈瓣關閉所產生的聲音。在第二肋間的水平高度，胸骨邊緣處聽得最清楚。

③**第三心音**（third sound）：多半是年輕人才有，為低頻的微弱聲音，因血液急速流入心室而產生。

■心率（heart rate）

　人類一分鐘的平均心跳約為70次，成年男性為62～72次，女性則較多，為70～80次；而老人心跳慢、孩童心跳快。胎兒或新生兒為130～145次，嬰幼兒是110～130次，孩童為80～90次。

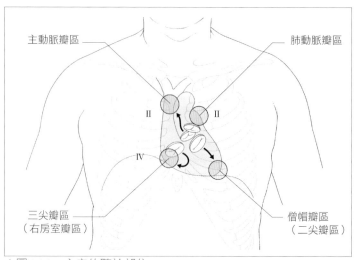

▲圖4-39　心音的聽診部位

■心輸出量（cardiac output）

心室收縮和瓣膜開閉1次，將血液送至主動脈與肺動脈的量，稱為心搏量（stroke volume），成年人的心搏量約為70mL，心輸出量則是一分鐘的心搏量，以心跳每分鐘70次計算，心輸出量約為4,900mL。

一般而言，較常使用的是以心輸出量除於體表面積的心臟指數（cardiac index），而不直接使用心輸出量。

3 心電圖
electrocardiogram/ ECG

心電圖是以曲線形式，記錄心臟興奮時產生的心肌活動電位。

■心電圖之波形

在標準肢導中，心臟跳動1次會產生P波、QRS複合波與T波三種波形。

①P波：心房興奮時產生的波。
②QRS複合波：心室興奮時產生的波。
③T波：心室肌於興奮後恢復時產生的波。

■異常的心電圖

①心肌異常：左心室肥大會使R增高，心絞痛（angina pectoris）會導致ST降低。心肌梗塞（myocardial infarction）則會使ST上升，或出現異常的Q波。
②電解質異常：高鉀血症會使QT減短，讓T波變高變窄（尖銳化），並延長QRS。低鉀血症會使QT較為低平，並在T波後出現U波。高鈣血症則會讓QT縮短。

●心律不整（arrhythmia）

①期外收縮（extrasystole）：QRS的間隔會延長，波形也會出現異常。
②傳導阻斷：第一度的房室阻斷（A-V block），會使PR間隔延長，第二度會阻斷房室間的傳導，使得2次P（2：1阻斷）或3次P（3：1阻斷）只能產生一次QRS。
③心跳過速：心房撲動（atrial flutter）會產生2：1或4：1阻斷，P波會呈尖銳的鋸齒狀，該波形稱為F波。心房顫動（atrial fibrillation）是心房的興奮呈不規則發生，各處狀況不一，P波會呈不規則的基線飄移，該狀況稱為F波。

N o t e

心輸出量與心臟指數

心輸出量（mL／分）：心搏量（mL）×心率（／分）
心臟係數（mL/分/m²）：心輸出量（mL／分）÷表面積（m²）
正常值：2,300～3,600 mL/分/m²

心電圖之電極

標準肢導：在右手、左手與左腳裝上表面電極。第1肢導是左手與右手的電位差，第2肢導是左腳與右手的電位差，第3肢導是左腳與左手的電位差。

單極胸導：在胸部靠近心臟處設置V1～V6共6個電極，以單極肢導記錄。
V1：胸骨右緣第4肋間。
V2：胸骨左緣第4肋間。
V4：左鎖骨中線第5肋間。
V3：V2與V4的中間點。
V5：與V4同水平之腋前線。
V6：與V4同水平之腋中線。
　V1與V2可反應出右心室的興奮狀態，V5與V6可反應左心室的興奮狀態。

期外收縮

心房或心室產生興奮時有一定的規律，如有其他興奮產生，便會打斷原有節奏。

房室阻斷

房室阻斷指傳導特別緩慢，或是因為心跳而使傳導時有時無。心肌梗塞時最常發生房室阻斷。

房室阻斷的第三度

完全性房室阻斷或心房顫動，會產生不規則的房室傳導，有時會呈現絕對性心律不整。

心房撲動

心房呈每分鐘250～350次，規律且快速的興奮，或是整體呈現興奮之狀態。

心房顫動

心房以每分鐘400～600次的超高頻率跳動，且心房各部位呈不一致的興奮狀態。

心室撲動與心室顫動

ventricular flutter/ventricular fibrillation

若心室產生撲動與顫動，心臟會失去幫浦的功能，該狀況持續數分鐘便會猝死。

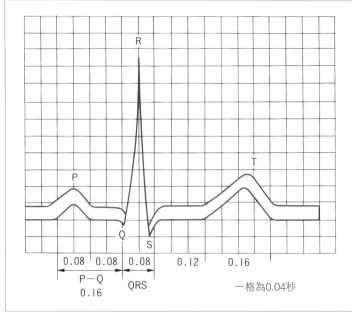

▲圖4-40　心電圖

血壓與脈搏

1 血壓
blood pressure

　　左心室收縮會讓心室中的壓力上升至120mmHg，讓血液送至主動脈。當血液進入主動脈後，血管內的壓力會一同呈現穩定的120mmHg。血液在血管內呈現的壓力便稱為血壓（blood pressure）。

　　心室舒張會使主動脈瓣閉鎖，主動脈及動脈壁會因血液注入而擴張，但會被動地恢復原狀，因此讓動脈內的血液送往遠端的小動脈。然而當動脈內的血液逐漸減少，血壓也會逐步下降。當心室的擴張期結束時，血壓約為80mmHg。

　　血壓會因年齡、性別、情緒、活動而有所不同。

■收縮壓與舒張壓

①收縮壓（systolic pressure）：收縮壓記錄的是心臟在收縮期的最大壓力，又稱為最高壓，成年人約為110～120mmHg。

②舒張壓（diastolic pressure）：舒張壓記錄的是心臟在舒張期的最小壓力，又稱為最低壓，成年人約為70～80mmHg。

③脈搏壓（pulse pressure）：動脈中的血壓會在最高壓與最低壓間變動，該幅度便稱為脈搏壓。簡單說來就是最高壓減去最低壓的數字，即為40mmHg。

■平均壓（mean pressure）

　　平均壓用於臨床判斷血壓是否異常，最低壓加上脈搏壓的1/3便是平均壓。成年男性的正常數值為90～110mmHg、成年女性為80～110mmHg。

■血壓之測量（間接測量法，indirect method）

　　在上臂繞上充氣囊袋，將空器打進袋中以壓迫血管。當囊袋內的壓力超過最高壓時，血液便不會往前臂流動，而囊袋壓力緩慢下降時，血液又會重新往前臂流，這時候的壓力即為最高壓。最高壓是藉由聽診法，以聽出血管聲音時的壓力為準。到達最高壓以下時，可聽到每一跳動都有柯羅德科夫氏聲（Korotkoff）。該

Note

適當血壓

收縮壓（最高壓）：
　110～120mmHg
舒張壓（最低壓）：
　70～80mmHg
脈搏壓：40mmHg

決定血壓高低之因素

①心臟送出的力道與輸出量
②血管壁的彈性
③末梢血管的抗力
④血管內的血液量
⑤血液的黏性

收縮壓

　　末梢血管收縮時會增加抗力。為了超越該抗力，心臟必須將血液送至血管內，因此收縮壓會上升。

正常值的上限

　　一般認定的正常值上限，40～65歲之最高壓為130～140mmHg，最低壓為85～90mmHg。

平均壓

　　等於最低壓加上脈搏壓的1/3。

女性的血壓

　　平均比男性低10mmHg。

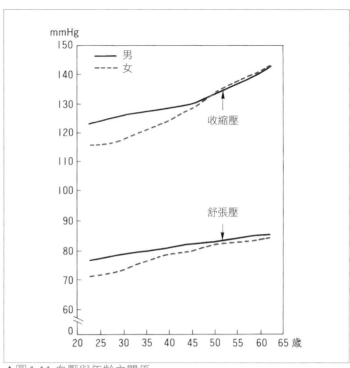

▲圖4-41 血壓與年齡之關係

（MASTER, A. M. et al :" Normal Blood Pressure and Hypertension" 1952, p. 97, Led & Febiger, Philadelphia）

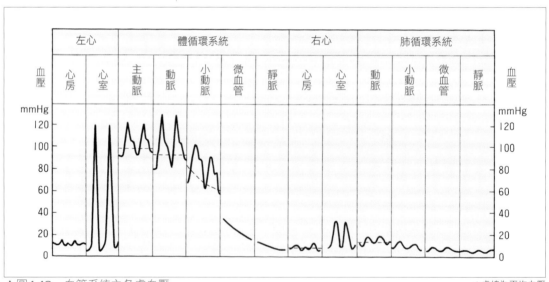

▲圖4-42　血管系統之各處血壓　　　　　　　　　　　　　　　＊虛線為平均血壓

（SHEPHARD, J.T. & VANHOUTTE, P. M. :" the Human Cardiovascular System" 1979, p.5, Raven, New York）

聲會漸漸變大，接著保持一定聲響，當壓力繼續下降便會突然消失，這時候的壓力即為最低壓。

■血壓異常

①高血壓（hypertension）：收縮壓在140mmHg以上，或舒張壓在90mmHg以上者。

②高血壓症：僅有收縮壓過高，或是收縮壓與舒張壓兩者皆過高，都稱為高血壓症。

③低血壓症（hypotension）：收縮壓在100mmHg以下，或舒張壓在60mmHg以下者。

2 脈搏
pulse

血管內的壓力會隨著心臟跳動而改變。內部壓力的變動，會藉由血液及血管壁傳至末梢，造成血管跳動而形成脈搏（pulse）。脈搏傳至末梢就會減弱，一般而言，經過小動脈便會急速降低。

所謂結代是在規則的脈搏中，出現1、2次停頓。

■頻脈（pulsus frequens）與 緩脈（pulsus infrequens）

脈搏數高稱頻脈、低者稱徐脈。心臟的自發性神經作用，會因交感神經的刺激而增加跳動數，如此便造成頻脈。而副交感神經的刺激則會減少跳動數，造成徐脈。頻脈或徐脈可藉由脈搏壓的變化而測知，若脈搏壓增高便為頻脈、降低則為徐脈。

■速脈（pulsus celer）與遲脈（pulsus fadus）

上升速度快者稱速脈、上升速度慢者稱遲脈。

■硬脈（pulsus durus）與軟脈（pulsus mollis）

觸摸感覺硬者稱硬脈、感覺軟者稱軟脈。

■大脈（pulsus magnus）與小脈（pulsus parvus）

觸摸感覺大而明顯者稱大脈、感覺細弱者稱小脈。

Note

柯羅德科夫氏聲

以聽診法聽取血管聲音時，血管遭到壓迫產生亂流，便有柯羅德科夫氏聲。以聽診器靠在肘窩（肱動脈），便可聽到該聲音。

僅收縮壓較高之高血壓症

· 主動脈硬化而導致（年齡增長）
· 心輸出量增加（主動脈瓣閉鎖不全、葛瑞夫茲病）

收縮壓與舒張壓皆偏高之高血壓症

（1）原發性高血壓（原因不明）
（2）次發性高血壓
　　①腎性高血壓（急性或慢性腎炎、腎盂腎炎、腎盂積水等）
　　②心血管性高血壓（主動脈窄縮、末梢血管疾病）
　　③內分泌性高血壓（嗜鉻細胞瘤、庫欣氏症候群）
　　④其他（妊娠性高血壓、結節狀動脈炎）

慢性與持續性之低血壓

為內分泌器官機能降低（愛迪生氏病）、嚴重營養障礙、貧血等。

心律不整
arrhythmia

一般而言，脈搏有規律性及週期性。因此所有不規則的脈搏跳動，都稱為心律不整。

Aschner眼球壓迫實驗

當眼球受到壓迫便會產生緩脈。這是因為壓迫產生的刺激藉由三叉神經傳遞，給予迷走神經（副交感神經）反射性的刺激。

循環系統

1　頸動脈與頸總動脈

「總」字所為何來？

吞嚥時可聽到咕嚕一聲，喉結也會上下移動。據說喉結是亞當偷嚐禁果時，卡在喉嚨造成的，因此男性的喉結特別明顯。喉結其實是甲狀軟骨，雖然夏娃當初沒讓蘋果卡在喉嚨，但女性也有喉結。

此外，抬頭使頸部伸展後，在甲狀軟骨上方可摸到U字型的骨頭（舌骨）。在舌骨與胸鎖乳突肌之間輕輕按壓，應該可以感到脈搏跳動，這是頸動脈（正確說來是頸總動脈）的跳動透過皮膚傳遞而來。頸總動脈在咽部與氣管的兩旁，由下往上延伸，但因為在氣管兩旁覆蓋著胸鎖乳突肌，因此無法清楚感覺到脈搏跳動。

手指順著胸鎖乳突肌繼續往上，最後便會碰到耳後的乳突，離開頸總動脈的路徑。而不受胸鎖乳突肌包覆的部位，便是前述可觸知頸總動脈脈搏的地方，稱為頸動脈三角。該名意指可觸知頸動脈跳動的三角地帶，而這三角形的三邊，則是由不同的肌肉組成。首先當然是胸鎖乳突肌，屬於三角的外側邊；第二邊是舌骨上肌群的二腹肌（後腹）；第三邊是舌骨上肌群的肩胛舌骨肌（上腹）。

頸動脈正確說來該稱為「頸總動脈」，但除此之外，還有很多加上「總」字的解剖學術語，例如會用在血管等管狀構造，或神經等長條形器官。簡而言之，遇到1條分做2條，或是2條合為1條的情況，都會把那「1條」加上「總」字。

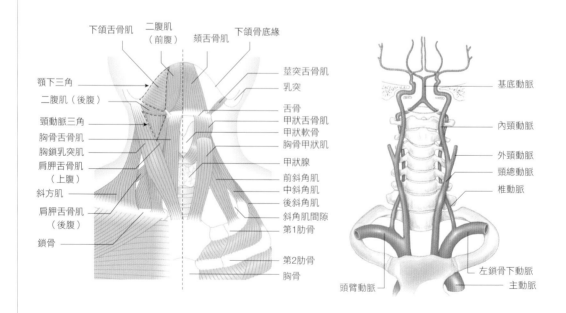

▲圖4-43　頸動脈三角與頸總動脈

頸動脈順著頸部兩側上升，在下頜分成2條，其一分佈於顏面、太陽穴、枕骨等頭骨外側，稱為外頸動脈；另一條主要分佈於顱骨內的腦部，稱為內頸動脈。因此是分成內頸動脈與外頸動脈之前的動脈，正式學名便稱做頸總動脈，而不單稱做頸動脈。其他像從肝臟運送膽汁的肝管，因為從肝臟的左右兩側分出2條，分別稱為左肝管與右肝管，而出自肝臟的2條肝管，其後會合而為一，便稱為總肝管。

2 皮（下）靜脈

用於抽血、點滴與靜脈注射

輕輕放下手臂，保持放鬆，血管便會慢慢浮出，這就是靜脈。動脈是在肌肉的間隙流動，而靜脈也是一樣。隨動脈分佈的靜脈稱為伴行靜脈，命名與動脈相同。像是測量脈搏用的橈動脈，其伴行靜脈稱為橈靜脈。但方才浮出的血管則不與動脈伴行。

肌膜會包覆肌肉，而肌膜與皮膚之間稱為皮下。先前浮出的血管皆流動於皮下，因此稱為皮（下）靜脈。皮下有不少脂肪，也就是所謂的皮下脂肪。以手指輕抓上臂的背面，便可在皮膚與包覆肱三頭肌的肌膜之間，感覺到皮下脂肪的存在。皮靜脈在皮下的流動，便是在皮下脂肪之下。因此瘦而結實的人，手臂上的靜脈相當明顯。

一般抽血、點滴及靜脈注射都會用到皮靜脈。

靜脈會將血液運往心臟，因此就上肢而言，血流會從手指、手掌，流向肩膀、腋下。若將手垂下，血流就會因為地心引力往反方向流動。但為了避免這種情形，靜脈各處都有瓣膜。靜脈的瓣膜通常是薄的弧狀皺褶，一處有2片相對，可形成口袋。若血液逆流進入袋中，會使瓣膜膨脹而關閉。

動脈與靜脈的管壁，構造上都有3層，但動脈要承受心臟跳動所送出的血液，因此管壁厚實。特別是中央的肌層組織為平滑肌，和形成小老鼠（參考P.69）的橫紋肌不同，動脈的中央肌層特別厚。相較之下，靜脈的管壁較薄，若是瓣膜閉鎖而儲留血

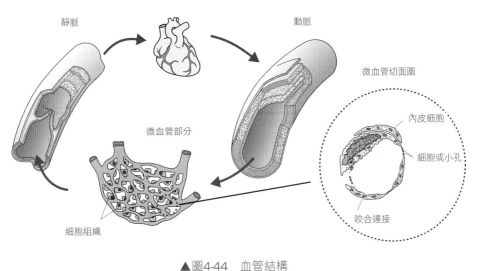

▲圖4-44　血管結構

液，就會導致血管膨脹，看起來像是從皮膚浮起一般。這時看到靜脈膨脹的地方，就是瓣膜所在的位置。

當我們舉起手臂，瓣膜就會打開，使血流變得順暢，原本浮現的血管會漸漸消失。而上肢皮靜脈在手背則可看到血管呈網狀分佈，稱為手背靜脈網。手背靜脈網延伸到前臂，便可在掌側，也就是手臂正面看到明顯的皮靜脈。其中從手背靜脈網開始延伸，在拇指基部附近沿著橈骨往上臂外側延伸者，稱為頭靜脈。頭靜脈在上臂會沿著二頭肌與三頭肌外側的空隙（橈側二頭肌溝）走行。肩膀前聳時，三角肌與胸大肌的界線上，會產生三角肌胸大肌溝，頭靜脈會順著這個溝，延伸到鎖骨附

近，進入身體深層而無法窺見。頭靜脈進入深層後，便會注入與腋動脈伴行的腋靜脈。

此外，另一條皮靜脈會沿著前臂的尺側上升，稱為貴要靜脈。貴要靜脈會沿著手肘內側，通過尺側二頭肌溝，貫穿上臂中央一帶的肱肌肌膜後，流入深層的肱靜脈。臨床常用的則是在肘窩連結頭靜脈與貴要靜脈的肘正中靜脈。

但實際觀察自己的手臂，比較左右兩手便會發現，即便是同一個人，左右手的皮靜脈分佈卻相差甚遠，幾乎沒有人是兩手相同。皮靜脈的分佈有各種變化，除了教科書上的圖案，還有許多模式，因此毋須擔心。

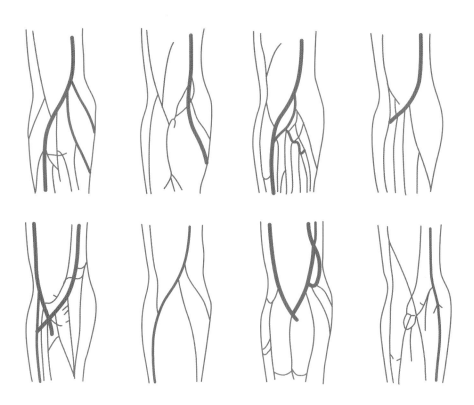

▲圖4-45　皮靜脈於肘窩的各種分佈

第**5**章

呼吸系統
Respiratory system

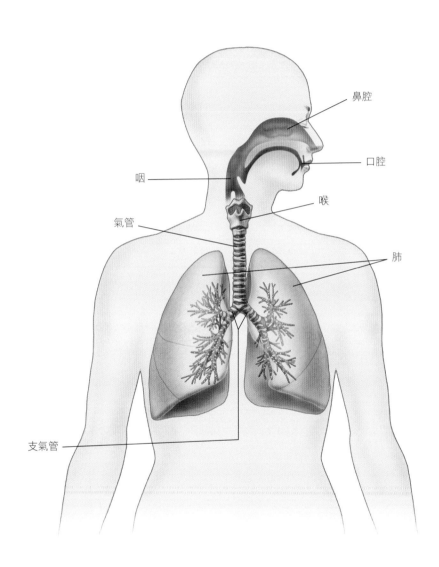

鼻腔

口腔

咽

喉

氣管

肺

支氣管

呼吸器官系統總論

Note

呼吸道

呼吸道是讓空氣進出的器官，在空氣進入肺部前，可調整其溫、濕度，並防止異物入侵，兼具發聲功能。

以喉部為分界，呼吸道可分為上呼吸道與下呼吸道。

上呼吸道：鼻部、咽、副鼻腔、喉，而口腔在功能上也有一部份屬於上呼吸道。

下呼吸道：喉（聲門以下部分）、氣管、支氣管。

肺

氣體交換的場所。

外呼吸

指肺泡內空氣與血液間的氣體交換。

內呼吸

指血液與組織細胞間的氣體交換。

能量之產生

身體為維持生命而需燃燒養分，利用其物質代謝得來的能量。

1 呼吸系統
respiratory organ system

呼吸系統為進行外呼吸之系統，由呼吸道（airway）與肺（lung）組成。呼吸道的範圍由鼻至支氣管，會參與空氣進出和發聲；而肺則是空氣與血液之間的氣體交換區。

2 呼吸
respiration

所謂呼吸，是吸入燃燒養分時所需的氧氣，排出代謝產生的二氧化碳，可分為外呼吸（external respiration）與內呼吸（internal respiration）。

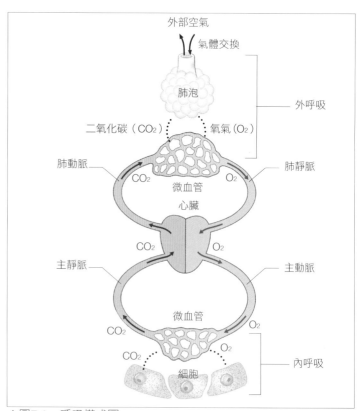

▲圖5-1　呼吸模式圖

呼吸系統之器官

1 鼻
nose

　　鼻子由外鼻部（external nose）與鼻腔（nasal cavity）構成，是呼吸道的入口。鼻腔起始於外鼻孔，從內鼻孔通至咽腔（cavity of pharynx）。鼻腔內由鼻中隔（nasal septum）分成左右兩邊。此外又可分為外鼻孔附近的鼻前庭，以及由鼻黏膜所覆蓋的鼻腔本體。鼻腔本體中，有3塊鼻甲自外側壁向內腔突出，分隔成上、中、下三個鼻道。

　　鼻腔周圍的骨骼空洞稱為副鼻腔（paranasal sinus），與鼻腔相連。而副鼻腔又有額竇（frontal sinus）、上頜竇（maxillary sinus）、蝶竇（sphenoidal sinus）、篩竇（ethmoidal sinus）共4種。

Note

外鼻部
　　外鼻可細分為鼻根、鼻背、鼻尖、鼻翼。

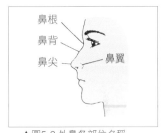

▲圖5-3 外鼻各部位名稱

鼻中隔
　　由篩骨的垂直板、犁骨、鼻中隔軟骨所構成。

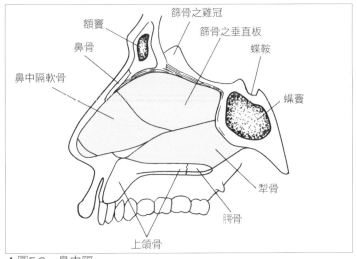

▲圖5-2　鼻中隔

Kiesselbach's area

位於鼻中隔前下方之黏膜下，為許多血管聚集處，容易發生鼻出血（流鼻血）。

3塊鼻甲

有上鼻甲、中鼻甲與下鼻甲。

▶圖5-4

上鼻甲與中鼻甲為篩骨的一部份，下鼻甲為頭蓋骨的一部份。

鼻淚管開口

上鼻道與中鼻道開口於副鼻腔，而下鼻道（inferior nasal meatus）開口於鼻淚管（nasolacrimal canal）。

副鼻腔開口

中鼻道（middle nasal meatus）：額竇、上頜竇、篩竇之前部與中部。

上鼻道（superior nasal meatus）：篩竇後部。

蝶篩隱窩：蝶竇（鼻腔後上方）。

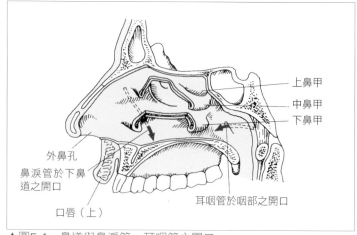

▲圖5-4　鼻道與鼻淚管、耳咽管之開口

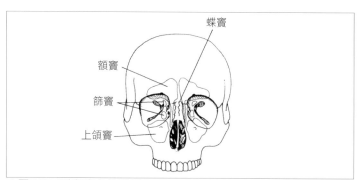

▲圖5-5　副鼻腔之投影圖

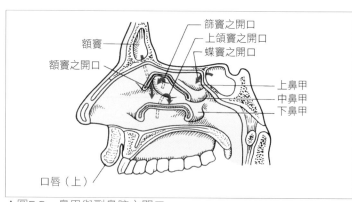

▲圖5-6　鼻甲與副鼻腔之開口

2 咽 pharynx

咽部位於鼻腔、口腔、喉部之後方，始於顱底、延伸至食道，可區分為鼻咽（nasal part of pharynx）、口咽（oral part of pharynx）、喉咽（laryngeal part of pharynx）共3部分。鼻咽以後鼻孔和鼻腔相通，口咽以咽門和口腔相通、喉咽以喉門與喉腔相通，而在喉部下方則與食道相連。

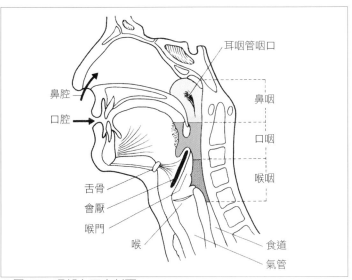

▲圖5-7　咽部之正中剖面

小專欄　鼻子是顏面的中心

　　成語說「嗤之以鼻」，由此可見鼻子呼氣的功能無庸置疑。但除此之外，鼻子也和顏面其他器官相連。

　　人的臉上有眼可看、有耳可聽、有鼻可嗅、有口可食，但這些器官都以鼻子為中心，相互連接。

　　傷心哭泣時會流鼻水、吃飯噎著時，飯粒會從鼻子噴出來、鼻塞而用力擤鼻子時，耳朵會有塞住的感覺。

　　圖5-4畫有鼻淚管與耳咽管的開口。而感覺系統的圖11-4（311頁）中，可看見鼻淚管、感覺系統的圖11 7（314頁）有耳咽管、消化系統的圖6-7中（161頁）中，可看到懸雍垂上後方有內鼻孔。其實眼、耳、口，皆與鼻子相連，以顏面正中央的鼻子為中心。

　　因此不論鼻子是挺是扁，都不會影響其重要的地位。

喉

　由舌根至氣管，跨越第3～第6頸椎。

聲門 glottis

　聲帶褶與聲門裂合稱聲門，聲帶褶有時也僅稱聲帶。

喉腔3部位

喉前庭：前庭褶以上。
喉頭室：前庭褶與聲帶褶之間。
聲門下腔：聲帶褶以下。

喉軟骨

①甲狀軟骨：thyroid cartilage
②環狀軟骨：cricoid cartilage
③杓狀軟骨：arytenoid cartilage
④會厭軟骨：epiglottic cartilage

喉結 Adam's apple

　成年男性之喉結，為突出的甲狀軟骨。

3 喉
larynx

　喉腔（cavity of larynx）始於喉門（laryngeal aperture），終止於氣管（trachea）前，既是空氣通過的路徑，也是發聲器官。喉腔壁由喉軟骨（laryngeal cartilages）、韌帶、喉肌、黏膜組成。喉腔中間的兩側壁上有**聲帶褶**（vocal fold），左右聲帶褶之間稱為**聲門裂**（rima glottidis）。

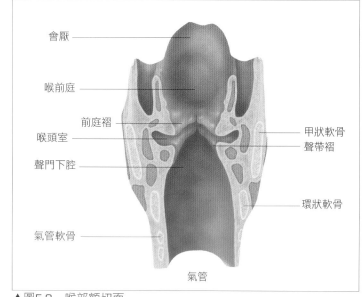

▲圖5-8　喉部額切面

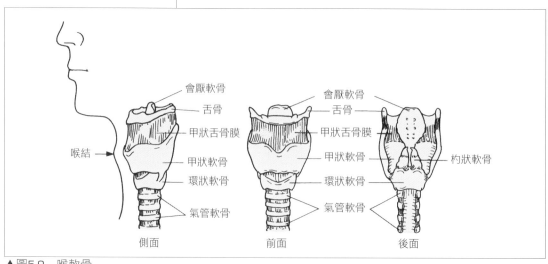

▲圖5-9　喉軟骨

4 氣管與支氣管
trachea and bronchi

　　喉部往下就是氣管（trachea），約有10公分長，之後便會分成左、右支氣管。

　　支氣管（bronchus）從肺門進入肺部，接著分岔為樹枝狀，形成肺泡（pulmonary alveolus）。左右氣管並不相同，右支氣管（right principal bronchus）較左支氣管（left principal bronchus）短且粗，自分岔點到肺門的傾斜角度較小。

5 肺 lung

　　肺部幾乎填滿了胸腔的左右兩側，而心臟位於中間偏左，因此左肺較右肺稍小。肺的上端稱為肺尖（apex of lung），約在鎖骨上方2～3公分、底部稱肺底（base of lung），位在橫膈膜上、而內側面的中央則有肺門（hilus of lung）。肺葉（pulmonary lobe）是由多角型的小葉聚集而成，右肺有3葉、左肺有2葉，而葉支氣管（lobar bronchus）會在其中分枝，分佈於一定的區域，接著再分枝，形成肺泡（alveolus）。

　　肺的營養血管為支氣管動、靜脈。

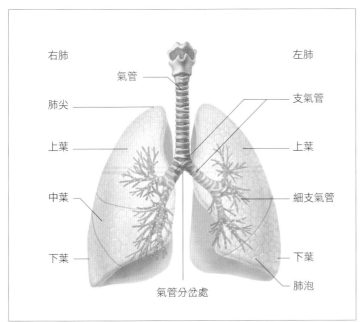

右肺　　　　　　　　　　左肺
氣管
肺尖　　　　　　　　　　支氣管
上葉　　　　　　　　　　上葉
中葉　　　　　　　　　　細支氣管
下葉　　　　　　　　　　下葉
　　　　　　　　　　　　肺泡
氣管分岔處

▲圖5-10　氣管、支氣管、肺

左、右肺葉之區分

右肺由水平裂（horizontal fissure）與斜裂（oblique fissure）分為上、中、下葉，而左肺則由斜裂分成上、下葉。

肺葉

右肺：3葉
左肺：2葉

肺門

肺門為支氣管、肺動脈、肺靜脈、支氣管動脈、支氣管靜脈、淋巴管及神經之出入口。

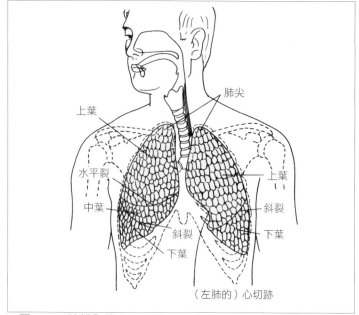

▲圖5-11　肺部全貌

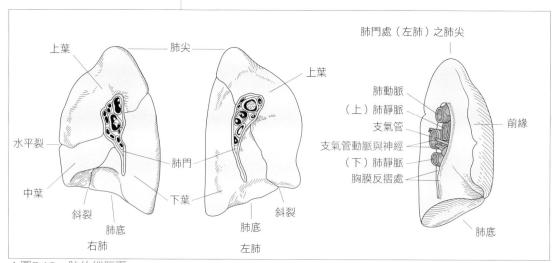

▲圖5-12　肺的縱膈面

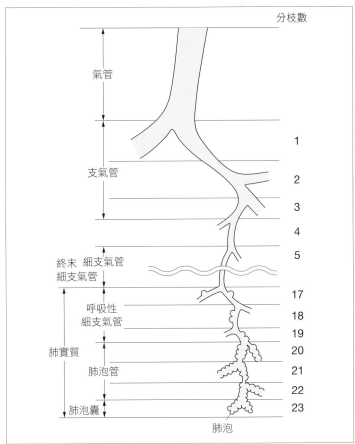

	分枝數
氣管	
支氣管	1
	2
	3
	4
終末 細支氣管 細支氣管	5
呼吸性 細支氣管	17
	18
	19
肺實質	20
肺泡管	21
	22
肺泡囊	23
肺泡	

▲圖5-13　支氣管之分枝

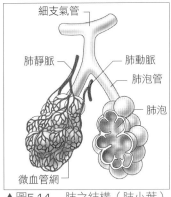

▲圖5-14　肺之結構（肺小葉）

6 胸膜
pleura

　　胸膜是2張漿膜，可直接包住肺部（肺胸膜，pulmonary pleura），於肺門反摺，緊貼於胸腔內壁（體壁胸膜，parietal pleura），兩張漿膜之間為胸膜腔（pleural cavity）。胸膜會分泌些許漿液，以防肺部因舒張或收縮而與胸壁摩擦。

　　胸腔正中央，也就是左右肺之間，稱為縱膈（mediastinum）。心臟、胸腺、氣管、支氣管、食道、主動脈、主靜脈、胸管、神經等器官皆位於縱膈。

N o t e

支氣管於肺之分枝

　　支氣管（肺門）－葉支氣管－節支氣管－小氣管－小葉性支氣管－終末細支氣管－呼吸性細支氣管－肺泡管－肺泡囊－肺泡。

體壁胸膜

覆蓋胸腔內面之胸膜

有三部分
- 肋胸膜（costal pleura）
- 橫膈胸膜（diaphragmatic pleura）
- 縱膈胸膜（mediastinal pleura）

縱膈

前（壁）：胸骨
後（壁）：胸椎（脊椎）
左右（兩壁）：縱膈胸膜（或左、右肺）
下（壁）：橫膈膜
上：開放（胸廓上口）

Note

縱膈內之器官

縱膈內的器官有心臟、氣管、支氣管、食道、主動脈、肺動脈、肺靜脈、上腔靜脈、下腔靜脈、奇靜脈、半奇靜脈、胸管、迷走神經、膈神經、胸腺。

縱膈之區分

縱膈分為上縱膈（superior mediastinum）與下縱膈（inferior mediastinum），其中下縱膈又區分為前、中、後3區。

上縱膈：胸腺上部、氣管、食道、主動脈弓、上腔靜脈、頭臂靜脈、奇靜脈、胸管、迷走神經、膈神經、喉迴神經。

前縱膈：胸腺下部。

中縱膈：心臟、升主動脈、肺動脈、肺靜脈、上腔靜脈。

後縱膈：支氣管、食道、胸主動脈、奇靜脈、半奇靜脈、迷走神經、胸管。

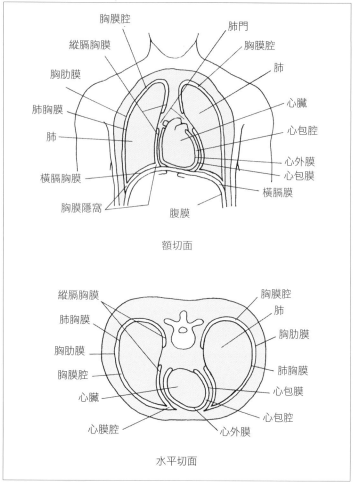

▲圖5-15 胸膜

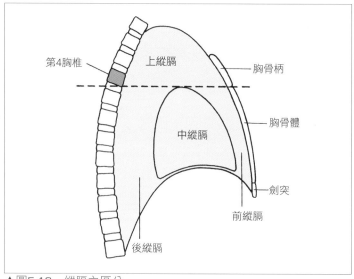

▲圖5-16 縱膈之區分

148

3 呼吸作用

1 呼吸運動
movement of respiration

呼吸可將代謝所需之氧氣，供給人體各器官之細胞，並排出細胞代謝產生之二氧化碳。

胸廓包圍肺部便形成胸腔（thoracic cavity），而呼吸運動便可使胸腔擴大與縮小。呼吸運動是藉由吸氣（inspiration）與呼氣（expiration），交換肺泡內的氣體，也就是以肺呼吸（外呼吸）進行換氣（於肺泡中交換氣體）。

吸氣是藉由外肋間肌收縮（胸廓上提）與橫隔膜收縮（下降），讓胸腔擴大。呼氣是藉由內肋間肌收縮（胸廓下壓）與橫隔膜放鬆（上提），讓胸腔縮小。

氣體是藉由壓力，才得以在呼吸道中移動並進行交換。吸氣時，胸膜腔內壓為$-2 \sim -4cmH_2O$成為更低的陰壓，也就是$-6 \sim -7cmH_2O$。肺泡內壓成為陰壓後，便可將外部空氣吸入體內。呼氣時肺泡內壓會因為胸廓的壓迫而形成陽壓，呼出肺泡的空氣。

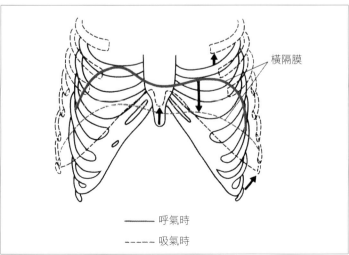

—— 呼氣時
----- 吸氣時

▲圖5-17　呼吸運動（胸腔的擴大與縮小）

N o t e

胸式呼吸
thoracic respiration

　主要為肋間肌之運動而形成，行胸式呼吸者多為女性。

腹式呼吸
abdominal respiration

　主要為橫隔膜之運動而形成，行腹式呼吸者多為男性。

胸腹式呼吸

　併用胸式及腹式呼吸之方法，一般呼吸方式即為此類。

組織呼吸（內呼吸）

　即血液與細胞間之氣體交換。

陳施氏呼吸

　為病態之呼吸方式，當無呼吸之狀態持續一段時間後，會出現不規則的呼吸，接著又回到無呼吸狀態，此即為陳施氏呼吸。這是因為呼吸中樞之興奮性降低所導致。

呼吸之種類

　吞嚥食物、發聲、咳嗽、噴嚏、打嗝等也是呼吸的　種。

支氣管哮喘

　包覆支氣管的平滑肌收縮，使支氣管變窄，便會引起呼吸困難。

肺水腫

水分儲存於肺泡或肺的血管外組織。

呼吸次數

成年人呼吸次數：每分鐘15～17次
新生兒呼吸次數：每分鐘40～50次

呼吸次數會因為外界氣溫、精神興奮、熱水澡、體溫上升等其他因素而改變。

死腔
dead space

氣體無法在呼吸道中進行交換，例如鼻、口、咽、喉、氣管、支氣管、細氣管，像這類肺泡，無法進行氣體交換的空間，便稱做死腔。其容積稱為死腔容積，約為150mL。

吸氣儲備容積

意指正常吸氣後，繼續用力吸氣所能儲存的吸氣量。

呼氣儲備容積

意指正常呼氣後，繼續用力呼氣所能吐出的空氣量。

肺餘容積

意指以最大努力呼氣後，仍存留在肺泡中的空氣量。

肺活量

成年男性：3,000～4,000mL
成年女性：2,000～3,000mL

一秒最大呼氣量

努力呼氣時，第一秒吐出的量之於全體的百分比。

2 呼吸次數與肺容量
frequency and lung capacity

　　健康的成年人每分鐘有15～17次的呼吸（frequency），睡眠時較少；運動時則較多。

　　潮氣容積（tidal volume）則是指平靜時呼吸一次所進出的空氣量，一般人約為500mL。

　　將潮氣容積扣除死腔的容積後，即可算出單次肺泡通氣量。

　　吸氣與呼氣時之最大值即為肺活量（vital capacity）。肺活量為潮氣容積加上吸氣儲備容積（inspiratory reserve volume）與呼氣儲備容積（expiratory reserve volume）之總和。成年男性約為3,000～4,000mL、女性約為2,000～3,000mL。肺活量的55％來自右肺、45％來自左肺。

　　單次肺泡通氣量=潮氣容積–死腔容積

　　肺活量=吸氣儲備量+潮氣容積+呼氣儲備量

　　此外肺活量=全肺容量（total lung capacity）－肺餘容積（residual volume）

　　總通氣量是潮氣容積乘以每分鐘的呼吸次數，成年人約為6,000～8,000 mL，進行激烈運動時甚至會攀升10倍以上。

　　總通氣量=潮氣容積×每分鐘呼吸次數

　　肺泡通氣量=（潮氣容積–死腔容積）×每分鐘呼吸次數

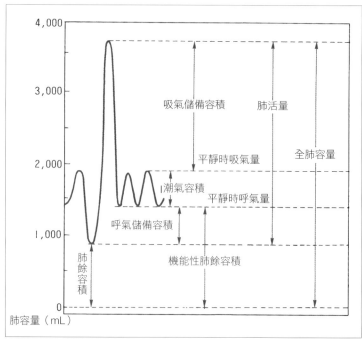

▲圖5-18　肺容量的區分

3 氣體交換與運送
gas exchange

氣體從濃度（分壓）高的地方往濃度低的地方移動，稱為氣體交換（gas exchange）。

空氣中的氧氣（O_2）在肺泡中，會藉由O_2的分壓差，穿過肺泡四周的微血管，進入血液中。進入血液的O_2會與紅血球內的血紅素（hemoglobin）結合，運往身體各部位。

血液中的二氧化碳（CO_2）同樣會藉著CO_2的分壓差，釋放到肺泡內。在肺泡的氣體交換中，O_2分壓在98～105mmHg，而靜脈血中的分壓為40mmHg，這60～65mmHg的壓差，便可使肺泡中的O_2進入血液。而CO_2分壓在靜脈血中是46～60mmHg，而肺泡中的分壓為40mmHg，這6～20mmHg的壓差，便可使血液中的CO_2進入肺泡。

組織中的氣體交換屬於內呼吸，是藉由動脈血與組織內的分壓差，將O_2送進組織細胞且吸取CO_2。O_2在動脈血中的分壓為72～100mmHg，比組織的0～20mmHg多了50～100mmHg，因此可從血液進入組織。CO_2在組織中的分壓為40～70mmHg，比動脈血的40mmHg多了0～30mmHg，因此可從組織擴散到血液中。大部分的CO_2（85％）會和水反應，成為重碳酸鹽（HCO_3^-），由靜脈血送至肺部，再次成為CO_2由人體呼出。

人類吸進的空氣中，有20.94％的O_2、0.03％的CO_2。但循環時消耗了氧氣並產生二氧化碳，因此呼氣時氧氣減少了4～5％，成為16％，而二氧化碳則增為4％。

Note

總通氣量與肺泡通氣量之計算

若潮氣容積為500mL，死腔容積為150mL，每分鐘呼吸次數為15次，則：
總通氣量：$500 \times 15 = 7{,}500$ mL
肺泡通氣量：$(500 - 150) \times 15 = 5{,}250$mL。

換氣障礙

若患有支氣管哮喘等疾病，會增加呼吸道阻力，則一秒最大呼吸量便會下降。
若一秒最大呼吸量降至70％便屬異常，稱為閉塞性障礙。

空氣的成分

空氣中約有79％的氮（N_2）、21％的氧（O_2）、0.04％的二氧化碳（CO_2），其他則屬微量氣體。

分壓

動脈血
O_2分壓：95mmHg
CO_2分壓：40mmHg
靜脈血
O_2分壓：40mmHg
CO_2分壓：46mmHg

高山症

高山上的氣壓較低，因此肺泡中氧的分壓也低，造成血液缺氧，引起暈眩、頭痛、嘔吐等症狀。

赫鮑二氏反射

肺的伸展會使輸入性的衝動自肺的伸展接受器出發，經過迷走神經送至中樞。呼吸中樞便會因此受到抑制，反射性地停止呼吸。

▼表5-1 吸氣與呼氣時的成分

	容積（%）		分壓（mmHg）				
	吸氣	呼氣	吸氣	呼氣	肺泡氣	動脈血	靜脈血
氧氣（O_2）	21	16	158	116	100	95	40
二氧化碳（CO_2）	0.03	4	0.3	32	40	40	46
氮（N_2）	79	79	596	565	573	573	573
水蒸氣	—	—	6.0	47	47	47	47
總計	100	99	760	760	760	755	706

呼吸之調節

⋯⋯⋯⋯⋯⋯⋯⋯⋯⋯⋯⋯⋯⋯

一般以延髓（medulla oblongata）的呼吸中樞控制，進行反射性且規律的活動。

頸動脈體

⋯⋯⋯⋯⋯⋯⋯⋯⋯⋯⋯⋯⋯⋯

位於內頸動脈與外頸動脈的分枝處附近，由舌咽神經傳導。

主動脈體

⋯⋯⋯⋯⋯⋯⋯⋯⋯⋯⋯⋯⋯⋯

位於主動脈弓的上、下兩側，由迷走神經傳導。

4 呼吸之調節

呼吸運動是藉由無意識的反射，以規律的步調進行。而自動調節呼吸的機制，便位在延髓的呼吸中樞（respiratory center）。

延髓的呼吸中樞又可分成呼氣中樞與吸氣中樞。吸氣中樞的神經細胞散佈於延髓網狀結構內腹側的橄欖核上。而呼氣中樞同樣散佈在延髓網狀結構上，但位於外背側。呼氣中樞與吸氣中樞會互相拮抗，吸氣中樞興奮時，呼氣中樞便受到壓抑。當吸氣中樞處於優位，吸氣中樞或長吸中樞便會產生單次興奮，再加上外因性與內因性的神經衝動，便產生了吸氣與呼氣的節奏。

此外橋腦的呼吸中樞還可分為呼吸調節中樞與長吸中樞。呼吸調節中樞位於橋腦的背側上部，興奮時可促進呼氣。長吸中樞位於橋腦中間至下方與延髓之分界，興奮時可刺激延髓的吸氣中樞，在大口吸氣時讓呼吸停止，並持續該狀態。

血液中的二氧化碳濃度，便是刺激呼吸中樞的因素。若血液中的二氧化碳分壓較正常時高，呼吸運動便會較為激烈，增加通氣量。若吸氣時的二氧化碳超過5％，便會產生過度換氣，感到呼吸困難（dyspnea）。

頸動脈體（carotid body）及主動脈體（aortic body）是遠端的化學接收器，當動脈血的氧氣分壓與pH值降低，或是動脈血的二氧化碳分壓上升，便會產生反應。

小專欄 吞嚥時呼吸停止

若要在開口的狀態下吞嚥食物，相當不容易，因為人要吞下水或食物時，會自然地閉口。無論是呼吸道或消化道，都會經過咽部。該處就像食物與空氣的十字路口，通過的順序由咽部控制。

若食物從咽部進入氣管而非食道便會嗆著。因此吞嚥時，氣管會亮起紅燈，會厭軟骨蓋住其入口喉門（參閱呼吸系統圖5-6、5-8）。當喉門被蓋住時，甲狀軟骨（喉結）等喉部便會上提，這就是吞嚥時讓喉嚨產生「咕嚕」聲的動作。若下頜骨往下，喉部便無法往上提，因此便有先前所提，張開嘴巴就無法吞嚥的狀況。當喉門蓋住時，呼吸道就被截斷，因此吞嚥的瞬間便會停止呼吸。

吞嚥時呼吸會反射性地停止，這也是吞嚥反射的一部份。

呼吸系統

1 胸式呼吸與腹式呼吸

分隔腔體的橫膈膜

　　一般而言，運動是由肌肉所進行。跑、跳、擲等運動，是藉由骨骼肌收縮以牽動手腳（上、下肢）的關節。血液之所以能透過血管流遍全身，也是因為心臟壁以心肌構成，由心肌的收縮產生幫浦作用。食物的消化運動也是由腸胃壁的肌肉活動所進行。

　　肺雖然有空氣進出，與呼吸運動相關，卻沒有肌肉。那呼吸運動又是怎麼進行呢？其實是與胸廓及胸腔有關；胸廓包住整個肺，胸腔則是胸廓所形成的空間。而軀幹內的體腔由橫膈膜一分為二，成為上方的胸腔與下方的腹腔。

2種呼吸方式

　　對胸腔而言，橫膈膜即為腔體底部。由胸廓及橫膈膜包圍的胸腔，便是藉由腔內容積的變化，將空氣送進肺部（吸氣）或排出（呼氣）。換言之，胸腔這個封閉空間的內壓，若較肺的內壓低，即可引進外部空氣。那麼要如何才能降低胸腔內壓呢？只要擴大胸腔的容積便可降低內壓。要擴大胸腔的腔體（空間），必須改變這個空間外圍的形狀。

　　人在吐氣時，佔了胸廓大部分的肋骨，從其後方胸椎至前方的胸骨或肋骨弓，都會由水平朝向斜下方。只要從腋下順著肋骨往前摸，便可明白傾斜的肋骨與呼吸之間的關係。舉例來說，將一隻長的鉛筆斜

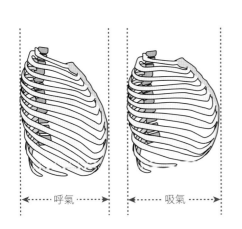

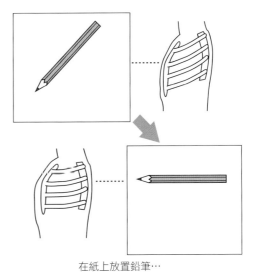

在紙上放置鉛筆…

▲圖5-19　胸廓於呼吸時之動作

放在紙上，於兩端畫出垂直線，接著平放鉛筆，於兩端畫出垂直線，再比較斜放時與平放時，兩條垂直線之間的水平距離。毋須多言，當然是平放時的水平距離較長。現在將斜放的鉛筆當作肋骨，上端是胸椎、下端是胸骨，思考一下肋骨於吐氣時的傾斜狀態。

若將往下傾斜的肋骨（胸骨端）往上提，呈水平狀態，就等同平放的鉛筆，胸部前後的距離會增加，就像兩端垂直線的水平距離變長一樣。若還是不明白，可以觸摸心窩兩旁傾斜的肋骨，接著深深吸一口氣，即可感覺到肋骨上提、胸部增厚。方才只是將肋骨換成鉛筆而已。當肋骨上提、胸部增厚時，胸腔的容積就會增加。

換句話說，並非因為用力吸氣，而是想要吸氣就能使肋骨上提、胸部增厚、擴大

胸腔容積、讓內壓降低、使外部空氣進入肺中，形成吸氣的狀態。這時使肋骨上提的，是肋骨上下兩端的外肋間肌。肋骨下降、胸腔容積減少便為呼氣，而使肋骨下降的是內肋間肌。像這種因內、外肋間肌使肋骨上提、下降，轉而成為呼吸運動的方式，就是胸式呼吸。

另一方面，胸腔底部的橫膈膜，會朝胸腔突起成圓頂狀。橫膈膜屬於骨骼肌（橫紋肌），附著在軀幹四周的壁上，並朝向中央上端的中央肌腱延伸。當橫膈膜收縮時，頂點的中央肌腱便會下降，擴大胸腔容積使人吸氣。當橫膈膜鬆弛，腹壓提高時，中央肌腱會往上頂，往胸腔形成圓頂，減少胸腔容積使人呼氣。像這種因橫隔膜運動而產生的呼吸方式，就是腹式呼吸。

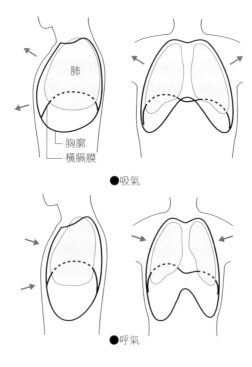

▲圖5-20　橫膈膜於呼吸時之動作

154

第6章

消化系統
Digestive System

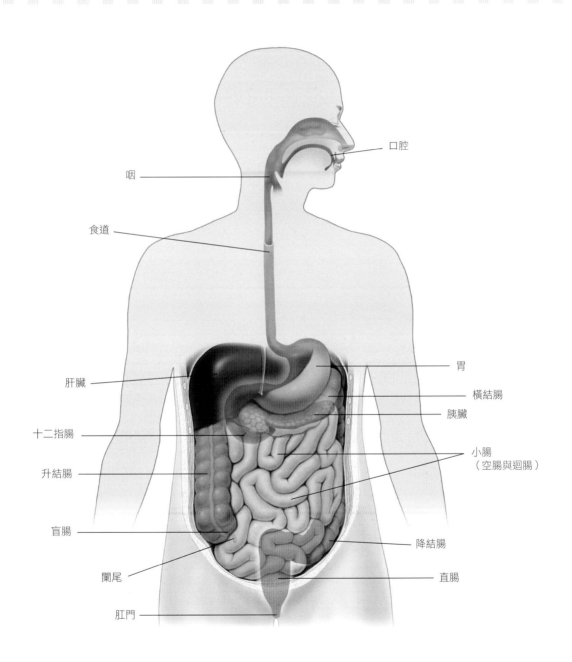

口腔

咽

食道

胃

橫結腸

胰臟

肝臟

十二指腸

升結腸

小腸
（空腸與迴腸）

盲腸

降結腸

闌尾

直腸

肛門

消化系統總論

1 消化與吸收
digestion and absorption

A. 消化（digestion）

　　人體為了維持生命，需要能量供給，而能量的來源便是糖分、蛋白質、脂質等營養素（nutrient）。這些養分需藉由進食而從外界攝取，並非在體內自行合成。

　　將食物分解成人體可吸收的形態，稱為**消化**，其中又分為**機械性消化**與**化學性消化**，前者是藉由消化道的運動而成，後者是藉由消化液中的酵素作用而成。人體每天會分泌1,000mL的唾液、1,500mL的胃液、1,000mL的胰液、500mL的膽汁、1,000mL～3,000mL的腸液，總共分泌大約7,000mL（最大量）的消化液。

機械性消化
消化管之運動

化學性消化
消化液之分泌與消化液之酵素作用。

B. 吸收（absorption）

　　由消化作用分解出的葡萄糖、果糖、半乳糖、脂肪酸、甘油、氨基酸、水、鹽類、維他命等產物，經由小腸黏膜進入血管或淋巴管，稱作吸收。約有90％的吸收會在小腸進行，而胃會吸收酒精、大腸會吸收水分。

物質之消化
碳水化合物→單醣類（葡萄糖、果糖、半乳糖）。
脂肪→脂肪酸、甘油。
蛋白質→氨基酸。
（水、鹽類、維他命等會直接吸收）

2 消化器官系統
digestive organ system

　　所謂消化器官系統，是由許多器官所組成的。其功用在**攝取食物**，**分解**至腸管可以**吸收**的程度，吸收後送至血液，最後將食物殘渣排泄出體外。

　　消化系統由**消化道**（digestive tract / alimentary canal)與**消化腺**（digestive gland）組成，前者為**中空性器官**、後者為**實質性器官**。消化道從口腔開始，經過咽、食道、胃、小腸、大腸，至肛門結束；消化腺則有唾腺、肝臟與胰臟。

消化道
　　口腔→咽→食道→胃→小腸（十二指腸、空腸、迴腸）→大腸（盲腸、闌尾、升結腸、橫結腸、降結腸、乙狀結腸、直腸）→肛門。

消化腺
　　為分解與吸收而行分泌之腺體，有唾腺、肝臟與胰臟。

消化系統之器官

1 口腔
oral cavity

口部四周有上唇、下唇〔口唇（oral lip）、嘴唇〕與頰，內腔稱為口腔（oral cavity），上下唇之間為口裂，兩端稱為口角（angle of mouth）。口腔由上下齒列為分界，口唇側為口腔前庭（vestibule of mouth），舌側為口腔本體（oral cavity proper）。

腭（palatine）位於口腔本體上端，為分隔口腔與鼻腔的板狀部分，前2/3為硬腭（hard palatine）、後1/3為軟腭（soft palatine）。

舌佔了口腔本體底部的絕大部分。口腔後方有咽門（fauces），周圍有軟腭、舌根及左右2條肌肉摺層，與咽部相連接。

A.　齒（teeth）

牙齒固定於上頜與下頜的齒槽骨中，齒槽骨則由黏膜包覆。牙齒由齒冠、齒頸與齒根三部分構成，中央有牙髓腔，內含牙髓。

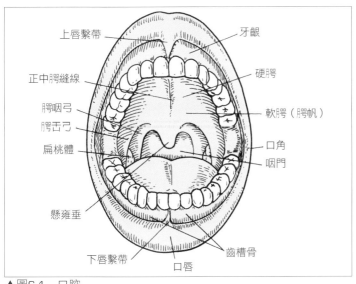

▲圖6-1　口腔

牙齒形狀

齒根：埋入齒槽中的部分。
齒頸：埋入黏膜（牙齦＝靠近牙齒
　　之黏膜）的部分。
齒冠：顯現於外的部分。
牙髓腔：位於牙齒中心，內有牙
　　髓、血管與神經。
牙根管：位於牙髓腔下端。

牙齒結構

琺瑯質：分佈於齒冠部。
象牙質：分佈於牙髓腔外圍。
牙骨質：分佈於齒根部。
牙髓：位於牙髓腔內。

牙齒硬度

　　硬度強弱依序為琺瑯質、象牙
質、牙骨質。

牙齒神經

　　牙髓內的感覺神經亦會分枝至象
牙質。

牙齒數目

乳齒：20顆
恆齒：32顆

乳齒

　　胎兒於2～3個月大時，乳齒即開
始發育。出生後6～7個月，會依序
長出門齒、犬齒、第1乳臼齒、第2
乳臼齒。

恆齒

　　6～7歲會長出第1大臼齒，到
15～16歲會差不多長齊，最後在20
歲會長出第3大臼齒（智齒）。

舌肌

舌內肌：直肌、橫肌、上縱肌、下
　　縱肌。
舌外肌：頦舌骨肌、舌骨舌肌、莖
　　突舌肌、小角舌肌。

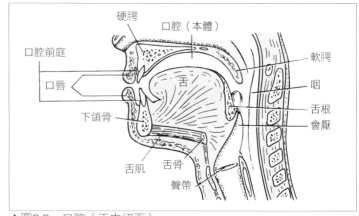

▲圖6-2　口腔（正中切面）

牙齒屬於特殊的骨骼組織，由琺瑯質、象牙質與牙骨質構成，其
中琺瑯質是體內最硬的部分。

　　成年人有32顆牙齒，兒童有20顆乳齒（milk teeth），會在6～7
歲開始脫落換牙，在20歲左右長出第三大臼齒便告完成，其後便
不會再換牙，因此稱為恆齒（permanent teeth）。

▼表6-1　恆齒與乳齒之比較

		右側				左側			
		大臼齒	小臼齒	犬齒	門齒	門齒	犬齒	小臼齒	大臼齒
恆齒 (32顆)	上頜	3	2	1	2	2	1	2	3
	下頜	3	2	1	2	2	1	2	3
乳齒 (20顆)		乳臼齒		犬齒	門齒	門齒	犬齒	乳臼齒	
	上頜	2		1	2	2	1	2	
	下頜	2		1	2	2	1	2	

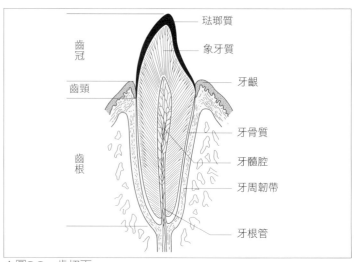

▲圖6-3　齒切面

B. 舌（tongue）

舌頭由橫紋肌構成，外覆黏膜，位於口腔底板。其肌纖維由舌內肌與舌外肌構成，前者可構成**舌本體**，後者則起始於舌骨與下頜骨，延伸至舌頭。

舌頭可分為前方的**舌本體**（body of tongue）與後1/3的**舌根**（root of tongue），其分界是V字型的**舌界溝**（sulcus terminalis）。

舌乳頭（lingual papilla）位於**舌背**（dorsum of tongue）與**舌緣**（margin of tongue），是黏膜中的隆起或小突起。舌乳頭分成絲狀乳頭（filiform papilla）、蕈狀乳頭（fungiform papilla）、葉狀乳頭（foliate papilla）、輪廓乳頭（vallate papilla），其中蕈狀、葉狀與輪廓乳頭具有味蕾（taste bud），其中含有味覺細胞。

C. 唾腺（salivary gland）

唾腺可分泌唾液（saliva），其導管的開口位於口腔中。

唾腺可分為腮腺（parotid gland）、頜下腺（submandibular gland）、舌下腺（sublingual gland）三種，合稱大唾腺（major salivary gland）。而其導管是腮腺管，位於腮腺乳頭（parotid papilla），頜下線管與舌下腺管則開口於舌下肉阜（sublingual caruncle）。

Note

舌之區分

舌本體與舌根
舌尖：舌本體前端
舌背與舌腹：舌頭的上面與下面
舌緣：舌頭側邊
舌正中溝：舌背正中線上的凹槽。

舌乳頭

①**絲狀乳頭**：密集分佈於舌背，角化後呈白色。
②**蕈狀乳頭**：散在於舌背，呈紅點狀。
③**葉狀乳頭**：與舌緣後部平行，呈前後排列之隆起。
④**輪廓乳頭**：位於舌界溝前方的十數個大圓形突起。

腮腺

腮腺是位於耳郭前下方的漿液腺。腮管開口於腮腺乳頭，即位於口腔前庭中，上頜第2大臼齒對側之頰黏膜。

頜下腺

頜下腺位於頸下三角，可分泌黏液與漿液，為一混合型腺體。頜下腺管開口於舌繫帶根部的舌下肉阜。

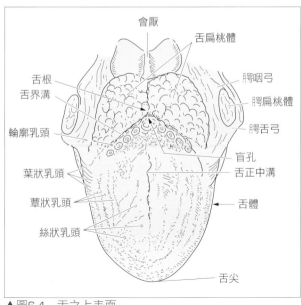

▲圖6-4　舌之上表面

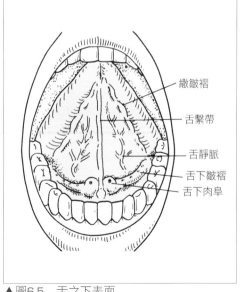

▲圖6-5　舌之下表面

舌下腺

舌下腺位於舌頭下方，口腔底板黏膜下，屬於混合型腺體。大舌下腺管開口於舌下肉阜，而小舌下腺管則沿著舌下縐褶開口。

唾腺管之開口

腮腺乳頭：腮腺管
舌下肉阜：下頜腺管、舌下腺管

豬頭皮

腮腺因病毒感染發炎，便會形成流行性腮腺炎，俗稱豬頭皮。

小唾腺

有唇腺、頰線、臼齒腺、腭腺、舌腺。

唾液之功用

①潤滑口腔中的食物。
②幫助味覺。
③幫助口腔內殺菌。
④澱粉之消化：澱粉酶可消化澱粉，將其分解為麥芽糖。

咽之區分

鼻咽（上段）：耳咽管咽口開口於兩邊外側壁，最上部有咽扁桃體。
口咽（中段）：吞嚥時腭帆會緊張，隔開鼻咽與口咽。
喉咽（下段）：前壁有喉門，與喉腔相通。

魏氏環

魏氏環圍住口咽，其中腭扁桃體、咽扁桃體、舌扁桃體等淋巴組織相當發達。

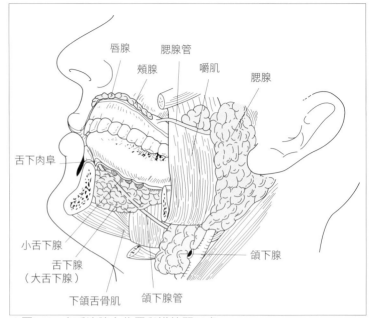

▲圖6-6　大唾液腺之位置與導管開口處

D.　口腔中之消化

食物進入口腔後，會藉由下頜之運動，於上下齒之間將食物磨碎（咀嚼，mastication），與唾液充分混合，形成容易吞嚥的食團後吞下（吞嚥），經過咽與食道抵達胃部。

唾腺每天會分泌1,000～1,500mL的唾液，pH值約為7.0，其中99％以上是水，此外還有澱粉酶、黏蛋白等。

2 咽
pharynx

咽既屬於消化系統，也屬於呼吸系統，兼具消化道與呼吸道的功能。咽的上部與鼻腔相連，自後鼻孔（choana）起稱為鼻咽，口腔自咽門處則為口咽，喉咽的前下方為喉腔，延伸至後下方則為食道。

咽壁由黏膜、肌層與外膜構成，鼻咽的黏膜是纖毛上皮，於口咽、喉咽則為複層鱗狀上皮。肌層分為提肌群與縮肌群，皆是橫紋肌。外膜則是疏鬆性結締組織。

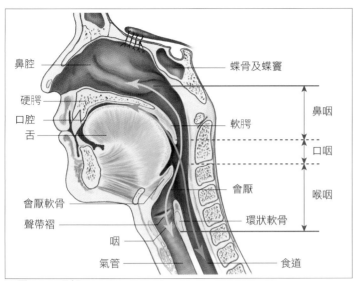

▲圖6-7　咽部

咽部肌層

咽部提肌群（相當於縱肌）：咽肌、
　莖突咽肌。
咽部縮肌群（相當於環肌）：咽上、
　中、下縮肌。

吞嚥反射
swallowing reflex

　　食團從口腔經過咽部與食道前往
胃部，稱為吞嚥，為反射性運動，
其中樞則為延髓。

A.　吞嚥（swallowing）

　　食團從口腔進入咽、食道，接著送進胃部。食團位在口腔時，
氣管可張開進行呼吸，從口腔經過咽部移往食道時，咽後壁會壓
住軟腭，讓軟腭蓋住喉門，空氣的通路因此阻斷，食團便送進食
道。食道再藉由蠕動（peristalsis）將食團送進胃部。

3 食道
esophagus

　　食道位於脊椎前面、氣管與心臟後面，由咽下至胃的賁門，是
大約25公分的管狀器官。食道中有3處較為狹窄，誤吞的異物容
易停留於此。

　　食道壁由黏膜、肌層與外膜構成，黏膜為複層鱗狀上皮、肌層
為內環肌與外縱肌共2層、外膜則是疏鬆性結締組織。

食道長度

平均為25公分
門齒至賁門為37〜40公分
（門齒至食道為15公分）

狹窄處

①食道開端處：第6頸椎處。
②氣管分叉處：第4〜5胸椎處。
③食道裂孔處：第10胸椎處。

肌層性質

上層1/3：橫紋肌
中間1/3：橫紋肌與平滑肌
下層1/3：平滑肌

4 胃
stomach

　　在食道後便是胃的起始處賁門（cardiac orifice），左上方有
胃底（fundus of stomach）隆起、接著胃體朝向右下方延伸，終
止於幽門（pyloric orifice）。胃是消化管中最大的袋狀器官，
容積約有1,200mL，僅次於十二指腸。胃的右上緣稱胃小彎

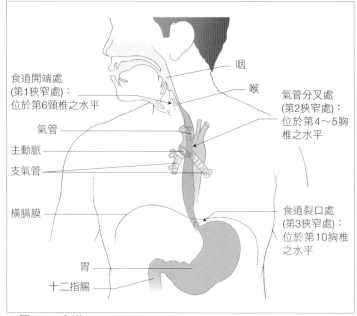

食道開端處
(第1狹窄處)：
位於第6頸椎之水平

氣管

主動脈

支氣管

橫膈膜

胃

十二指腸

咽

喉

氣管分叉處
(第2狹窄處)：
位於第4～5胸
椎之水平

食道裂口處
(第3狹窄處)：
位於第10胸椎
之水平

▲圖6-8　食道

（lesser curvature），上方有肝臟；左下緣則稱做胃大彎（greater curvature）。

A.　胃的結構

胃從內而外依序為黏膜、肌層與漿膜所構成，共3層。

①黏膜（tunica mucosa）：黏膜可見許多皺褶，凹陷處為胃小凹。胃黏膜構成分泌胃液的胃腺（gastric gland）。

②肌層（tunica muscularis）：由內斜肌、中環肌、外縱肌共3層平滑肌組成。幽門的中環肌較發達，形成幽門括約肌（pyloric sphincter），並構成幽門瓣。

③漿膜（tunica serosa）：為腹膜的延伸，在胃小彎有小網膜（lesser omentum）、胃大彎有大網膜（greater omentum）。

B.　胃中消化

胃的消化是藉由胃的蠕動與胃液之分泌而進行。

■胃的運動性

食物（食團）進入胃後，會藉由蠕動從賁門送往幽門。迷走神經可促進蠕動（peristalsis），而交感神經則會抑制該活動。胃中的食物通常會在餐後3～6小時運往十二指腸，含碳水化合物的食物，運送速度最快，接著是蛋白質、再來是脂肪。

胃的位置

胃有3/4屬於左下肋部、1/4於上胃部。
賁門：第11胸椎左前方
幽門：第1腰椎右側
胃角切跡（angular notch）：是胃本體與幽門分界的凹陷，看X光片時習慣如此稱呼。

胃腺

賁門腺與幽門腺：分泌黏液。
胃本腺：可分泌胃液，分泌處為胃底與胃體，也會直接稱為胃腺。
　　主細胞chief cells：分泌胃蛋白酶原（pepsinogen）。
　　壁細胞parietal cells：分泌鹽酸。
　　黏液細胞mucous neck cells：分泌黏液。

幽門括約肌

　胃壁中的環肌發達肥大後，便形成幽門瓣。

食物於胃中停滯之時間

　停留時間由短而長依序為碳水化合物（糖分）、蛋白質、脂肪。

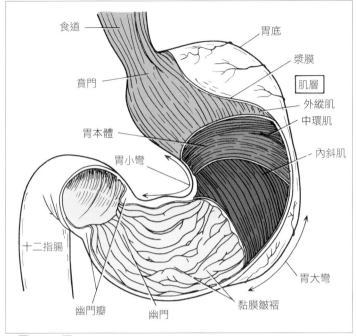
▲圖6-9　胃

■胃液（gastric juice）分泌

①**胃液之成分**：胃液含有無色透明之鹽酸（HCl）及消化酵素〔胃蛋白酶（pepsin）、胃脂肪酶（gastric lipase）、凝乳酶（rennin）〕。一餐約會分泌500～700mL，一天則會分泌1,500～2,500mL。pH值為1.0～1.5，屬強酸性。

②**胃液之功用**：胃液主要的消化酵素為胃蛋白酶，可將蛋白質（protein）分解成蛋白腺（peptone）。主細胞分泌的胃蛋白酶原（pepsinogen）不具活性，與鹽酸作用後便可轉化為具有活性的胃蛋白酶。

③**胃液分泌之調節**：胃液之分泌由神經〔以迷走神經（副交感神經）之興奮促進分泌〕與激素調節。胃液分泌有以下數種情形，例如與進食相關的視覺、味覺與嗅覺等條件反射。食物抵達胃部時，黏膜受刺激而分泌。以及胃泌激素（gastrin）透過血液刺激胃腺而分泌等等。胃液之分泌會受到腸抑胃素（enterogastrone）的抑制，心情低落或煩躁等精神打擊，也會抑制胃液分泌。

胃液成分

鹽酸（HCl）與消化酵素（胃蛋白酶）
1天可分泌：1,500～2,500mL
pH值為：1.0～1.5

胃蛋白酶

可分解蛋白質之酵素
　胃蛋白酶原（由主細胞分泌）
　　↓←鹽酸（由壁細胞分泌）
　胃蛋白酶
　　↓
　蛋白質→蛋白

鹽酸（胃酸）

可促進胃蛋白酶原之活性化（轉為胃蛋白酶），並有殺菌作用。

胃黏膜

可分泌黏液，保護胃壁不受消化酵素與鹽酸侵蝕。

胃泌激素

屬於消化道激素之一，可刺激胃底腺的壁細胞，使其分泌鹽酸。

腸抑胃素之分泌

當十二指腸黏膜接觸到食物分解後的產物或酸性液體，便會分泌消化道激素，也就是腸抑胃素，透過血液於胃中作用，可抑制胃的運動與胃液之分泌。

消化的步驟

食物在胃部會有部分被消化，成為糜狀進入小腸。肝臟分泌的膽汁、胰臟分泌之胰液，以及小腸分泌之腸液，皆在小腸混合，將食物徹底消化，再由小腸壁吸收。

5 小腸
small intestine

小腸是6～7公尺的管狀器官，接續於胃的幽門後，於腹腔內繞行，在右下腹轉為大腸。小腸可分為十二指腸（duodenum）、空腸（jejunum）與迴腸（ileum）。在消化與吸收中，小腸是消化道最重要的部分。

A. 十二指腸（duodenum）

十二指腸長約25～30公分，約有12根手指的寬度，起始於第1腰椎右側的幽門，呈C形彎曲，在第2腰椎左方轉為空腸，屬腹膜後器官。內側壁有大十二指腸乳頭（greater duodenal papilla），為總膽管與胰管之開口。

B. 空腸（jejunum）與迴腸（ileum）

由十二指腸彎摺處起，自迴盲部的盲腸前，前半約2/5為空腸、後半3/5為迴腸，兩者沒有明顯的分界。迴盲部（ileocecal part）為小腸與大腸的分界，呈直角相交，內有迴盲瓣（ileocecal

十二指腸乳頭

又被稱為乏特氏乳頭（Vater's papilla），距幽門約10公分、離門齒為75公分，總膽管與胰管皆開口於此。總膽管的開口處有歐狄氏括約肌（Oddi's sphincter）。

十二指腸彎摺

十二指腸末端會朝前彎曲進入腹腔膜，之後轉為空腸。該處以十二指腸韌帶（ligament of Treitz）固定於後腹壁。

擴大小腸黏膜吸收面積的方法

環狀皺褶與小腸絨毛

絨毛內部

絨毛內部有微血管與中心乳糜腔（central lacteal of villus）。絨毛可吸收消化後的養分。

小腸淋巴結

孤立淋巴結
集合淋巴結（培氏斑）

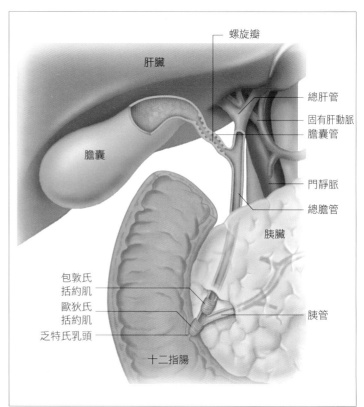

▲圖6-10 十二指腸

valve）可防止大腸內容物逆流。

C. 小腸結構

小腸由內而外分別是黏膜、肌層、漿膜的3層結構。

小腸黏膜具有環狀皺褶（circular fold），黏膜表面則有無數的小突起，稱做絨毛（intestinal villi），可增加小腸黏膜的表面積，提昇吸收效率。

腸腺（intestinal gland）位在小腸黏膜的絨毛之間，十二指腸腺（duodenal gland）開口於十二指腸。此外黏膜中還有孤立淋巴結（solitary lymphoid follicle）散佈其中，迴腸則有多數淋巴聚集而成的集合淋巴結〔aggregated lymphoid follicle（培氏斑，Peyer's patches）〕。

小腸的肌層由內環肌與外縱肌2層所構成，而漿膜則是覆蓋於小腸外側的臟層（臟層腹膜，visceral peritoneum），在空腸與迴腸處則成為腸繫膜（mesentery），與後腹壁相連。

N o t e

小腸黏膜之表面積
（依據Wilson之見解）

管腔內側表面積：3,300cm²
因環狀皺褶增加至：10,000cm²
因纖毛增加至：100,000cm²
因為微纖毛增加至：
2,000,000cm²

若將微纖毛也納入計算，總表面積會比小腸表面多上約600倍。

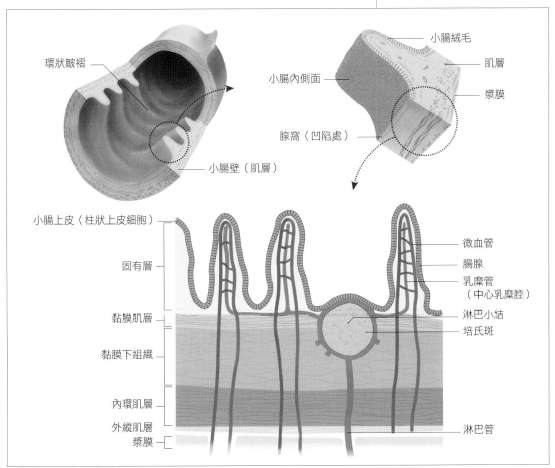

環狀皺褶
小腸內側面
腺窩（凹陷處）
小腸壁（肌層）
小腸絨毛
肌層
漿膜

小腸上皮（柱狀上皮細胞）
固有層
黏膜肌層
黏膜下組織
內環肌層
外縱肌層
漿膜

微血管
腸腺
乳糜管（中心乳糜腔）
淋巴小結
培氏斑
淋巴管

▲圖6-11　小腸黏膜

腸液的分泌腺

十二指腸腺（布氏腺）：可分泌鹼
性黏液
腸腺（李氏腺）：可分泌腸液

腸液的消化酵素

蔗糖酶：蔗糖→葡萄糖＋果糖
乳糖酵素：乳糖→葡萄糖＋半乳糖
麥芽糖酵素：麥芽糖→葡萄糖
腸蛋白酶：蛋白質、蛋白腺、聚肽
　　　　　→氨基酸
解脂酵素：脂肪→脂肪酸＋甘油

D. 小腸的消化

食物（食團）由胃部送至小腸後，構成小腸壁的內縱肌與外環肌肌層，會藉由平滑肌運動，將膽汁、胰液、腸液等消化液加以混合後運送。在這期間，消化液便會進行化學性消化。

■小腸的運動

構成小腸壁的平滑肌中，有內環肌（inner circular muscular layer）與外縱肌（outer longitudinal muscular layer），兩者相互作用，可產生蠕動（peristalsis）、分節運動（segmentation）與擺動（pendular movement）這3種運動形式。蠕動主要的功能，是將食物運往肛門的方向，而分節運動與擺動的目的，則為混合食物與消化液。

■腸液的分泌

十二指腸腺（布氏腺，Brunner's gland）與腸腺（李氏腺，gland Lieberkün）每天會分泌1,500～3,000mL的弱鹼性消化液，其中含有蔗糖酶（sucrase）、乳糖酵素（lactase）、麥芽糖酵素（maltase）、腸蛋白酶（erepsin）、解脂酵素（lipase）等消化酵素。

①**分解糖分之酵素**：蔗糖酶可將蔗糖（sucrose）分解為葡萄糖（glucose）與果糖 （fructose），乳糖酵素可將乳糖（lactose）分解為葡萄糖與半乳糖（galactose），麥芽糖酵素可將麥芽糖（maltose）分解為葡萄糖。

②**分解蛋白質之酵素**：腸蛋白酶是由胜肽酶聚集而成，可將蛋白質、蛋白腺、聚肽分解為氨基酸。

③**分解脂肪之酵素**：腸液中含有少量的解脂酵素，可將胰液未消化的脂肪分解成脂肪酸（fatty acid）與甘油（glycerol）。此外腸液還含有腸激酶。

E. 小腸的吸收

各種養分進入小腸為黏膜所吸收時，**糖分（碳水化合物）會轉為單糖類〔葡萄糖（glucose）、果糖與半乳糖〕，蛋白質會轉為氨基酸，脂肪會轉為脂肪酸與甘油。**

糖分與氨基酸會進入絨毛內的微血管，經由門靜脈進入肝臟，由肝靜脈送往主靜脈。其中一部份會在肝臟代謝或儲存。脂肪酸或甘油則進入絨毛中的毛細淋巴管，經由胸管送至靜脈。

6 大腸
large intestine

　　大腸接續於小腸之後，是消化道的最末端，沿著腹腔繞行，全長有1.5公尺，通過骨盆腔、穿過骨盆底部，終止於肛門。大腸可區分為盲腸（cecum）、結腸（colon）與直腸（rectum），食物經過小腸的吸收後，進入大腸再被吸去水分，即形成**糞便**排出體外。

A. 盲腸（cecum）

　　盲腸位於腹部右下方，與迴腸連接。以大腸整體觀之，其連結處下方的左後壁，便是**闌尾**（vermiform appendix）之所在。從迴腸要進入盲腸的地方，稱為迴盲部，有迴盲口開口於迴腸，其中有迴盲瓣。

麥氏點

　　可按壓以診斷闌尾炎。位於肚臍與右腸骨前上棘之連線，外側算來1/3處。

B. 結腸（colon）

　　起始於盲腸的上端，分為**升結腸**（ascending colon）、**橫結腸**（transverse colon）、**降結腸**（descending colon）與**乙狀結腸**（sigmoid colon）。

　　結腸帶（tenia coli）為腸壁縱肌較肥厚處，共有3條。**腸脂垂**（appendices epiploicae）內有脂肪，會沿著結腸帶分佈。結腸向外的隆起稱做**結腸袋**（haustra coli），內腔中則有半月折（semilunar folds）。

結腸之區分

　　從迴盲瓣沿著右側腹上升之段落，稱為升結腸；而橫結腸則始於肝臟下方的右腸結彎曲處，沿著胃的下方橫向延伸；降結腸則起始於左腸結彎曲，沿著左側壁往下；乙狀結腸則是於左腸骨窩彎向內側；最後通過骨盆腔往下，至第三薦椎處開始便是直腸。

C. 直腸（rectum）

　　直腸是消化道的最末端，約有20公分，接續於第三薦椎上緣的乙狀結腸後，從薦骨前方正中線下降，通過骨盆腔直到肛門（anus）結束。

D. 大腸之結構

　　大腸與小腸相似，皆為3層結構，但黏膜上並無絨毛，而是有許多**腸腺**（intestineal glands）。肌層分為外縱肌與內環肌，但結腸的外縱肌在結腸帶特別厚實，而各結腸帶之間的外縱肌較薄。漿膜存在於盲腸以及結腸至直腸上端，橫結腸與乙狀結腸各自具

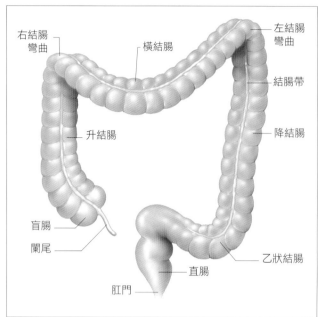

▲圖6-12　大腸

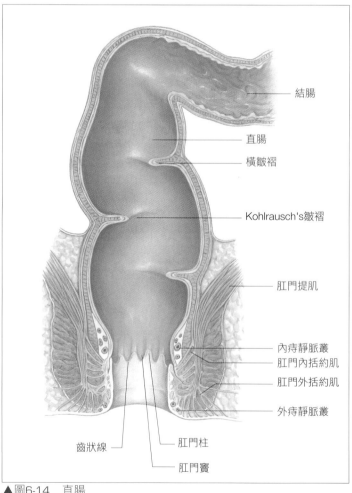

▲圖6-13　迴盲部

痔核

　　直腸黏膜下方的直腸靜脈叢，如擴張便會隆起成為痔核。

肛門括約肌

肛門內括約肌：平滑肌
肛門外括約肌：橫紋肌

大腸之長度

約1.5公尺
①盲腸
②結腸
　升結腸
　橫結腸
　降結腸
　乙狀結腸
③直腸

結腸帶（3條）

外縱肌厚實處
・繫膜帶
・網膜帶
・自由帶

▲圖6-14　直腸

168

有橫結腸繫膜（transverse mesocolon）與乙狀結腸繫膜（sigmoid mesocolon）。

E. 大腸之消化吸收與排便

大腸的前半段可於液狀物質中吸收水分與電解質，後半則可形成糞便，並將之儲存與排泄。

①**大腸的運動**：大腸有蠕動與分節運動，但分節運動較為顯著。

②**排便**（defecation）：糞便會堆積於降結腸與乙狀結腸，而進入直腸後便會造成便意，引起排便反射。

7 肝臟與膽囊
liver and gall bladder

A. 肝臟的位置與外型

肝臟位於橫膈膜下方，腹腔的右上部，重量約1,200公克，下緣與右肋骨弓幾乎一致。從正中線觀之，肝臟的水平高度位於胸骨劍突與肚臍之間。

肝臟由鐮狀韌帶（falciform ligament）分成右葉（right lobe）與左葉（left lobe），下方的肝尾葉（caudate lobe）與肝方葉（quadrate lobe）則位於左右兩葉之間。肝臟下面由4葉所圍成的中央部分稱做肝門（porta hepatis），進出該處的有肝固有動脈（proper hepatic artery）、門靜脈（portal vein）、肝管（hepatic duct）。肝臟的後上面有數條肝靜脈（hepatic vein），會注入下腔靜脈。

N o t e

便秘
constipationa
當大腸的運動機能降低，水分過度吸收，橫結腸裡的物質會硬化而造成便秘（大腸型便秘）。

下痢
diarrhea
大腸內的物質在飽含水分的狀態下排出，即稱為下痢。這是因為消化不良、病原性細菌感染或蠕動亢進等，導致水分吸收不良。

肝門
此處有肝固有動脈、門靜脈、左右肝管、淋巴管與神經進出（不包含肝靜脈）。

肝固有動脈
可供應肝臟富含氧氣之血液。

門靜脈
門靜脈送至肝臟的血液來自腸胃，富含養分，同時也包含脾臟與胰臟的血液。

小專欄　消化道有多長？

食物從口腔抵達肛門的路徑稱為消化道。由管狀的食道開始計算，其長度如下，食道：25公分、胃大彎：49公分（胃小彎為13公分）、小腸：6～7公尺、大腸：1.5公尺。雖然亦有一說，認為小腸於生體上為3公尺，但因小腸並非由骨骼或軟骨構成，故長度也會隨著伸縮的狀況而改變。而且個人身高不同，理當會有差異。

若將各種動物的腸子長度與體長相比較，人類約為5倍，而草食動物長得多，例如馬是體長的10倍、牛是22倍、綿羊是25倍。

肝管

　　肝管會收集肝臟分泌的膽汁並負起運送之責。肝管與出自膽囊的膽囊管會合，成為總膽管通往十二指腸。

B.　肝臟的結構

　　肝小葉（hepatic lobule）是肝臟的構造單位，直徑1～2mm，呈六角柱狀。每個角上都有**小葉間動脈**（interlobular artery）、**小葉間靜脈**（interlobular vein）與**小葉間膽管**（interlobular bile duct），形成3條1組的管路。每個肝小葉的中心有**中央靜脈**（central vein），匯流之後會流向肝靜脈。小葉間膽管為運送膽汁的導管，會聚集至肝管。小葉間動脈是肝固有動脈的分枝，而小葉間靜脈是門靜脈的分枝，匯流之後將流入中央靜脈。

C.　肝臟的功能

　　肝臟可處理並儲存養分，解毒、分解、排泄、調節血液性狀、分泌膽汁、負責身體的防衛作用等等。

①肝臟可用葡萄糖（grape suger/ glucose）製造肝醣（glycogen），儲存於肝臟中。當血液中缺少葡萄糖時，肝醣便可分解成葡萄糖，釋放到血液中。

②肝細胞可產生血漿蛋白（plasma proteins）中的白蛋白（albumin）與纖維蛋白原（fibrinogen），分解多餘的氨基酸（amino acid），製造尿素（urea）。

③肝臟可分解脂肪酸（fatty acid）與製造膽固醇（cholesterol）。

④肝臟可破壞多餘的雌激素（estrogen，女性荷爾蒙）或抗利尿激素（antidiuretic hormone，ADH），或降低其活性。

⑤肝臟可分泌膽汁（bile）。

⑥肝臟可分解血液中的有毒物質，排泄至膽汁中。

⑦肝臟可製造纖維蛋白原與凝血原（prothrombin），有助於血液凝固。

⑧肝臟可儲存血液。

⑨肝臟可儲存維他命（vitamin）。

D.　膽囊（gall bladder）

　　膽囊附著於肝臟下面，因呈袋狀故可儲存膽汁。

E.　膽汁分泌

　　肝臟一天會分泌500～1,000mL的膽汁，儲存於膽囊中。有需

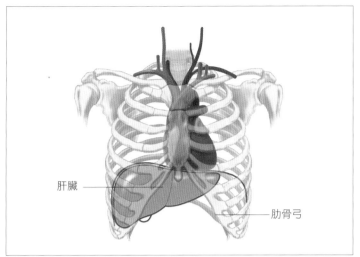

▲圖6-15　肝臟的位置

肝臟

肋骨弓

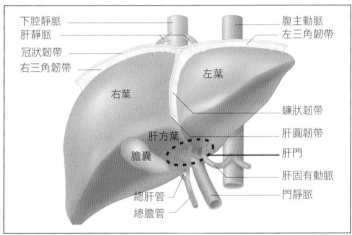

▲圖6-16　肝臟前面

下腔靜脈
肝靜脈
冠狀韌帶
右三角韌帶

腹主動脈
左三角韌帶

右葉

左葉

鐮狀韌帶
肝圓韌帶
肝門
肝固有動脈
門靜脈

肝方葉

膽囊

總肝管
總膽管

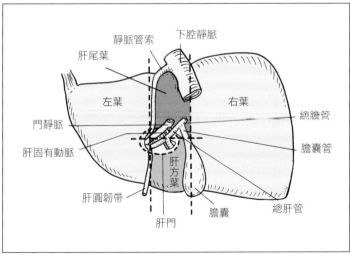

▲圖6-17　肝臟下面

靜脈管索
肝尾葉

下腔靜脈

門靜脈

肝固有動脈

肝圓韌帶

左葉

右葉

總膽管

膽囊管

總肝管

肝方葉

膽囊

肝門

N o t e

肝臟靜脈

肝固有動脈　　門靜脈
　　↓　　　　　↓
小葉間動脈　　小葉間靜脈
　　↓　　　　　↓
　　竇狀微血管
　　　　↓
　　中央靜脈
　　　　↓
　　肝靜脈
　　　　↓
　　下腔靜脈

膽管

運送膽汁的管路

微膽管
↓……（離開肝小葉）
小葉間膽管
↓
（左右）肝管
↓……（離開肝門）
總肝管
↓
總膽管
↓
乏特氏乳頭（十二指腸）

膽囊、膽囊管

（胰臟內的）胰管

肝臟的功能

（1）物質之代謝
　①代謝糖分、製造或處理肝糖。
　②代謝蛋白質、製造白蛋白與處理氨基酸。
　③代謝脂質
　④降低荷爾蒙活性
（2）製造膽汁
（3）解毒
（4）參與血液凝固
（5）造血與血液之代謝
（6）儲存血液
（7）調節水代謝
（8）儲存維他命

肝功能檢查

①糖代謝功能：葡萄糖負荷試驗、半乳糖負荷試驗。
②蛋白代謝功能：血清蛋白濃度、血清蛋白中的各成分檢查（電泳法）、各種膠質反應（麝香射酚濁度試驗、硫酸鋅濁度試驗）。
③脂肪代謝功能：血清總膽固醇值、膽固醇與膽固醇脂之比例。
④膽汁之製造與排泄功能：十二指腸液檢查、血清中膽紅素濃度檢測、糞便與尿液中之尿膽素原及膽紅素檢測。
⑤異物排泄功能：BSP試驗、ICG試驗。
⑥酵素功能：血清鹼性磷酸酶、血清膽鹼脂酶、血清轉胺酶（GOT〈AST〉、GPT〈ALT〉）、白胺酸胺基胜肽酶、血清伽瑪麩胺酸轉胜。

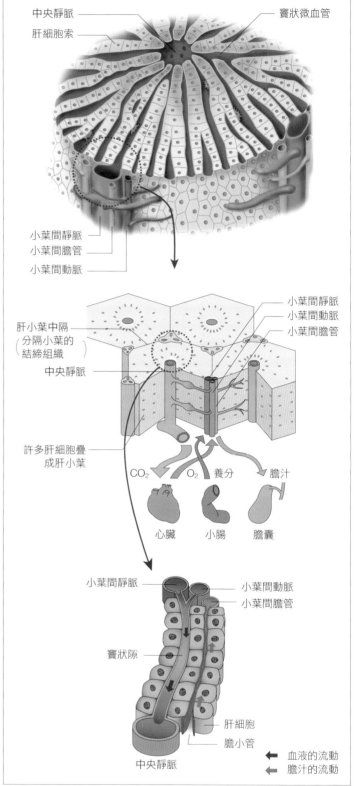

▲圖6-18　肝小葉

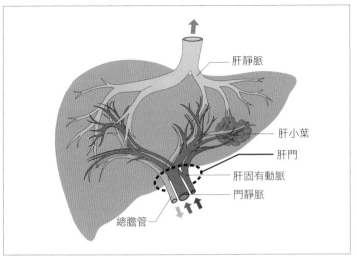
▲圖6-19　肝臟的結構

要時，膽囊會收縮，將膽汁送往十二指腸。膽囊的收縮是由膽囊收縮素（cholecystokinin）之刺激而造成。膽汁（bile）為黃色，呈鹼性並有苦味，其主要成分為膽汁酸（bile salts）、膽色素（bile pigment，膽紅素bilirubin）與膽固醇（cholesterol），並不含消化酵素。膽汁的功用是間接促進脂肪的消化與吸收。

8 胰臟
pancreas

胰臟是消化腺也是內分泌腺。

A. 位置與外型

胰臟橫跨第1與第2腰椎之前，位於腹膜腔後面，與後腹壁相連。胰臟右端嵌入十二指腸的彎曲處，稱為胰頭（head of pancreas）、接著於胃部後面由右跨至左方，稱為胰體（body of pancreas）、最後左側變細與脾臟接觸，稱為胰尾（tail of pancreas）。

B. 胰臟之結構

外分泌腺（exocrine pancreas）：由小葉組成，包覆著結締組織。各小葉的導管會匯流至胰管（pancreatic duct proper），接著與總膽管會合，流入乏特氏乳頭〔Vater's papilla，大十二指腸乳頭（major duodenal papilla）〕。副胰管（accessory pancreatic

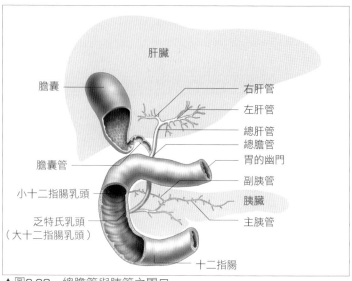

▲圖6-20　總膽管與胰管之開口

duct）則通往小十二指腸乳頭。

內分泌腺（endocrine pancreas）：名為蘭氏小島（insulae of Langerhans，胰島 pancreatic islet），數量約有100萬個。其中的 β 細胞可分泌胰島素（insulin）、α 細胞可分泌昇糖素（glucagon）。

C.　胰液之分泌

胰臟的外分泌腺一天約可分泌500～1,000mL的**胰液**（pancreatic juice），其中包含三大養分的消化酵素，呈**弱鹼性**（pH8～8.5），可中和因胃液而變酸性的食物，促使消化酵素發揮功能。當胃的酸性物質接觸到十二指腸黏膜，便會刺激**胰液催素**（secretin）與**膽囊收縮素**（cholecystokinin）之分泌，經由血液刺激胰臟，使其分泌胰液。

D.　胰液的成分與功能

胰液中的消化酵素有**胰澱粉酶**（amylopsin），屬於澱粉分解酵素，**胰蛋白酶原**（trypsinogen）屬於蛋白質分解酵素，還有**胰凝乳蛋白酶原**（chymotrypsinogen）、羧基胜肽水解酶（carboxypeptidase），以及脂肪分解酵素**胰脂酶**（steapsin）等等。胰澱粉酶可將澱粉（starch）分解成糊精（dextrin）與麥芽糖（maltose）。不具活性的胰蛋白酶原可藉由腸激酶轉化成具有活性的胰蛋白酶（trypsin），將蛋白質（protein）分解成胜肽（peptide）。不具活性的胰凝乳蛋白酶原可藉由胰蛋白酶，成為

胰液催素

　屬於消化道激素，受到該激素刺激而分泌的胰液，多為水分與碳酸氫鈉，消化酵素較少。

膽囊收縮素

　消化道激素之一，受到該激素刺激而分泌的胰液，富含消化酵素。

分解糖分之酵素

　胰澱粉酶。

分解蛋白質之酵素

　胰蛋白酶原（胰蛋白酶）、胰凝乳蛋白酶原（胰凝乳蛋白酶）、羧基胜肽水解酶。

分解脂肪之酵素

　胰脂酶。

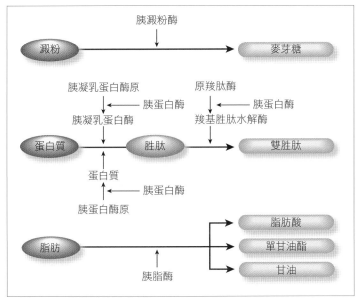

▲圖6-21　分解酵素之作用

具有活性的胰凝乳蛋白酶（chymotrypsin），將蛋白質分解成胜肽。羧基胜肽水解酶可將胜肽分解成雙胜肽（dipeptide）。胰脂酶可將脂肪（fat）分解成脂肪酸與甘油（glycerol）。

9 腹膜
peritoneum

　腹膜由漿膜（serous tunic）所構成，分成**壁層腹膜**（parietal peritoneum）與**臟層腹膜**（visceral peritoneum），兩者之間形成的腔室（漿膜腔）就是**腹膜腔**（peritoneal cavity）。腹膜腔中的漿液，可避免臟器因運動而摩擦體壁或其他器官。

A. 壁層腹膜

　覆蓋住整個腹腔壁的內表面，構成龐大的腹膜腔。

B. 臟層腹膜

　臟層腹膜是壁層腹膜的一部份，從橫膈膜下面與後腹壁反摺，包覆腹腔內臟的表面。胃、小腸（部分十二指腸除外）、大腸

腹膜後器官

　有十二指腸、胰臟、腎臟、腎上腺、輸尿管、腹主動脈、下腔靜脈、胸管、交感神經幹。

腹膜腔

女性：膀胱子宮凹陷、直腸子宮凹陷＝道格拉氏凹陷
男性：直腸膀胱凹陷

（直腸下部除外）、肝臟、脾臟、睪丸、卵巢、子宮上部、膀胱後上部等，都在臟層腹膜的包覆下。腹膜後器官（retroperitoneal organs）位於腹腔後壁的壁層腹膜之後，不在臟層腹膜的包覆下，有十二指腸、胰臟、腎臟、腎上腺、輸尿管、腹主動脈、下腔靜脈、胸管、交感神經幹等。

　骨盆腔內的腹膜會包覆內臟，男性的稱為直腸膀胱凹陷（rectovesical pouch），是位於直腸與膀胱之間的腹膜腔。女性則是直腸與子宮，以及子宮與膀胱之間的腹膜腔，前者稱為直腸子宮凹陷（rectouterine pouch）或道格拉氏凹陷（Douglas's pouch），後者稱為膀胱子宮凹陷（vesicouterine pouch）。

C. 鐮狀韌帶（falciform ligament of the liver）

　在肚臍與肝臟之間，前腹壁的腹膜會於正中面形成鐮狀的皺褶，皺褶內部挾有肝圓韌帶（ligamentum teres hepatis）。

①**小網膜**（lesser omentum）：可構成網膜囊的前壁，位於肝臟下面、胃小彎及十二指腸上部。

　　‧**肝胃韌帶**（hepatogastric ligament）：位於肝臟下面與胃小

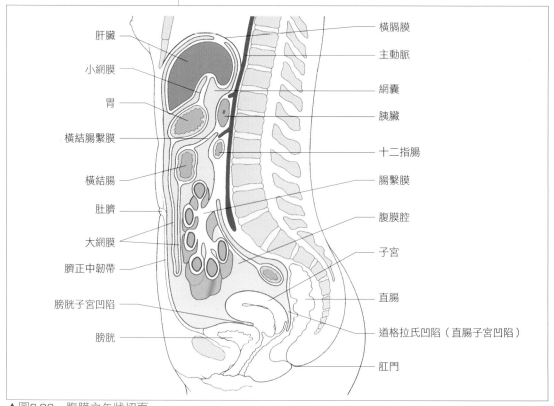

▲圖6-22　腹膜之矢狀切面

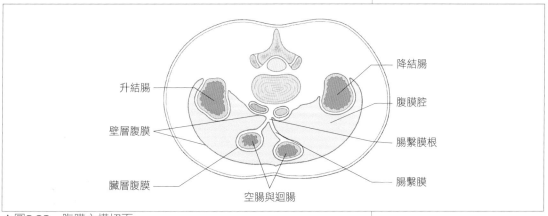

升結腸
壁層腹膜
臟層腹膜
空腸與迴腸
降結腸
腹膜腔
腸繫膜根
腸繫膜

▲圖6-23　腹膜之橫切面

彎之間。

・肝十二指腸韌帶（hepatoduodenal ligament）：位於肝臟下面及十二指腸上部之間（包括總膽管、肝固有動脈、門靜脈）。

②大網膜（greater omentum）：是包著胃部的4張腹膜。起始於胃大彎，下垂後反褶，往上抵達橫結腸。

D.　腸繫膜（mesentery）

　起始於腸繫膜根（root of mesentery，連接第2腰椎左側與右腸骨窩，約15～18公分），包覆住空腸與迴腸的大部分。

E.　結腸繫膜（mesocolon）

　結腸繫膜包覆結腸中的橫結腸與乙狀結腸，可稱為橫結腸繫膜（transverse mesocolon）與乙狀結腸繫膜（sigmoid mesocolon）。

腸繫膜
　腸繫膜有通往小腸的血管（上腸繫膜動、靜脈）、神經與淋巴管。

小專欄　**黃色糞便與膽色素有關**

　膽紅素即是膽色素，是由紅血球中的血紅素代謝分解而成。血紅素在肝臟內會變成鐵質與膽紅素。膽紅素會分泌於膽汁中，排至腸管，在腸管中受腸道細菌影響，變成尿膽素原，接著變成糞膽色素原，再成為糞膽色素排於糞便中。而黃色的糞便就是由糞膽色素所致。

3 營養與代謝

能量（熱量）

1克醣類：4（4.1）kcal
1克蛋白質：4（4.1）kcal
1克脂質：9（9.3）kcal

葡萄糖

葡萄糖會以血糖的形式，直接成為能量來源。部分的葡萄糖會變成肝醣，儲存在肝臟與骨骼肌中。若尿中含有葡萄糖，則稱為糖尿。

1 營養素 nutrient

在所有營養素中，可成為能量的醣類（carbohydrate）、蛋白質（protein）與脂質（lipid），合稱3大營養素。而維他命（vitamin）與礦物質（mineral）雖然不能供給能量，但可幫助生命機能順利運行。

A. 三大營養素

三大營養素因氧化而產生的熱量，分別是1克糖為4（4.1）kcal、1克蛋白質為4（4.1）kcal、1克脂質為9（9.3）kcal。

■ 醣類

又稱為碳水化合物（carbohydrate），是最普遍的能量來源。醣類有單醣（monosaccharide，葡萄糖、果糖、半乳糖）、雙醣（disaccharide，蔗糖、麥芽糖、乳糖）、多醣〔polysaccharide，澱粉、肝醣、纖維素（cellulose）等〕。米飯、麵包、地瓜等皆含有醣類。

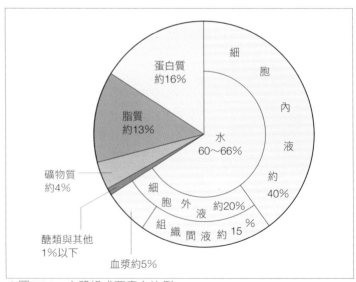

▲圖6-24　人體組成要素之比例

■脂質（脂肪）

脂肪的特色是用於儲存能量，在皮下、腹腔內以及肌肉間，都存有脂肪。

■蛋白質

蛋白質是維持生命最重要的物質，可以構成細胞，也可轉變為酵素或激素，佔了人體固態成分的47～54％。腸所吸收的氨基酸（amino acid）可構成蛋白質，但多餘的氨基酸並無法儲存起來。

動態平衡

構成人體的蛋白質會不斷交替。

■必需氨基酸（essential amino acid）

必需氨基酸無法由人體合成，或是合成極為困難，因此需從外界攝取。

必需氨基酸（9種）

異白胺酸、白胺酸、離胺酸、甲硫胺酸、苯丙胺酸、羥丁胺酸、色胺酸、纈胺酸、組胺酸。

B. 礦物質（mineral）

礦物質是組成人體的成分，又與各種生理功能的維持有關。礦物質可成為骨骼或牙齒等支持組織，又能維持體液滲透壓的平衡，並可使肌肉收縮、血液凝固等。礦物質會隨著尿液、糞便與汗水排出體外，因此需要從食物補給。

Na（鈉）、K（鉀）、Ca（鈣）、Mg（鎂）、P（磷）、S（硫）、Cl（氯）這7種礦物質，佔了人體所有礦物質的60～80％。▶圖6-26

微量元素

有Fe（鐵）、Cu（銅）、I（碘）、Zn（鋅）、F（氟）、Co（鈷）、Mn（錳）等等。

缺鐵會導致缺鐵性貧血。女性會因月經而流失鐵質，因此攝取量要比男性多上30～90％。

C. 維他命（vitamin）

維他命與激素同樣都是調整人體各功能的物質，只要少量便足夠。激素由人體的內分泌腺製造，但維他命無法在體內合成，需要從外界攝取。

■維他命A

維他命A屬於脂溶性，存在於動物的肝臟、肝油、牛油、蛋黃、紅蘿蔔、波菜等之中，為視紫質的組成成分。

■維他命B群：水溶性

①維他命B1（抗神經炎因子）：酵母、胚芽、高麗菜與蛋黃，皆富含維他命B1，是醣類代謝時不可或缺的要素。人體攝取

**水溶性維他命
與脂溶性維他命**

水溶性維他命：維他命B群、C、P
脂溶性維他命：維他命A、D、E、
F、K

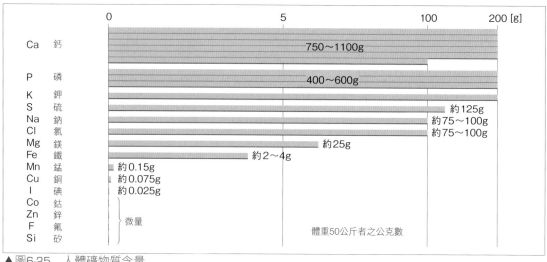

▲圖6-25　人體礦物質含量

 N o t e

維他命缺乏症

（1）維他命A：夜盲症、乾眼症。
（2）維他命B群
    ①維他命B1：腳氣病、神經炎。
    ②維他命B2：發育不全、營養障礙、口腔炎、口角炎。
    ③菸鹼酸：癩皮病、皮膚角化、色素沈澱、慢性下痢、舌頭發紅疼痛。
    ④維他命B6：脂漏性及剝離性皮膚炎、口腔炎、舌炎。
    ⑤葉酸：貧血（巨球性貧血）。
    ⑥維他命B12：惡性貧血。
（3）維他命C：壞血病。
（4）維他命D：佝僂病。
（5）維他命K：易出血。

的糖分越多，越需要維他命B1，若經常食用精製白米，便容易缺乏該營養素。

②維他命B2：含於酵母、香蕉、綠色蔬菜、蛋黃、牛奶等食物中，為氧化還原酵素的補酵素。

③菸鹼酸（nicotinic acid，抗癩皮病因子）：含於紅肉、牛奶、蛋黃等食物中，對於內呼吸、醣類與蛋白質代謝，以及脂肪之合成有相當重要的功用。

④維他命B6：含於小麥、魚及肝臟中，對氨基酸代謝有重要的作用。

⑤葉酸（folic acid）：含於酵母、肝臟、波菜等食物中。

⑥維他命B12（具有抗惡性貧血之作用）：多含於肝臟、紅肉、雞蛋、牛奶之中，可促進紅血球造血。

■維他命C

屬於水溶性，含於各種蔬菜水果中（蕃茄、橘子、檸檬、黃豆芽等等）。

■維他命D

屬於脂溶性。肝油、蛋黃、香菇等食物中含有的麥角固醇（ergosterol），於體內受到陽光中的紫外線照射，便會產生維他命D。該物質可促進磷酸及鈣質的吸收，增加磷酸鈣之儲存。

■維他命K

含於綠色蔬菜中，與肝臟的凝血原之生成有關。缺乏維他命K容易有出血問題。

2 能量代謝
energy metabolism

營養素會在體內氧化燃燒，成為化合物時便產生能量。當細胞進行肌肉收縮，或腺體分泌等維持生命或一般日常行為，即會用到這些能量。能量可分為熱、運動與儲存三種，其使用稱為能量代謝。

A. 呼吸商數（respiratory quotient／ RQ）

單位時間內排出的CO_2與消費的O_2之比例（CO_2/O_2）——醣類為1.0、脂肪為0.7、蛋白質為0.8。

B. 基礎代謝（basal metabolism／ BM）

在清醒狀態下，維持生命所需的最小動作，也就是維持心臟跳動、呼吸與體溫所需的熱量。

20歲男性的基礎代謝約為1,500kcal、20歲女性約為1,200kcal。

異化作用

分解營養素或生物分子，以釋出能量。

同化作用

以營養素合成生物分子。

消化系統

1　內臟

胸腔的內臟位置是以脊椎為基準

胸腔是由胸廓圍成的腔室，其中的左右兩肺與心臟稱為胸腔（胸部）內臟。橫膈膜位於胸腔底部，是胸腔與腹腔的分界。胸廓形成了胸腔的壁面，其上端稱為胸廓上口，食道與氣管從顏面經喉部，會通過胸廓上口進入胸腔。其中氣管因為要進入左右兩肺，所以會分為左右支氣管，其分枝點約在第4～5胸椎前面。氣管表層的頸窩，其下方是胸骨上緣。因為肋骨會往前方下降，故胸骨上緣位在第2或第3胸椎的高度。食道是肌肉構成的管路，從咽部到胃部有3處較狹窄。首先在咽部之後，開始進入食道的地方，也就是食道的起始處，高度相當於第6頸椎。食道與呼吸道（喉、氣管）在咽部分開，呼吸道在前，食道在後，從頸部往下至胸腔，食道仍在呼吸道後面。

氣管會分成左、右支氣管，在食道前面分開。原本在氣管後面的食道，因為從氣管分枝處開始，前方便無氣管，故會稍微往前面移動，而這裡就是食道第2個狹窄處，高度約在第4～5胸椎。食道通過胸腔繼續往下，會經過胸廓下口的橫膈膜而進入腹腔，也就是穿過橫膈膜的食道裂孔，這裡則是食道第3個狹窄處。食道穿過橫膈膜時，高度約在第10胸椎。

如上所述，在推算胸腔內臟的位置與高度時，是以柱狀的脊椎當作基準。

劍突位於心窩上部，觸摸時會有稍微往下突出的感覺。雖然各人不盡相同，但劍突大約位在第9胸椎的高度。劍突起始的部位（胸骨部）也是橫膈膜的一部份，而橫膈膜圓頂的水平位置則較劍突更高。在軀幹（身體）的體腔中，橫膈膜分隔了胸腔與腹腔，但也嵌入了胸廓之中。

如此一來，腹腔（腹部）中與橫膈膜下面相鄰的肝臟與胃，就會在肋骨的保護下。但下位肋骨是由肋軟骨形成肋骨弓，

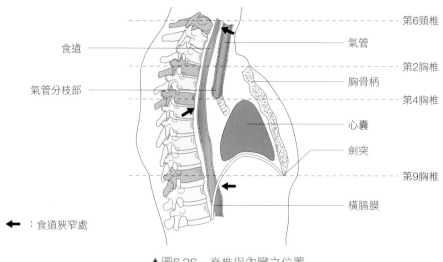

食道
氣管分枝部

⬅ ：食道狹窄處

第6頸椎
氣管
第2胸椎
胸骨柄
第4胸椎
心囊
劍突
第9胸椎
橫膈膜

▲圖6-26　脊椎與內臟之位置

在胸骨體的下端結合，因此心窩處沒有肋骨。若同時將肝臟與胃的位置，投影在胸椎、腰椎及肋骨上，心窩的上部會包含部分肝臟、而左下部則包含部分的胃。下圖是腹腔（腹部）內臟中，胃、十二指腸、肝臟、膽囊、胰臟、脾臟這些位於上腹部的器官，和骨骼的相對位置圖。

脾、肝、心、肺、腎五臟的位置關係

食道往下至胃的入口，稱為賁門，位置大約在左側的第7肋軟骨。胃的出口是幽門，位於身體右側，大約在第1腰椎的高度。再往更右邊，在右鎖骨中線（通過右鎖骨中央的垂直線）與右肋骨弓的交會點，可摸到位於肝臟前下方的膽囊（膽囊壓痛點）。

胃的幽門後便是十二指腸，屬於小腸的起始部分，約有12橫指（1橫指約2公分，共25～30公分）的長度。十二指腸位在肚臍上方，以C字型圍繞第2腰椎。實際上胰臟在這C字型的十二指腸環繞下，胰頭被緊緊包住、胰體往左延伸、胰尾則與脾臟相連。胰臟大部分在胃的後面，脾臟則在胃上部的左後方，也就是胃背面的左側，和第9～11肋骨的內側相連。人在奔跑後，有時側腹會感到疼痛，該處又稱為脾腹，正好是脾臟的所在位置。

腎臟位於腹腔背面，與肺同樣是左右一對的器官，位於後腹壁，也就是腰部兩側，約在第12胸椎至第3腰椎的高度。右腎與其上的肝臟相連，位置稍低，比左腎低半個椎體。輕摸腰部可感到中央胸椎與腰椎的棘突，而其兩端最下方的肋骨稱為第12肋骨。第11與第12肋骨又稱為浮游肋骨，其尖端的肋軟骨不會繞到胸前與胸骨結合。第11肋骨的尖端僅到側腹一帶；而第12肋骨的尖端甚至不到側腹，在背面即可摸到。這第11與12肋骨，高度與腎臟相當，左腎的中央剛好就是這兩條肋骨的水平高度，而低半個椎體的右腎，高度幾乎不到第11肋骨，其上部大約與第12肋骨同高。位於左腎上外側的脾臟，其長軸若投影在背部，便和左邊的第10肋骨大致平行。

脾臟、肝臟，以及位於胸腔的心臟、肺與腎臟，在中醫稱為五臟，即是五臟六腑中的五臟。

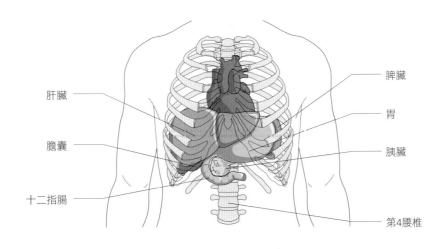

肝臟

膽囊

十二指腸

脾臟

胃

胰臟

第4腰椎

▲圖6-27　上腹部內臟之位置

2 消化道

體內的「外部」？

　　肝臟、胰臟、脾臟等，內部充滿了組織與細胞，稱為實質器官。相較之下，胃與十二指腸等內部呈管狀，稱為中空器官。而且胃和十二指腸的管腔內有食物經過，是為消化道。

　　簡而言之，消化道是從口（臉部皮膚的開口稱為口裂，其內稱為口腔）開始，經過咽、食道、胃、小腸（十二指腸、空腸、迴腸）、大腸〔盲腸、結腸（升結腸、橫結腸、降結腸、乙狀結腸）、直腸〕，最後終止於直腸開口處，也就是肛門。

　　雖然從口到肛門之間不斷彎曲，但其管腔完全相連，口部與肛門也對外界開口，因此消化道可說是體內的「外部」。消化道的管腔由肌肉組成，具有管壁，大部分由環肌纖維構成內側、縱肌纖維構成外側。這些肌纖維，在超過食道上方1/3後，就由平滑肌構成，與手腳的肌肉（橫紋肌）不同。

　　心臟與血管在輸送血液的途中設有瓣膜，而在消化道也可看到數個有如瓣膜的結構。只是這些管腔中類似瓣膜的結構，是由發達的環狀肌肉擔任瓣膜的功能。若將拇指與食指相連，圍成一個圈，再將肥皂放進圈圈中，當手指用力縮起，滑溜溜的肥皂就會向上擠。這就是環狀肌肉移動食物（食團）的方法，稱為蠕動。

　　若將手指完全閉起，中間的空洞就會消失。換言之環肌若閉起管腔，食物便無法通過。若是為了防止已通過的食團回流，就會成為防止逆流的瓣膜。胃的最末端（幽門）與十二指腸的交界處，便是這樣的地方。該處的瓣膜稱為幽門瓣，而構成幽門瓣的肌肉是發達的環肌，稱為幽門括約肌。

大腸的「死胡同」

　　過了幽門瓣就是小腸，而小腸與大腸的

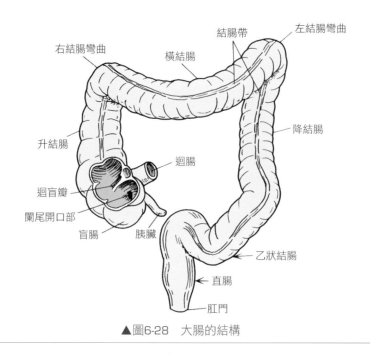

▲圖6-28　大腸的結構

交界稱為迴盲部，這裡也有瓣膜。小腸最末端的迴腸，與大腸起始端的盲腸交會處，就是迴盲部。盲腸的「盲」是「死胡同」的意思。迴腸內腔在大腸的開口稱為迴盲口，順著迴盲口在大腸內腔往下5～6公分，便出現一個囊袋，該處即是盲腸。大腸在迴盲口之上的部分，稱為結腸。迴腸的末端會在迴盲口突出至大腸的內腔，呈現皺褶狀，稱為迴盲瓣。迴盲瓣有部分結構屬於迴腸的環肌，會像括約肌一般環繞，調整小腸物質流入大腸的量，同時防止大腸內的物質逆流。

起始於盲腸的大腸，其管壁也是由內環肌與外縱肌這2條平滑肌構成。不過在結腸中，部分縱肌會集結成束，形成帶狀結構，稱為結腸帶。由升結腸往盲腸方向，觀察這3條結腸帶的走向，可發現最後集結在盲腸內後方的闌尾根部。所謂的闌尾炎，便是闌尾發炎造成，不過一般俗稱為盲腸炎。

當腹部右下方感到疼痛，懷疑是闌尾炎時，可藉由體表的麥氏點進行壓痛檢查。麥氏點位於肚臍與右腸骨前上棘的連線，外側數來1/3處。雙手插腰時可以摸到骨盆的骨頭，讓手順著骨頭的邊緣滑到身體前方，會感到有突起的部分，這裡就是腸骨前上棘。其前端應該不是骨頭，而只有腹部的肌肉。若摸到的不是肌肉，而是腹部的皮下脂肪，那也只是個人差異。總而言之，腸骨前上棘位於骨盆邊緣，身體前方的突起處。

雖然同屬大腸的一部份，但位於骨盆腔的直腸並沒有結腸帶，不過構成管壁的肌肉結構都相同。到了直腸的出口肛門，其發達的環肌會形成括約肌，稱為肛門括約肌。肛門也是直腸消化道的一部份，管壁由平滑肌所構成，外縱肌會在末端逐漸消失。肛門內括約肌的外側，是由肛門提肌的肌纖維（橫紋肌）構成，而以環狀圍住肛門的肌肉，稱為肛門外括約肌。前述由內環肌與平滑肌構成的括約肌，則稱為肛門內括約肌。

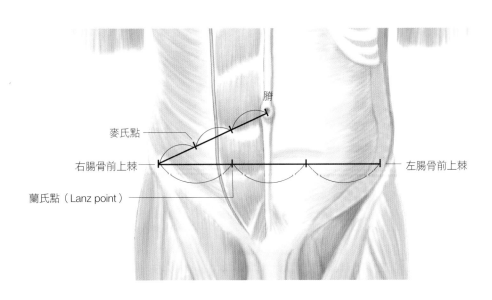

麥氏點

右腸骨前上棘

蘭氏點（Lanz point）

臍

左腸骨前上棘

▲圖6-29　壓痛點

第7章
泌尿系統
Urinary system

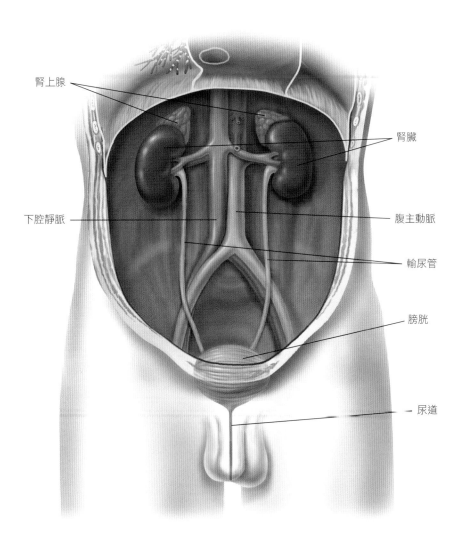

腎上腺

腎臟

下腔靜脈

腹主動脈

輸尿管

膀胱

尿道

泌尿系統總論

泌尿系統
....
尿液形成：腎臟
排泄至體外：泌尿道

尿液排泄之作用
....
　將體內不需要的代謝產物或有害物質排出體外。

排尿的功能
....
①排出血液中不需要或有害的物質。
②調節血液的滲透壓。
③調節整體血液量。
④調節血液的pH值。
⑤調節血漿的成分。

泌尿道
....
　腎盂（腎臟）→輸尿管→膀胱→尿道。

1 尿液的形成與排泄

　　血液中的蛋白質分解後，會產生尿素、尿酸、肌酸酐、氯化鈉及其他電解質、水分等等。這些物質會在**腎臟**（kidney）形成尿液，透過泌尿道排泄至體外。

2 泌尿系統
urinary organ system

　　泌尿系統是由形成尿液的腎臟，以及將尿液排至體外的**輸尿管**（ureter）、膀胱（urinary bladder）、尿道（urethra）等泌尿道（urinary tract）所構成。

2 泌尿系統之器官

1 腎臟
kidney

　　腎臟位於脊椎的左右兩側，是成對的**實質性器官**，也是與後腹壁相連接的腹膜後器官（retroperitoneal organs）。

A. 腎臟的位置與外型

　　腎臟位於脊椎兩側，在第11胸椎至第3腰椎的高度，右腎較左腎稍低。腎臟呈紅褐色，狀似蠶豆。內側面略微內凹，稱為**腎門**（renal hilum），其中有**腎動脈**（renal artery）、**腎靜脈**（renal vein）、**輸尿管**（ureter）、神經及淋巴管進出。▶圖7-1

N o t e

腎臟的位置

　　位於第11胸椎至第3腰椎的高度，右腎較左腎稍低。

腎門

　　有腎動脈、腎靜脈、輸尿管、神經及淋巴管進出。

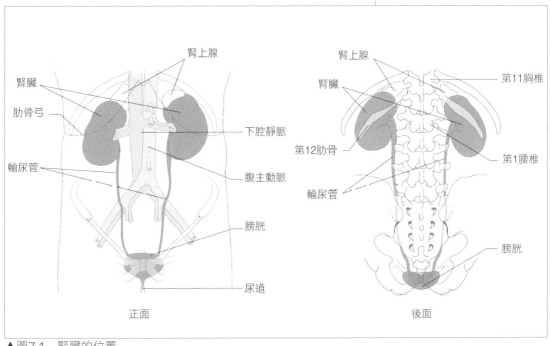

正面　　　　　　　　　　　　　後面

▲圖7-1　腎臟的位置

B. 腎臟的結構

輸尿管出自腎門，其上端在腎的內部以扇狀散開，形成**腎盂**（renal pelvis）。其前端有十數個杯狀的**腎盞**（renal calices），與集尿管相連。▶圖7-2

腎臟實質可分為外層的**皮質**（cortex），以及內層的**髓質**（medulla）。髓質會形成圓錐狀的**腎椎體**（renal pyramis），前端為**腎乳頭**（renal papillae），突出於腎盞內。皮質則會包覆髓

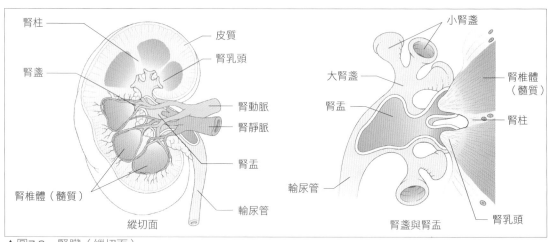

腎柱　皮質　腎乳頭　腎盞　腎動脈　腎靜脈　腎盂　腎椎體（髓質）　輸尿管　縱切面

小腎盞　大腎盞　腎盂　輸尿管　腎椎體（髓質）　腎柱　腎乳頭　腎盞與腎盂

▲圖7-2　腎臟（縱切面）

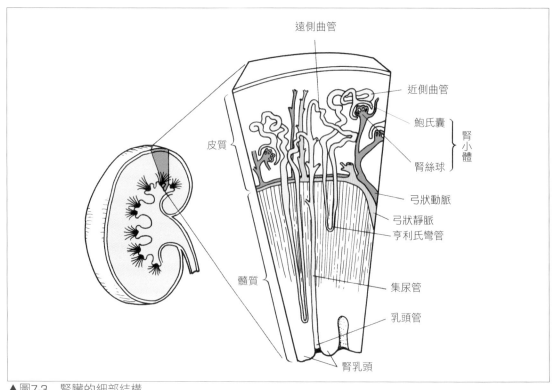

遠側曲管　近側曲管　鮑氏囊　腎小體　腎絲球　弓狀動脈　弓狀靜脈　亨利氏彎管　皮質　集尿管　乳頭管　髓質　腎乳頭

▲圖7-3　腎臟的細部結構

質，在腎椎體之間形成腎柱（renal columns）。

皮質上有密集的腎小體（renal corpuscle），並與腎小管（urinary tubule）相連。數條腎小管會合後，就成為集尿管（collecting duct）。集尿管分佈於髓質內，會合之後，在每個乳頭形成20～30條乳頭管（papillar duct），在腎乳頭的前端開口於腎盞。

一個腎小體與其相連的腎小管，合稱為腎元（nephron）。腎元是腎臟的基本構造單位，一個腎臟約有100萬個腎元。

①腎小體（renal corpuscle，馬爾皮基氏體）：由腎絲球（glomerulus）與腎絲球囊（鮑氏囊，Bowman's capsule）構成，前者匯集了許多微血管，後者則包覆著腎絲球。腎小體為0.2mm的器官，存在於皮質內，腎小管會由此延伸。腎絲球有小動脈進出，流入的小動脈稱為輸入小動脈（afferent arteriole）、流出的小動脈稱為輸出小動脈（efferent arteriole）。▶圖7-4、7-5

②腎小管（urinary tubule）：起始自腎絲球囊的內腔，依序往返皮質、髓質、皮質、髓質，是4～7公分長的小管。腎小管會轉為集尿管，再轉為乳頭管，自腎乳頭開口於腎盞。

腎小管從鮑氏囊開始，先成為近側曲管（proximal-convolution），於腎小體周邊扭曲繞行，接著在髓質內往下成為直腎小管，再轉為亨利氏彎管（Henle's loop）折返，回到皮質後成為遠側曲管（distal convolution），最後進入髓質，流入集尿管。

③腎臟的血管：腎動脈（renal artery）穿過腎門後，會成為葉間動脈（interlobar artery）再通過腎柱，接著在皮質與髓質之間形成弓狀動脈（arcuate artery），再朝皮質分枝出小葉間動脈（interlobular artery）。小葉間動脈會再分成輸入小動脈，進

N o t e

髓質與皮質

髓質：位於內層，有腎椎體（集尿管聚集而成）與腎乳頭。

皮質：位於外層，有腎柱（伸入內層的部分）與密集的腎小體。

腎小體（馬爾皮基氏體）

由腎絲球與絲球囊（鮑氏囊）組成，分有血管極（vascular pole）與尿極（urinary pole）。

腎元

為一個腎小體和相連之腎小管。

腎小體與腎小管的連接

腎小體的鮑氏囊→近側曲管→直腎小管→亨利氏彎管（上升枝、下降枝）→遠側曲管→集尿管。

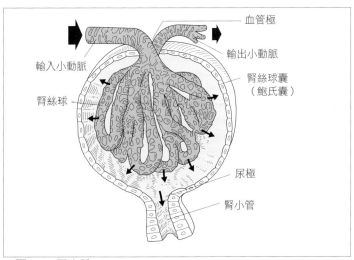

血管極
輸出小動脈
腎絲球囊（鮑氏囊）
輸入小動脈
腎絲球
尿極
腎小管

▲圖7-4　腎小體

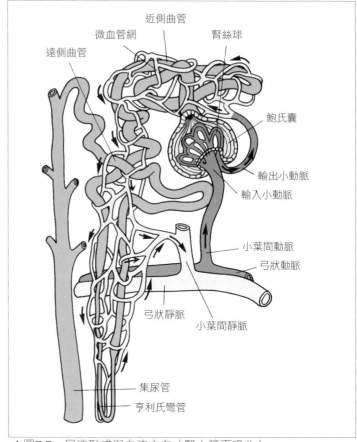

▲圖7-5　尿液形成與血流方向（腎小管再吸收）

圖中標示：
遠側曲管、微血管網、近側曲管、腎絲球、鮑氏囊、輸出小動脈、輸入小動脈、小葉間動脈、弓狀動脈、弓狀靜脈、小葉間靜脈、集尿管、亨利氏彎管

腎臟的血管

腎動脈→葉間動脈→弓狀動脈→小葉間動脈→輸入小動脈→腎絲球（微血管網）→輸出小動脈→微血管網→小葉間靜脈→弓狀靜脈→葉間靜脈→腎靜脈→下腔靜脈。

輸尿管結石

腎結石下降至輸尿管，停留於其中就變成輸尿管結石。

輸尿管狹窄處

①腎盂與輸尿管交界處。
②輸尿管與總腸骨動脈交叉處。
③輸尿管通過膀胱壁處。

入腎絲球囊，形成微血管網，組成腎絲球之後，再轉為**輸出小動脈**流出。輸出小動脈會在腎小管周圍形成微血管網，構成**腎靜脈**（renal vein）流出腎門，注入下腔靜脈（inferior vena cava）。

2 輸尿管
ureter

輸尿管起始於腎盂，經腎門終止於膀胱，約為30公分，直徑4～7mm，屬於平滑肌構成的小管。輸尿管有三個狹窄處，容易產生結石或癌症。

3 膀胱
urinary bladder

膀胱是由肌肉構成的袋狀器官，位於骨盆腔恥骨聯合後面，可儲存輸尿管送來的尿液，容量約500mL。男性的膀胱與直腸相連、女性則與子宮和陰道相連。

膀胱分成3部分，有前上部的膀胱尖、後下部的膀胱底，以及位於中間的膀胱體。

膀胱底（fundus of bladder）的左右兩邊後面，有輸尿管開口（ureteric orifice），前面正中央有尿道（尿道內口，internal urethral orifice）。

膀胱壁有3層組織，依序為黏膜、肌層與漿膜。黏膜是變形上皮，會依尿量改變厚度。肌層分為內縱、中環、外縱共3層平滑肌。

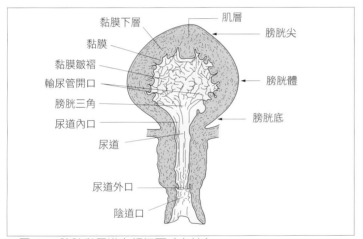

▲圖7-6　膀胱與尿道之額切面（女性）

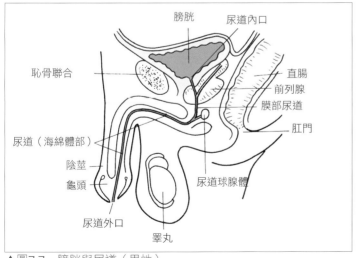

▲圖7-7　膀胱與尿道（男性）

女性與男性的尿道

　女性因尿道較短，所以泌尿道容易從尿道外口遭受感染，引起膀胱疾病。

　男性的尿道從內口到外口，整體呈乙狀，因此導尿時要特別留意。

尿道的性別差異

男性：16～18公分
女性：3～4公分

泌尿生殖隔膜

　完全覆蓋骨盆出口前方部位的尿道括約肌與會陰深橫肌，加上內外的肌膜，整體稱為泌尿生殖隔膜。

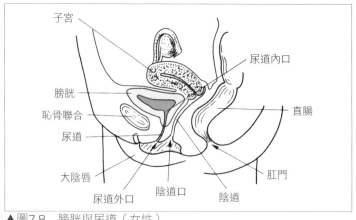

▲圖7-8　膀胱與尿道（女性）

4 尿道
urethra

　尿道可將膀胱內的尿液，從尿道內口排出體外，尿道至尿道外口（external urethral orifice）的長度，男女差異相當大。

　男性的尿道會通過前列腺，沿著陰莖直到龜頭前端的尿道外口。女性的尿道則是在陰道前方下降，開口於陰道前庭的尿道外口。

　膀胱括約肌（sphincter vesicae muscle，平滑肌）在膀胱要進入尿道的起始處（尿道內口），而穿過泌尿生殖隔膜（urogenital diaphragm）的部分有尿道括約肌（sphincter urethrae，橫紋肌），兩者皆環住尿道。

 尿液的形成與排泄

1 尿液的成分
urine

　　成年人一天約能產生1,000～1,500mL的尿，其中有95％是水，剩下的5％是溶質。

　　尿是淺黃色，比重為1.015～1.030、pH值5～7，溶質的主要成分有尿素、尿酸、肌酸、氯、鈉、鉀、氨等。

2 尿液的形成

　　血液通過腎臟時，經過濾與再吸收便成為尿液。血液流進腎臟內的腎小體時，會過濾形成過濾液，而過濾液通過腎小管時，人體必需的物質會被再次吸收，之後才成為尿液排出。

①**在腎小體形成過濾液**：血液通過絲球體時，除了血球及蛋白質以外，其餘成分如水、尿素、尿酸、肌酸、電解值、糖分等都會過濾形成過濾液。

　　在腎臟流通的血液約為一般心輸出量的1/4（約1,200mL），身體一天約可製造160L的過濾液。

②**腎小管的再吸收與分泌**：過濾液流經腎小管時 ▶圖7-5，水分與鈉、葡萄糖、氨基酸等會被再吸收，回到周邊微血管的血液中。人體每天雖能製造160L的過濾液，但其中有99％的水會被再吸收，只有剩下的1％會成為尿液排出。

　　若流經腎絲球的血液裡含有某些有機酸（酚紅、對氨馬尿酸、盤尼西林等）或H^+（氫離子）、K^+（鉀離子）、NH_4^+（氨離子）等等，腎小管周邊的微血管，就會將其分泌至腎小管的尿中以排出體外。

A. 腎小管各處之流程

①近側曲管

Na、Cl、K
水 $\left.\right\}$ 70～80％再吸收

葡萄糖
氨基酸 $\left.\right\}$ 幾乎徹底再吸收
過濾後的蛋白質

對氨馬尿酸（PAH）
盤尼西林等有機鹽類 $\left.\right\}$ 分泌

②亨利氏彎管

Na、Cl、K
水 $\left.\right\}$ 再吸收

③遠側曲管、集尿管

Na、K
水 $\left.\right\}$ 再吸收

NH_3
H^+ $\left.\right\}$ 分泌
K^+

清除率
. . . .

$$Cx = \frac{Ux \times V}{Px}$$

Cx：清除率（mL/min）
Ux：物質在尿中的濃度（mg/mL）
V：1分鐘的尿量（mL/min）
Px：物質在血漿中的濃度（mg/mL）

主要物質的清除率
（mL/min）
. . . .

葡萄糖：0
尿素：70
肌酸：140
菊糖：125
Diodrast顯影劑：560
對氨馬尿酸（PAH）：585

3 清除率
clearance

　　清除率是以數字代表腎臟的排泄功能，表示腎臟在每分鐘除去多少mL血漿中的物質。

　　葡萄糖因為會在腎小管被徹底地再吸收，不會排放到尿液中，因此血漿中的葡萄糖不會被清除，故葡萄糖的清除率是0。

　　像菊糖只經過絲球體的過濾，不受再吸收與分泌的影響，這類物質的清除率大約是125mL。

4 腎功能的調節

　　人類飲水或腎臟排出水及鈉，可調節體液量與滲透壓。

A. 體液滲透壓的調節

　　滲透壓的調節由抗利尿激素（ADH）控制。若細胞外液的滲

透壓上升，位於間腦下視丘前部的滲透壓感受器受到刺激，便會釋出抗利尿激素（ADH）。抗利尿激素會經由血液進入腎臟，提高集尿管的水分通透性，因此水分的再吸收會增強，減少尿液的水分。

若體液的滲透壓變高，會使人感到口渴而飲水。當體液的滲透壓因為過度攝取水分而下降，抗利尿激素的分泌也會減少。

B. 體液量之調節

人體若攝取氯化鈉，為了維持滲透壓的濃度，水分會被抓住，細胞外液的量就會增加。相反地，若氯化鈉減少，水分的排泄量就會增加，體內水分便會減少。細胞外液的量主要由氯化鈉的多少而定。

遠側曲管與集尿管會對鈉進行再吸收，而醛固酮則會促進再吸收的效果。心房利尿鈉胜肽（ANP）則會促進鈉的排泄。

5 排尿
micturition

一天正常的排尿次數約為4～6次。

當膀胱壁3層平滑肌收縮，而膀胱括約肌（sphincter vesicae

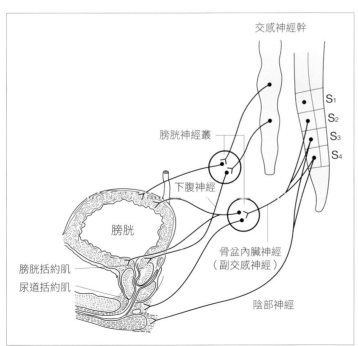

▲圖7-9　膀胱與尿道之神經支配

抗利尿激素（ADH）之分泌

刺激分泌：交感神經刺激、血管緊縮素 II、菸鹼。

抑制分泌：酒精、寒冷、心房利尿鈉胜肽（ANP）。

腎素・血管緊縮素・醛固酮系統

腎素（由腎近絲球細胞分泌，釋放到輸入小動脈。）

↓作用於血液中的 α 球蛋白

產生血管緊縮素 I（ANG I）

↓ANG轉換酵素作用

血管緊縮素 II

↓

於腎上腺皮質作用，釋放醛固酮。

醛固酮之作用

醛固酮會作用於腎臟的遠側曲管、集尿管與大腸上皮，增強鈉的再吸收，減少其排泄量。

排尿

膀胱內容量

200～400mL：感到尿意。

達到400mL：進行排尿。

600～800mL：下腹部會感到疼痛。

頻尿（pollakisuria）：一日約10次以上。

尿失禁（urinary incontinence）：不能隨意識排尿。

排尿反射

　　當膀胱中的尿液達到400mL，內壓會急速上升，使膀胱壁的平滑肌緊繃，分佈在膀胱壁的感覺神經受到的刺激增強，使膀胱產生反射性收縮。

muscle）放鬆時，便會排出尿液。

　　排尿反射的中樞神經是薦髓（S_2～S_4）。▶圖7-9

　　當副交感神經使膀胱壁收縮，讓膀胱括約肌放鬆時，便可排出尿液。

第8章
生殖系統
Reproductive system

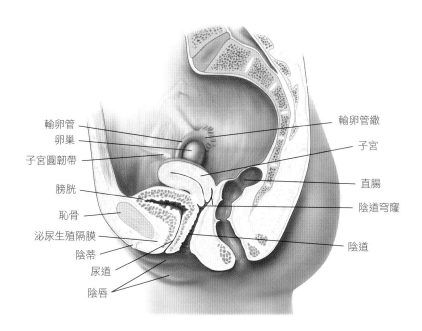

輸卵管
卵巢
子宮圓韌帶
膀胱
恥骨
泌尿生殖隔膜
陰蒂
尿道
陰唇

輸卵管纖
子宮
直腸
陰道穹窿
陰道

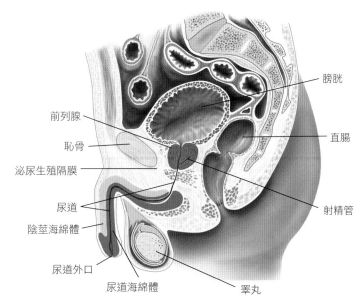

前列腺
恥骨
泌尿生殖隔膜
尿道
陰莖海綿體
尿道外口
尿道海綿體

膀胱
直腸
射精管
睪丸

1 生殖系統總論

生物除了維持個體生命，也要繁殖新的個體以保種族存續，因此有生殖行為。生殖可分為無性生殖（asexual reproduction，agamogenesis）與有性生殖（sexual reproduction，syngenesis），人類屬於後者。當男性的精子（spermium）與女性的卵子（ovum）結合，便會產生新的個體。進行生殖行為的器官稱為生殖器（genitals）。在有性生殖中，兩性的生殖器官在發生學上雖有共同點，但在成長過程中，器官的形態會產生差異。

2 女性生殖器
female reproductive organ

1 卵巢
ovary

卵巢位於骨盆腔內，在子宮的兩側，包在子宮闊韌帶（broad ligament of uterus）的後面，長約3公分、寬約1.5公分、厚度約1公分，呈卵圓形。

卵巢由皮質（cortex）及髓質（medulla）組成，各階段的卵泡（follicle）都散佈在皮質上，較初級的卵泡聚集在接近表面一帶。在各階段的卵泡之間，有排卵後產生的黃體（corpus luteum）及其萎縮後的物質。髓質則有許多血管、淋巴管及神經。

囊狀濾泡（葛氏濾泡）（vesicular ovarian follicle，graafian follicle)會在卵巢表面隆起，破裂後卵子便會排至腹膜腔，稱為排卵（ovulation）。即將排出的濾泡稱為成熟濾泡（mature ovarian follicle）。

2 輸卵管
uterine tube

輸卵管為一細管，位於卵巢至子宮底外側，沿著子宮闊韌帶的上緣延伸，長度約7～15公分。

N o t e

女性的生殖器官

卵巢…輸卵管—子宮—陰道 ｜ 陰道前庭
大前庭腺 ｜

卵巢

卵細胞（卵子）的形成與成熟、荷爾蒙的製造。

卵巢的固定

依靠懸韌帶與卵巢韌帶。

濾泡於排卵後之變化

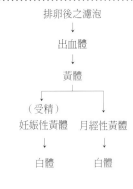

排卵後之濾泡
↓
出血體
↓
黃體
↙　　　↘
（受精）
妊娠性黃體　　月經性黃體
↓　　　　　↓
白體　　　　白體

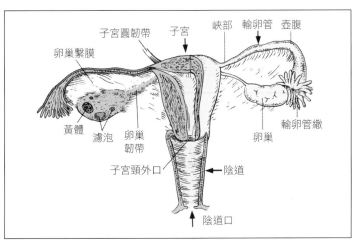

▲圖8-1　女性生殖器全貌

子宮黏膜的週期性變化

增殖期：自月經結束時開始，內膜開始增厚。
↓
分泌期：與卵巢排卵同時開始。
↓
月經期（剝離期）：子宮內膜萎縮，淺層的功能組織壞死剝離，導致出血。

　　輸卵管與子宮內腔（輸卵管子宮口，ostium uterinum tubae uterinae）相連，前端呈漏斗狀開口於腹腔。**輸卵管腹腔口**（abdominal ostium of uterine tube）的漏斗（infundibulum）外緣稱為輸卵管繖（fimbriae of uterine tube），部分附著在卵巢上。沿著漏斗往子宮方向，外側2/3處是壺腹（ampulla of uterine tube），靠子宮的1/3處是輸卵管峽部（isthmus of uterine tube）。

　　輸卵管壁由黏膜、肌層與漿膜組成，黏膜上有纖毛（cilia），可將卵子送往子宮。肌層屬平滑肌、漿膜則是子宮闊韌帶的一部份。

3 子宮
uterus

A. 位置與外型

　　子宮位於骨盆腔內，在膀胱與直腸之間，為底部朝上的等腰三角形，前後為扁平狀。正常的子宮為**前傾**（anteversion）與**前屈**（anteflexion）狀態，由子宮闊韌帶（broad ligament of uterus）與子宮圓韌帶（round ligament）加以固定。

B. 子宮的結構

　　子宮分為**子宮底**（fundus of uterus）、**子宮體**（body of uterus）、**子宮頸**（cervix），上端的子宮體兩側連接輸卵管、卵巢韌帶（proper ligament of ovary）、子宮圓韌帶。子宮體與子宮頸之間較為狹窄，稱為子宮頸峽部（isthmus of uterus）。子宮頸下端有圓形突起，與陰道相連，稱為子宮陰道部。

　　子宮內腔可再分成**子宮腔**（uterine cavity）與**子宮頸管**（cervical canal），子宮腔的上端兩側有輸卵管子宮口。子宮體與子宮頸交界處較為狹窄，通過子宮頸管後便屬於子宮頸外口（external uterine orifice），與陰道相連。

C. 子宮壁的結構

　　子宮壁由黏膜、肌肉層與漿膜構成。黏膜稱為**子宮內膜**（endometrium），由纖毛上皮（ciliated epithelium）所覆蓋，上有許多子宮腺體。子宮壁會隨著卵巢週期與排卵，產生一定的週期性變化。肌肉層有內縱肌、中環肌與外縱肌3層，皆為平滑肌。漿膜為腹膜的一部份，位在子宮最外層，兩端形成子宮闊韌

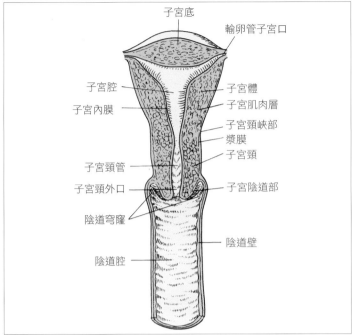

圖中標示：
子宮底
輸卵管子宮口
子宮腔
子宮體
子宮內膜
子宮肌肉層
子宮頸峽部
漿膜
子宮頸
子宮頸管
子宮頸外口
子宮陰道部
陰道穹窿
陰道壁
陰道腔

▲圖8-2　子宮與陰道之額切面

帶。

4 陰道
vagina

　　陰道為一管狀器官，連接子宮下端，長約7公分，既是性交的交接器，也是產道（birth canal）。陰道上端有**陰道穹窿**（fornix of vagina）環住子宮陰道部，下端則有**陰道口**（vaginal orifice），與外陰部的陰道前庭（vestibule of vagina）相連。

5 女陰
female external genitalia

　　女陰包含**陰阜**（mons pubis）、**陰蒂**（clitoris）、**大陰唇**（labium majus pudendi）、**小陰唇**（labium minus pudendi）、**前庭大腺**（greater vestibular gland）與**陰道前庭**（vestibule of vagina）。

　　大陰唇是皮膚的皺褶，位於外陰部的左右兩側，形成外廓，前方的會合處稱為陰阜。大陰唇內側也有一對皮膚皺褶，稱為小陰唇，圍住陰道前庭。小陰唇前方會合處，有海綿體構成的陰蒂。陰道口與尿道口皆開口於陰道前庭，陰道口的後方兩側有前庭大腺（巴氏腺，Bartholin gland），其導管開口於陰道口兩側，可

女陰
....
包含陰阜、陰蒂、大陰唇、小陰唇、前庭大腺（巴氏腺）與陰道前庭。

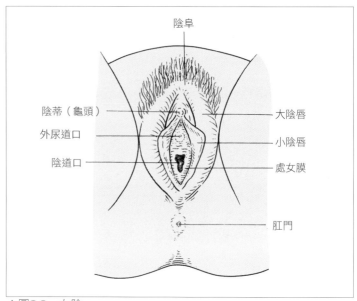

▲圖8-3　女陰

分泌黏液。

6 乳腺
mammary gland

　　乳腺為皮膚腺，是女性生殖器的輔助器官。前胸的隆起由乳房（breast/ mamma）、乳頭（nipple）與乳暈（areola）構成。乳房的脂肪組織中有乳腺，是由十多個至二十個乳房葉組成，每個乳房葉都有乳腺管（mammary duct）開口於乳頭。開口前會形成輸乳竇（lactiferous sinus）可儲存乳汁。

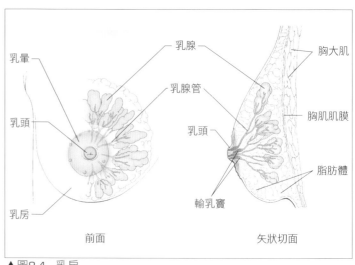

前面　　　　　　　　　　　　　　矢狀切面

▲圖8-4　乳房

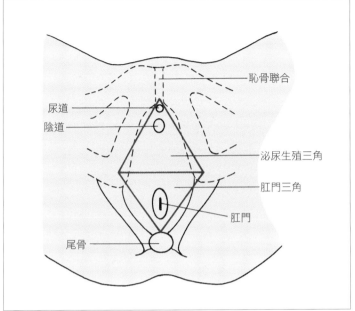

尿道
陰道
尾骨
恥骨聯合
泌尿生殖三角
肛門三角
肛門

▲圖8-5　會陰

7 會陰
perineum

　　會陰是恥骨聯合到尾骨的部分，為骨盆的出口。女性的會陰（perineum）在臨床上是從陰道口至肛門。

　　若連起兩邊的坐骨結節，便可將會陰劃分為前後2個三角地帶。前方的三角有尿道及陰道開口，稱為泌尿生殖三角（urogenital triangle），或是泌尿生殖區。

　　後方的三角有肛門，稱為肛門三角（anal triangle）或肛門區。

　　泌尿生殖三角的表面由皮膚覆蓋，深層有淺會陰肌膜與泌尿生殖隔膜（urogenital diaphragm）。泌尿生殖隔膜是位於恥骨弓之間的三角形纖維性薄膜，由上下2片肌膜組成。在這2片肌膜之間，有會陰深橫肌（transversus perinei profundus）與尿道括約肌（sphincter urethrae）。

泌尿生殖三角
　　是位於恥骨之間的三角形，有會陰深橫肌通過，包覆其上、下方的肌膜分別是淺會陰肌膜與泌尿生殖隔膜。尿道與陰道亦開口於此。

肛門三角
　　以肛門為中心的肛門提肌，加上其上、下方的肌膜即為肛門三角。環住肛門的肌肉為肛門括約肌。

變性？

　　人類屬於有性生殖，男女的生殖器官在生理上有所差異。但近來人們不僅在服裝、髮型與飾品上，越來越沒有性別的分界，就連轉換性別的變性手術，也從科幻電影走入現實社會。

　　然而其他動物在這方面或許已經領先了人類一大截。

　　以魚類為例，珠斑花鱸的雄性體形較大，有地盤觀念，體型較小的雌魚會成群地在雄魚的地盤內生活。但保護地盤的雄魚一旦死亡，體型較大的雌魚便會轉為雄性。此外也有雄魚轉為雌魚的例子。海釣常見的黑鯛在孵化後1～2年，會成為成熟的雄性體並產卵。但到了第3年，同時擁有卵巢與精巢的時期一過，就會變成雌魚。據說有些深海魚也是雌雄同體。

　　除了海洋，陸地上的蝸牛也會變性，但可別想到內耳的耳蝸去了。梅雨季節在繡球花葉片上的蝸牛，正是雌雄同體。一隻小小的蝸牛，既是雄性，也是雌性，具有雌雄兩性的生殖器官。但蝸牛並非不需要配偶，當2隻蝸牛相遇，雙方都會擔任雌雄兩性的角色，將自己的精子給對方，同時接收對方的精子，讓自己的卵子受精。扮演完雄性授精的角色後，2隻蝸牛都會負起雌性的責任，開始築巢產卵。蝸牛會挖洞當作巢穴，產卵後埋起洞穴以防外敵入侵，之後母親的角色便告結束。

3 男性生殖器
male reproductive organ

1 睪丸
testis

　　睪丸位於陰囊中，左右一對，與副睪（epididymis）一同包在被膜中。睪丸是實質性器官，呈扁平橢圓，重約8～8.5公克。

　　睪丸外覆纖維性的白膜（tunica albuginea），實質中分有許多小葉，每個小葉有數條曲細精管（convoluted seminiferous tubule），精子便是在此製造。曲細精管會連結成直細精管（straight seminiferous tubule），再於睪丸後方匯聚成睪丸網（rete testis）。睪丸網再延伸出15～20條輸出小管（efferent ductules）進入副睪。

N o t e

男性生殖器官

睪丸
↓
生殖導管（副睪—輸精管—尿道）
　　　　　↓　　　　＋
　　　儲精囊　海綿體
　　　　　　　‖
　　　　陰莖（交接器）

細精管

曲細精管（形成精子）
↓
直細精管（由數條曲細精管連接，每個小葉各1條）。

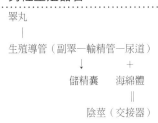

▲圖8-6　男性生殖器全貌

輸尿管
儲精囊
輸精管壺腹
射精管
前列腺
尿道球腺體
尿道球
陰莖腳
副睪
睪丸
膀胱
恥骨
輸精管
陰莖海綿體
尿道海綿體
尿道
龜頭

細精管與輸精管

睪丸內：細精管（曲細精管→直細
精管）→睪丸網→輸出小管（副
睪內）→副睪管→輸精管。

精子的形成

細精管（曲細精管）
精原細胞→初級精母細胞→次級精
母細胞→精細胞→精子。

睪丸下降
testicular descent

在胎生期的前2個月，睪丸會附
著在後腹壁，之後才開始下降，經
由腹股溝管離開腹腔，於胎生期後
期進入陰囊。

射精管

射精管位於輸精管末端。範圍從
儲精囊管會合處開始，直到尿道開口
處。左右兩邊的射精管會一同經過
前列腺的前下方，開口於尿道後
壁。

腹股溝管內的管徑

男性：精索（輸精管、提睪肌、肌
膜、睪丸動脈、睪丸靜脈、神經
等共通之索狀物）。
女性：子宮圓韌帶

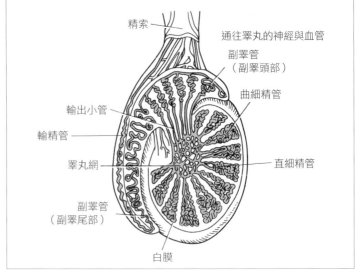

▲圖8-7　睪丸（矢狀切面）

2 副睪
epididymis

副睪位於睪丸上端的後緣。15～20條輸出小管自睪丸上端往後
進入副睪，匯流後下降，成為1條副睪管（duct of epididymis）。
副睪管會從副睪頭部彎曲下降至尾部，轉為輸精管（deferent
duct）離開。

3 輸精管
deferent duct

輸精管接在副睪管之後，通過腹股溝管進入腹腔，在膀胱後
面形成輸精管壺腹（ampulla of deferent duct），再通過前列腺，
與儲精囊的導管會合，成為射精管（ejaculatory duct），分別開
口於尿道兩側。這一連串的管腔皆為平滑肌構成，總長40～50公
分，大小也較粗（約3mm）。

從副睪管延伸到腹股溝管的部分，會與血管、神經成為相通的
索狀物體，稱為精索（spermatic cord）。

輸精管壺腹的末端與儲精囊的導管相連，成為射精管
（ejaculatory duct）。

4 儲精囊
seminal vesicle

儲精囊位於膀胱後面的輸精管壺腹外側，呈紡錘狀，左右成一

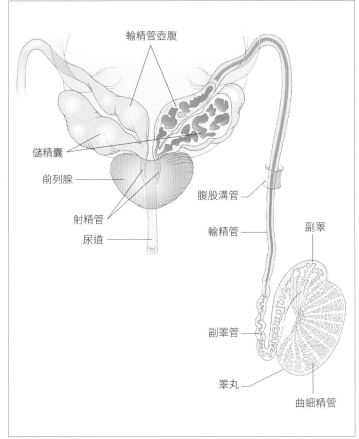

▲圖8-8　輸精管

對。儲精囊會分泌淺黃色的鹼性分泌物，在射精時與前列腺的分泌物混合，成為精液（semen）排出。

5 前列腺
prostate

　　前列腺位於膀胱下面，恥骨結合與直腸之間，在射精管與尿道的周圍。

　　前列腺會分泌乳白色液體至尿道，促進精子的運動。精液散發的味道便是由此而來。

6 尿道球腺（考伯氏腺）
bulbourethral gland（Cowper's gland）

　　尿道球腺位於前列腺下方，泌尿生殖隔膜中，為小球狀的腺體，左右成一對。其導管開口於尿道，會分泌鹼性黏液。

附屬腺體
儲精囊、前列腺、尿道球腺。

前列腺肥大
　　常見於高齡患者，尿道會受到壓迫而使排尿困難。若前列腺肥大，將手指深入直腸，距離肛門約5公分處即可觸摸到。

尿道球腺的分泌物
　　可潤滑尿道的黏膜表面，當人體產生性興奮時，便會反射性地分泌。

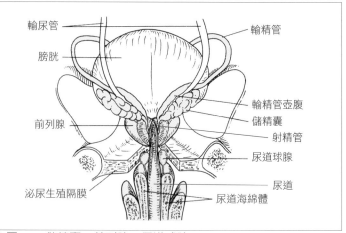

▲圖8-9 儲精囊、前列腺、尿道球腺

包莖

　　兒童時期的龜頭會由包皮覆蓋，長大後包皮便會往後退，使龜頭露出。但若包皮仍蓋住龜頭，則稱做包莖。

勃起

　　當精神作用或反射作用，讓大量血液（動脈血）流入海綿體時，周邊的靜脈便會受到壓迫，阻擋血液流出，海綿體則會充血膨脹變硬，形成陰莖勃起。

海綿體

　　為構成陰莖的主要部分，陰莖海綿體分佈在左右兩側，再加上尿道海綿體，共有3個。

7 陰莖
penis

　　陰莖身兼泌尿道與交接器，分成陰莖根、陰莖體與龜頭3部分。整體由背側的陰莖海綿體（corpus cavernosum penis）、腹側的尿道海綿體（corpus spongiosum penis），以及前端的龜頭（gland penis）構成。在接近尿道海綿體中央處，有尿道（urethra）經過，尿道外口（external urethral orifice）則在龜頭前端。陰莖海綿體中滿血管，血液流入後即是勃起的最大功臣。陰莖與龜頭交界處會有鬆弛的皮膚，稱為包皮（prepuce）。

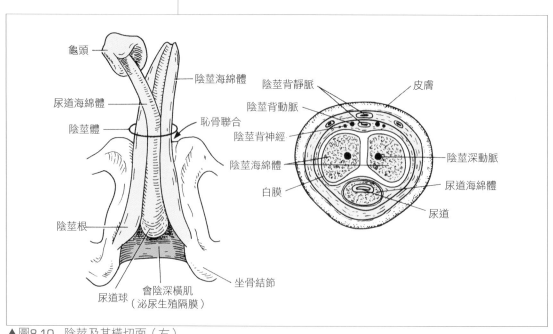

▲圖8-10 陰莖及其橫切面（右）

8 陰囊
scrotum

陰囊是腹壁皮膚的延伸，以袋狀包住睾丸、副睾與部分精索，收縮時表面會產生皺褶。陰囊皮膚表面的正中線會稍稍隆起，稱為陰囊縫（scrotal raphe），其內部也會因此分為左右兩邊。

陰囊縫向前連接陰莖縫，向後則連起會陰縫。陰囊的皮下雖然沒有脂肪組織，但有發達的平滑肌肉層，稱為陰囊皮膜肌（dartos muscle）。

生殖作用
reproduction

人類屬於有性生殖，兩性各會製造生殖細胞（germ cell）以繁衍下一代。製造生殖細胞的器官稱為性腺（gonad），男性是睪丸、女性則是卵巢。由睪丸製造出的生殖細胞稱為精子（spermium）、卵巢製造的生殖細胞稱為卵子（ovum）。

精子

　精子可區分為頭部、中節與尾部，帶有遺傳資訊的DNA位於頭部。

　尾部為鞭毛，可進行運動。

　從精原細胞發育到精子的過程，約需74天。

1 男性的性功能

睪丸會產生精子與分泌雄激素（androgen，男性荷爾蒙）。

A. 精子的形成（spermatogenesis）

　精子是由睪丸的曲細精管製造。細精管壁的生精上皮會產生精原細胞（spermatogonium），接著分化成初級精母細胞（spermacyte）與次級精母細胞，再變成精子細胞（spermatid）。精子細胞成熟後，就會改變形態成為精子。一般認為精子的授精能力約可持續到射精後的2～3天。

精液

　精液是精子加上附屬腺體的分泌物而成。

　射精一次約可排出2～4mL的精液，其中約含2～3億的精子。

B. 雄激素（男性荷爾蒙）之分泌

　細精管之間的結締組織存在著間質細胞〔interstitiall cell，萊氏

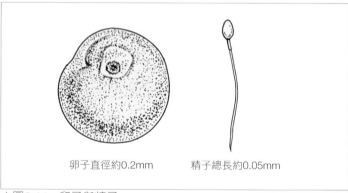

卵子直徑約0.2mm　　　精子總長約0.05mm

▲圖8-11　卵子與精子

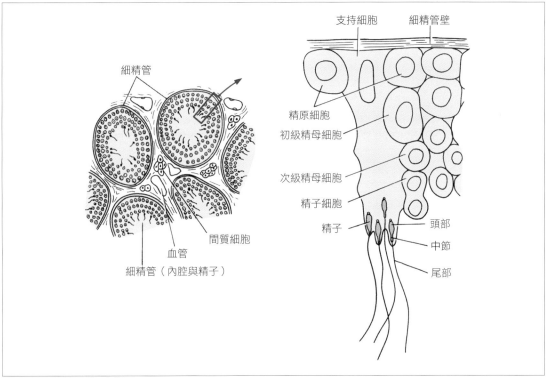

支持細胞　　細精管壁

細精管

精原細胞
初級精母細胞

次級精母細胞

精子細胞

精子

頭部
中節
尾部

間質細胞

血管

細精管（內腔與精子）

▲圖8-12　精子的形成

細胞（Leydig cell）〕，可分泌雄激素。主要的雄激素為睪固酮（testosterone），可刺激第二性徵與男性生殖器的發育，使精子細胞成熟等等。

　　男性的第二性徵有體毛增加、頭髮減少、外生殖器變大、聲音轉低沈等。

N o t e

睪固酮的作用

　　促使第二性徵與男性生殖器發育，並有助於精子細胞的成熟。

2 女性的性功能

　　卵巢會產生卵子與分泌女性荷爾蒙〔雌激素（estrogen）、黃體素（progesterone）〕。

A. 卵子的形成（oogenesis）與排卵（ovulation）

　　卵巢中有初級濾泡（primordial follicle），其中心有初級卵母細胞（primary oocyte）。每次月經時，濾泡（ovarian follicle）都會因為濾泡刺激素（follicle stimulating hormone/ FSH）的作用而開始成熟。隨著濾泡的成熟，初級卵母細胞也會發育成卵子（ovum）。

　　濾泡成熟後稱為成熟濾泡（ripe follicle），又稱為葛氏濾泡

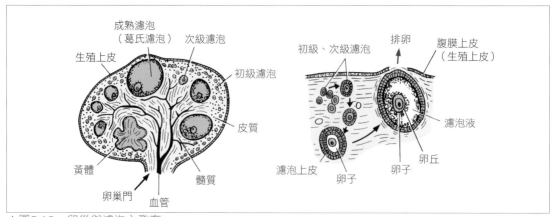

▲圖8-13 卵巢與濾泡之發育

（graafian follicle）。當黃體生成素（luteinizing hormone/ LH）作用於成熟濾泡時，濾泡壁會破裂，成熟的卵子便進入腹腔，這過程稱為排卵。

　　濾泡在排卵後便會立刻黃體化（luteinization），約在24～96小時內便可形成黃體（corpus luteum）。若卵子受精，黃體會變成妊娠性黃體（corpus luteum of pregnancy），逐漸變大，於懷孕11～12週達到其功能的巔峰。接著逐步衰退，於懷孕末期變成白體（corpus albicans）。若卵子沒有受精，濾泡則會變成月經性黃體，於下次月經開始前4天左右，黃體會退化成白體而消失。

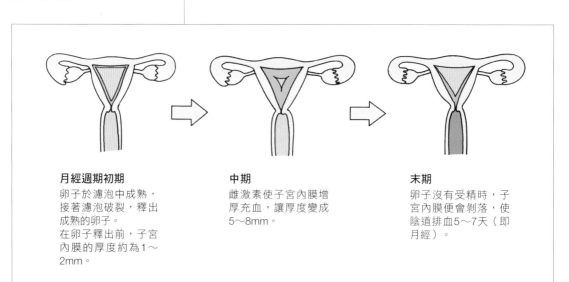

月經週期初期
卵子於濾泡中成熟，接著濾泡破裂，釋出成熟的卵子。
在卵子釋出前，子宮內膜的厚度約為1～2mm。

中期
雌激素使子宮內膜增厚充血，讓厚度變成5～8mm。

末期
卵子沒有受精時，子宮內膜便會剝落，使陰道排血5～7天（即月經）。

▲圖8-14　子宮內膜的週期變化

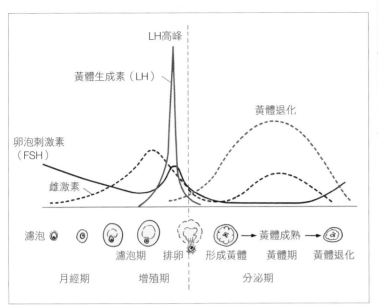

▲圖8-15　月經週期中的荷爾蒙分泌

促性腺激素
gonadotrophic hormone

濾泡刺激素（FSH）
黃體生成素（LH）

排卵

　　每月1次，成熟的濾泡會破裂，將成熟的卵子釋放到腹腔內。

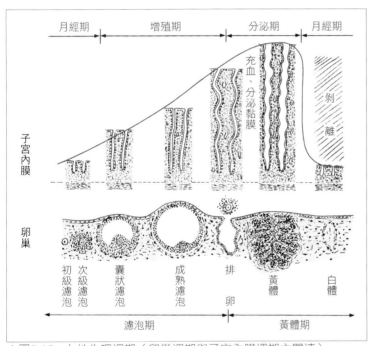

▲圖8-16　女性生理週期（卵巢週期與子宮內膜週期之關連）

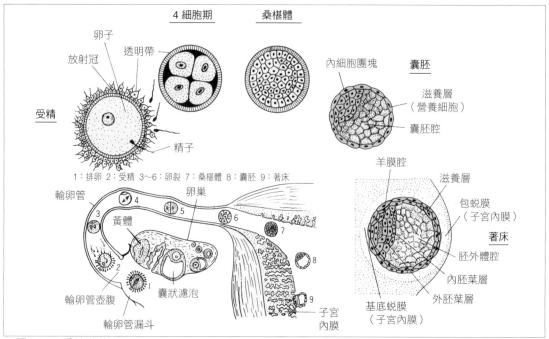

▲圖8-17　受精與著床

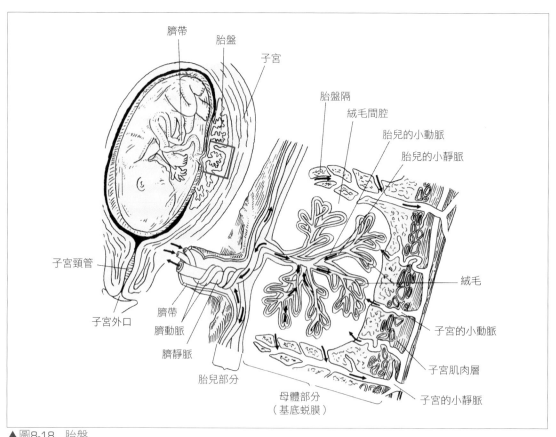

▲圖8-18　胎盤

B. 卵巢週期（ovarian cycle）

一個濾泡從成熟、排卵、黃體化以至於白體化，約需28天。這個變化結束後，會有別的濾泡產生相同的變化。濾泡產生變化的28天週期，稱為卵巢週期（ovarian cycle）。

C. 女性激素（卵巢激素）

卵巢會分泌雌激素與黃體素。

①雌激素（estrogen）：有雌二醇（estradiol/ E_2）、雌酮（estrone/ E_1）、雌三醇（estriol/ E_3）共3種，可促進第二性徵發育、濾泡發育、輸卵管之運動，以及子宮內膜的增厚等等。

②黃體素（progesterone）：此為黃體分泌的激素，可促進子宮內膜的分泌，使受精卵容易著床。黃體素也可在妊娠時，降低子宮肌肉的興奮性，還可抑制排卵。

D. 子宮內膜（子宮黏膜，endometrium）的週期

雌激素與黃體素的分泌，會隨著卵巢週期而改變，而子宮內膜也會因為這兩種激素而有週期性變化。

如果沒有受精卵著床，子宮內膜的功能層會剝落而造成出血，這就是月經（menstruation）。

E. 受精（fertilization）與著床（implantation）

受精（fertilization）是卵子從輸卵管排出後，在壺腹與精子結合，形成第一個體細胞的過程。

受精卵會不斷進行細胞分裂，同時從輸卵管下降至子宮，附著於子宮內膜，這便稱為著床（implantation）。

著床後的受精卵會在母體內發育，該狀態稱為妊娠（pregnancy）。受精卵著床後會形成胎盤（placenta），從母體吸收養分，發育成囊胚、胚胎，再成為胎兒（fetus），最後藉由分娩（parturition）離開母體。

卵巢週期

初級濾泡→成熟濾泡（囊狀濾泡或稱葛氏濾泡）→排卵→排卵後的濾泡：黃體（受精：妊娠性黃體、未受精：月經性黃體）→白體。

激素在子宮內膜週期的作用機制

①濾泡刺激素（FSH）的作用使濾泡成熟。

②成熟的濾泡分泌雌激素。

③濾泡變大使雌激素分泌量增加，抑制濾泡刺激素（FSH）的分泌。

④濾泡成熟後便突然放出黃體生成素（LH，該時期稱為LH高峰），接著約在1天後排卵。

⑤濾泡在排卵後成為黃體，身體分泌出雌激素與黃體素。黃體素會改變子宮內膜的分泌期狀態。濾泡刺激素（FSH）與黃體生成素（LH）的分泌，會因雌激素與黃體素的分泌而受到抑制。

⑥黃體約在排卵後1個星期開始衰退，雌激素與黃體素的分泌也隨之減少，引起消退性出血（月經）。

⑦雌激素與黃體素的分泌減少，使濾泡刺激素（FSH）的分泌增加，讓下一個濾泡成熟。

懷孕期

正常的懷孕期為著床前的月經（最後　次月經）開始那天，到第280天或至多286天。以月份計算為10個月、以週計算為40週。預產日是從最後一次月經開始算起，之後的第280天。

生殖系統

1 骨盆的性別差異與胎兒

胎兒所在的空間

　　我們都是從母親的肚子出生，但話說回來，是肚子的哪裡呢？不用說，當然是子宮。這麼說來，子宮就是專為胎兒保留的空間。

　　子宮是具有內腔（子宮腔）的肌性器官。所謂肌性，是代表子宮壁在組織學上由內、中、外3層構成。外層稱為子宮外膜，屬於漿膜；內層稱為子宮內膜，屬於黏膜；而這兩層之間便是子宮肌，屬於肌肉。

　　子宮位於骨盆腔中央，小骨盆之內。小骨盆前方平常由恥骨聯合封閉，沒有懷孕時便是如此。

　　著床於子宮壁的胎兒，會在子宮內生活大約10個月，其間在第2個月約有18mm、

第6個月有338mm、第10個月會長到475mm。

　　子宮內除了胎兒以外，還有胎膜、羊水與胎盤等等，讓子宮腔明顯增大。這麼一來，被骨頭圍住的骨盆腔就顯得侷促，因此子宮會將腸子往上推，進入腹腔之中。在大約5個月（20週）時，子宮底（上緣）會達到肚臍的高度，其後會達到心窩，當然也會同時往前突出，變成大腹便便的樣子。

　　「心窩」位在左右兩邊肋骨弓與胸骨結合處的下方。若肋骨與骨盆的距離太短，膨大的子宮就不得不像橫膈膜一樣頂進胸腔之中，這時候因為肋骨的阻擋，肚子就無法往前突出。

　　為了讓孕婦的肚子能隨著胎兒成長而變大，骨盆與肋骨的間隔，也就是上下距離

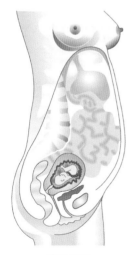
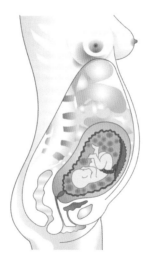
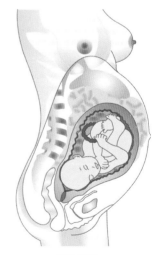

懷孕12週　　　　　懷孕20週　　　　　懷孕36週

▲圖8-19　胎兒的成長與母體

要長一點比較好。簡而言之，軀幹較長比較有利。因此「女性（會懷孕）的軀幹會比男性（不會懷孕）要長」。

舉例來說，如果讓一男一女並列，請他們以虎口插腰。這種姿勢如果再張腿挺胸就很威風了。回到正題，插腰時手掌的虎口會靠在骨盆上緣，這時男性若將手掌往上滑，手背馬上會碰到肋骨，但女性卻沒那麼快碰到。因此以側腹來說，女性肋骨與骨盆之間的距離較長。

「女性身體較長論part 2」

男女骨盆的形狀不盡相同，是為骨盆的性別差異。因為女性的骨盆有懷孕及生產的功能，男性則無，所以從生理功能的角度來看，這種差異便一目了然。

當子宮內的胎兒大到骨盆腔無法容納，子宮便會往軀幹的上方，也就是朝腹腔的方向擴大。大骨盆是骨盆腔的入口，位於骨盆分界線上方，前方沒有骨頭阻擋，與腸骨翼一同形成盆狀，因此才稱做骨「盆」。

盆子要寬，內容物才會穩定，因此由正面看來，骨盆往左右延伸者穩定性較高。即便上緣至底面的斜面長度相同，左右坡度較緩的盆狀，盆口比較開，會成為較大的盆形。此外傾斜度較低也比較不容易滑動，更加穩定。

由此可知，女性之所以能給子宮一個安穩的環境，就是因為腸骨翼的傾斜程度較緩，骨盆較寬。話雖如此，但以人體測量值來看，男性骨盆寬度（腸骨寬度）為26.9公分、女性為26.6公分，幾乎沒有差別，且男性的平均值在數字上還略約大於女性，代表骨盆比女性更大。但以全身來說，男性個頭較大，因此這個數字也是理所當然。

既然個頭大，單一部位的數值會比較

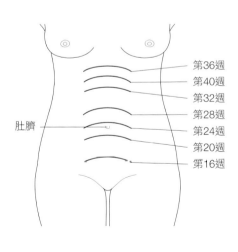

▲圖8-20　子宮底高度

肚臍

第36週
第40週
第32週
第28週
第24週
第20週
第16週

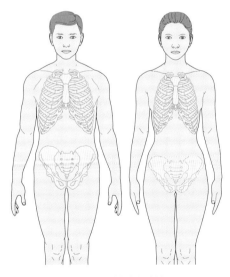

▲圖8-21　女性的軀幹較長？

大，那將全身化為相同的分母，便能算出
單一部位所佔的比率。若將身高除以腸骨
寬度，換成指數來看，男性平均是15.8，相
對之下女性則高達16.6。因此若比較相同身
高的男女，還是女性的骨盆較寬。

回頭提起女性的腸骨翼傾斜程度較緩，
代表女性恥骨上緣到腸骨嵴最頂端，也就
是大骨盆的高度低於男性。這麼一來，腸
骨嵴頂端到肋骨下緣的距離就會較長。從
這個角度來看，也說明了女性的身體比較
長。

圓形可獲得的面積最大

胎兒足月之後終於要離開母體，來到紛
擾的世間，這就是分娩。此時胎兒會由頭
部先進入骨盆腔。骨盆腔是骨產道，為了

方便胎兒通過，無論入口、中段或出口都
是越大越好。

首先提到入口。生產時胎兒第一個要進
入的地方是骨盆上口，其形狀男女有別，
骨盆上口的邊緣稱為骨盆界線。為了方便
解釋，先試著用一條直線畫出各種形狀。
在正方形、長方形、三角形、圓形等形狀
中，哪一個能有最大的面積呢？

如果以40cm的線來思考，正方形就是
每邊10cm，因此面積是100cm²、而5cm×
15cm的長方形是75cm²、底邊10cm×兩腰
15cm的等腰三角形是71cm²、而圓周40cm
的圓有127cm²，因此以形狀來說，圓形能
獲得最大的面積。

回來看骨盆上口的形狀，男性的薦骨椎
體上緣（薦岬）嵌進骨盆腔，因此呈現心

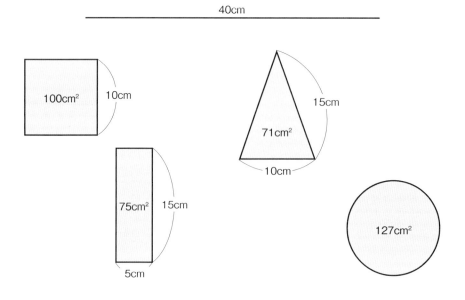

▲圖8-22 同樣邊長中面積最大的圖形

形。但女性則是接近圓形的橢圓形，所以面積比男性大。

接著若從上方來看男女的骨盆，可看到男性在骨盆分界線的後方還有薦骨與尾骨往下降，相較之下，女性較無法看到薦骨與尾骨的正面，骨盆腔底部有較大的空間。一般認為這是因薦骨與尾骨後彎的程度不同所致。男性的薦骨與尾骨深入骨盆，並明顯往前方彎曲，但女性則往後退，彎曲也較平緩，因此脊椎在腰部的凹陷與臀部的起伏會比較大，讓臀部感覺比男性來得豐潤。

其實不僅在外型上，骨盆腔的薦骨、尾骨往後、坐骨往側邊擴張，在胎兒通過時，都能提供較大的空間。

正因如此，傳統上才認為腰部較粗（腸骨翼往側邊突出）、臀部較大（薦骨、尾骨的彎曲退向後方）的女性比較會生。

接下來談到胎兒離開母體的部位。產道的出口是陰道口，位於恥骨聯合下方，該處稱為恥骨下角。左右恥骨結合處的下方，空間越大越好生產。男性在該處的角度是銳角（50～60度），女性則是鈍角（70～90度）。而且形成該角度的左右恥骨下部，其邊緣在女性為曲線，而非直線。這麼一來可爭取到更多空間以便生產。

2　子宮內的血管

螺旋狀結構

子宮在懷孕時變大，代表子宮壁會伸展。此言不虛，構成子宮壁肌肉層的細胞都會伸展變大，在即將分娩時，甚至比平常大上10倍。

既然細胞會撐大，那子宮壁裡的血管不

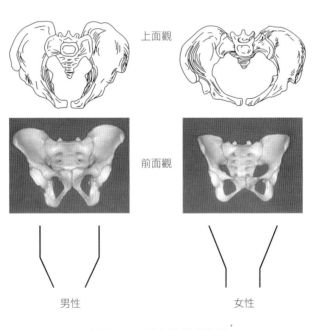

上面觀

前面觀

男性　　　　　　　　　　女性

▲圖8-23　男女的骨盆差異

也會受到拉扯？乍聽之下雖然有斷裂之虞，但其實毋須擔心。神在造物時也考慮到這點，讓血管以蛇行狀態沿著子宮壁分佈，也就是呈現螺旋狀。

舉例說明的話，就像吹風機捲曲的電線，不用時可以縮得很短，而螺旋狀的電線在使用時又能拉長，不用擔心扯斷（雖然還是有極限）。

同樣地，當子宮還沒受孕，體積很小時，子宮動脈已經預先料想好懷孕時的狀況，因此呈現螺旋構造。

3 臍帶

胎兒與母體的聯繫

胎兒通過母親的產道，從陰道口出來，這就是嬰兒的誕生。嬰兒出生後，醫生會立刻或在數分鐘後剪斷臍帶，而連在嬰兒身上的部分，則在1星期左右乾燥掉落，留下的痕跡就是肚臍。

臍帶中有3條血管（2條臍動脈與1條臍靜脈），連接起母體子宮壁的胎盤與胎兒的肚臍（臍輪）。臍帶中的血管會從臍輪進入胎兒體內，與胎兒的血管相連。臍靜脈中的血液會透過胎盤，將母體的營養與氧氣送往胎兒體內。

嬰兒出生後剪去臍帶，與母體不再相連，2條臍動脈與1條臍靜脈也結束胎兒期的任務，成為正中臍韌帶與肝圓韌帶。這些胎兒期的重要血管，在成年後會失去血管的功能，成為帶狀的結締組織。

胎兒在母體的子宮內，有羊膜包覆羊

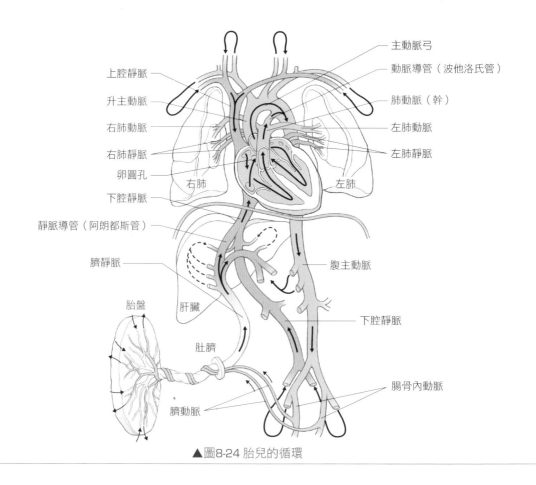

▲圖8-24 胎兒的循環

水。因此胎兒並不會從外界吸取空氣進肺部，也不會用肺部吸收血液中的二氧化碳，更不會以鼻子呼氣將其排出體外。胎兒是藉由臍動脈與臍靜脈向母體吸收養分。

出生後，嬰兒開始進行外呼吸，血液的流動以心臟為中心，成為2個循環系統〔肺（小）循環與體（大）循環〕。但胎兒期並不進行外呼吸，因此不會用到肺部，就沒有肺循環的必要。胎兒的循環是從右心室開始，到肺動脈時會有分枝轉往大動脈，因此只有少許血液流向肺部。這條將血液引向大動脈的血管，稱為動脈導管（波他洛氏管），胎兒出生後便成為動脈韌帶。血液在肺循環的流動路線是右心室

→肺動脈→肺→肺靜脈→左心房。但通往右心室的血液，是從大靜脈流入右心房；而右心房的血液若不流向右心室，而是直接往左心房的話，就不會經過肺循環。右心房與左心房之間有心房中隔，胎兒期的心房中隔上有開洞，稱為卵圓孔，使右心房的血液可流向左心房。在嬰兒出生的同時，卵圓孔的瓣膜就會關閉，孔洞也會在數天內癒合，留下的痕跡稱為卵圓窩。

胎兒期的循環路徑如上所述，會在出生後有各種變化，連心臟也不例外。有些人在出生後沒有產生變化，便會造成先天性疾病，例如卵圓孔未閉合或動脈導管未閉合。

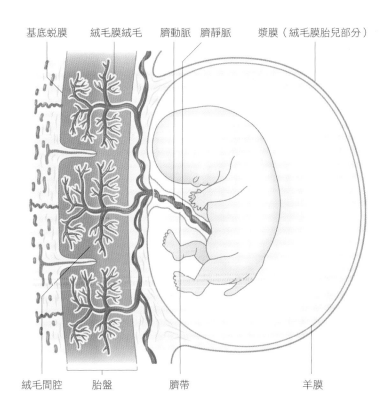

基底蛻膜　絨毛膜絨毛　臍動脈　臍靜脈　漿膜（絨毛膜胎兒部分）

絨毛間腔　胎盤　臍帶　羊膜

▲圖8-25 胎盤與臍帶

第9章

內分泌系統
Endocrine System

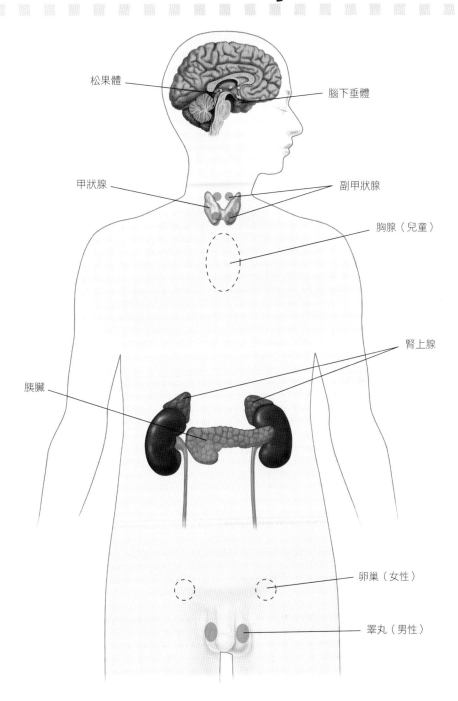

松果體

腦下垂體

甲狀腺

副甲狀腺

胸腺（兒童）

腎上腺

胰臟

卵巢（女性）

睪丸（男性）

內分泌系統總論

1 激素
hormone

　　激素是在特定臟器（內分泌腺，endocrine gland）產生的微量特殊化學物質，可調節特定的組織或器官之功能。

　　各激素只會對特定的標的器官或標的細胞產生作用，大部分的功能在於促進標的細胞合成特定酵素，增進與該酵素有關的代謝效率。

2 內分泌腺
endocrine gland

　　分泌激素的腺體稱為內分泌腺（endocrine gland）或內分泌器官（endocrine organ）。外分泌腺（exocrine gland）具有導管可輸送分泌物，但內分泌腺沒有導管，激素會分泌至血液中，藉由血液循環到達標的器官或標的細胞以產生作用。

　　內分泌腺有腦下垂體、甲狀腺、副甲狀腺、胰臟、腎上腺、性腺、松果體等等。

標的器官
指激素作用的特定器官。

標的細胞
是構成標的器官的細胞，具有對特定激素的感受器。

外分泌腺
外分泌腺有導管與腺細胞，後者負責分泌。主要的外分泌腺有汗腺、唾腺、淚腺等。

2 內分泌腺
endocrine gland

1 腦下垂體
hypophysis

　　腦下垂體位於間腦下視丘的漏斗，嵌入蝶鞍中央的腦下垂體窩（hypophysial fossa），約有小指頭的大小。腦下垂體為單一器官，分為前方的垂體腺體部（adenohypophysis）與後方的垂體神經部（neurohypophysis），在發生學上來自不同部位。垂體腺體部可分為前葉（anterior lobe）、中間部（intermediate part）與隆

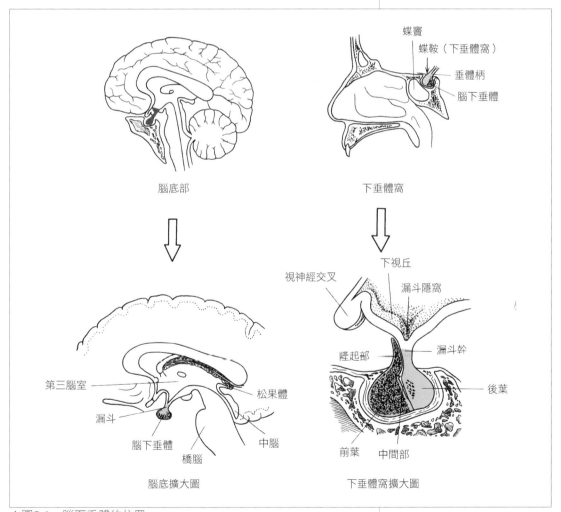

腦底部　　　　　　　　　　　下垂體窩

蝶竇
蝶鞍（下垂體窩）
垂體柄
腦下垂體

下視丘
視神經交叉
漏斗隱窩
隆起部
漏斗幹
第三腦室
松果體
漏斗
後葉
腦下垂體
中腦
橋腦
前葉　中間部

腦底擴大圖　　　　　　　　　下垂體窩擴大圖

▲圖9-1　腦下垂體的位置

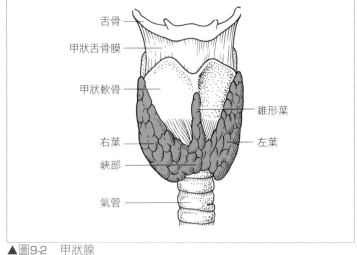

舌骨
甲狀舌骨膜
甲狀軟骨
錐形葉
右葉
左葉
峽部
氣管

▲圖9-2　甲狀腺

起部（tuberal part），藉由腦下垂體門脈系統（hypophysial portal system）以血液與下視丘聯繫，並藉由下視丘分泌的下視丘激素調節其功能。垂體神經部可分為漏斗（infundibulum）與後葉（posterior lobe，又稱神經葉），以神經纖維直接與下視丘的視上核及室旁核相連。

腦下垂體前葉分泌之激素

①生長激素
②催乳激素（prolactin）
③促腎上腺皮質素
④甲狀腺刺激素
⑤促性腺激素
女性：濾泡刺激素、黃體生成素
男性：生精激素、促間質細胞激素

2 甲狀腺
thyroid gland

甲狀腺附著在喉的下部到氣管上部的兩側與前面，為蝴蝶狀的扁平器官，因為在甲狀軟骨的下方故而得名。甲狀腺重量為15～20公克，佈滿血管，呈紅褐色，由左葉（left lobe）、右葉（right lobe），以及連接兩葉的峽部（isthmus of thyroid gland）構成。有些人不具峽部，或峽部上方會伸出錐形葉（pyramidal lobe）。

腦下垂體後葉分泌之激素

①（昇壓素）抗利尿激素
②催產激素

甲狀腺分泌之激素

①甲狀腺素：由濾泡細胞分泌。
②降鈣素：由濾泡旁細胞分泌。

3 副甲狀腺
parathyroid gland

副甲狀腺位在甲狀腺左右兩葉的背面，與食道兩側相連，包覆在甲狀腺外膜下，為上下一對，米粒大小的暗褐色器官，亦稱為甲狀旁腺。

副甲狀腺分泌之激素

①副甲狀腺素。

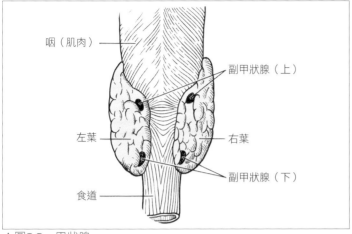

▲圖9-3　甲狀腺

4 胰臟
pancreas

　　胰臟的外分泌腺（exocrine pancreas）屬於消化腺，可分泌胰液，而內分泌腺（endocrine pancreas）則可分泌激素。內分泌腺是散佈在胰臟各處的細胞，大小約為100～200μm，稱為蘭氏小島（insulae of Langerhans）或胰島（pancreatic islet）。依照估計，蘭氏小島約有100萬個，多集中在胰尾，其中可區分為α（A）細胞、β（B）細胞、δ（D）細胞3種。

蘭氏小島（胰島）

①α（A）細胞：昇糖素
②β（B）細胞：胰島素
③δ（D）細胞：體制素

5 腎上腺
adrenal gland

　　腎上腺位於左右腎的上方，為淺黃色的三角形扁平器官，重量約為7～8公克，皮質（cortex）包覆在外、髓質（medulla）位於

腎上腺皮質激素

①礦物性皮質素
　　醛固酮
　　去氧皮質固酮
②葡萄糖皮質素
　　皮質醇
　　皮質固酮
③腎上腺雄性素

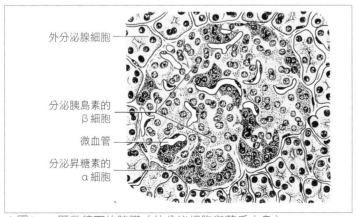

▲圖9-4　顯微鏡下的胰臟（外分泌細胞與蘭氏小島）

性腺激素

①男性激素
 ‧雄激素
②女性激素
 ‧雌激素
 ‧黃體素

中央。皮質與髓質在組織、發生與功能方面完全不同。皮質細胞由外而內可分為絲球帶、束狀帶、網狀帶共3層，髓質則衍生自交感神經的原基，又稱為髓質細胞（嗜鉻細胞）。

6 性腺
gonad

性腺是形成生殖細胞的器官，男性為睪丸（testis）、女性為卵巢（ovarium），前者可產生精子（sperm），後者可排出卵子（ovum），此外兩者皆可分泌性腺激素。

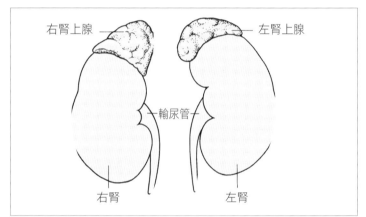

▲圖9-5　腎上腺

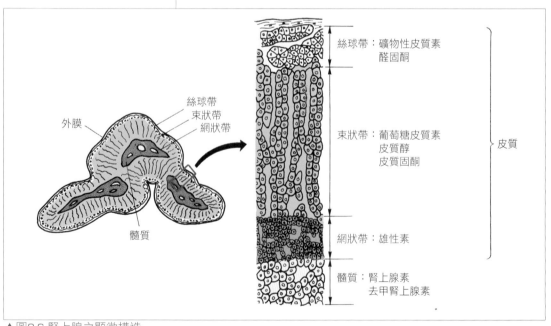

▲圖9-6 腎上腺之顯微構造

男性的性腺激素由睪丸內的間質細胞分泌、女性則是由卵巢的濾泡膜性細胞分泌，此外排卵後，濾泡形成的黃體也會分泌雌激素。

7 松果腺
pineal gland

松果腺位於間腦後上方，大小6～7mm，重量約0.2～0.3公克，呈紅灰色。松果腺由松果腺細胞（pinealocyte）與神經膠細胞（glial cell）構成，可分泌黑色素激素（melatonin）。

8 胸腺
thymus

胸腺位於胸骨之後、心臟之上，青春期後會逐步退化成為脂肪。胸腺與影響免疫的淋巴球之製造有關，但目前仍不確定它在內分泌上的功能為何。據說胸腺也和促胸腺生成素、胸腺素、胸腺刺激素有關。

松果腺細胞
....
黑包素激素

小專欄 體內各分泌腺之激素簡稱

GH	（growth hormone）	生長激素	ADH	（antidiuretic hormone）	抗利尿激素
			MSH	（melanocyte stimulating hormone）	
TSH	（thyroid stimulating hormone）				促黑素細胞素
		甲狀腺刺激素	T4	（thyroxine）	甲狀腺素
ACTH	（adrenocorticotrophic hormone）		T3	（triiodothyronine）	三碘甲狀腺素
		促腎上腺皮質素	PTH	（parathyroid hormone）	副甲狀腺素
FSH	（follicle stimulating hormone）		PRL	（prolactin）	催乳激素
		濾泡刺激素			
LH	（luteinizing hormone）	黃體生成素			

激素的作用

生長激素的作用
①促進骨骺的軟骨形成
②促進蛋白質合成
③使血糖值上升
④使脂肪酸游離

生長激素分泌異常
過多：巨人症、肢端肥大症
過少：侏儒症

腦下垂體功能不足
（西蒙茲氏病）
　意指腦下垂體前葉整體功能不足，主要症狀為明顯的營養不良、皮膚乾燥、性器官發育不全、低血壓等等。

濾泡刺激素（FSH）
女性：刺激濾泡發育
男性：刺激精子形成

1 腦下垂體分泌之激素

A.　腦下垂體前葉分泌之激素

■生長激素（growth hormone/ GH）
　發育期時，生長激素可促進骨骺的軟骨細胞增生與骨化，此外也可促進各器官細胞（心臟、肌肉、肝臟、腎臟等）的成長。簡而言之，就是促進身體的成長。
　若該激素分泌過剩，骨骼在發育期會急速成長而造成巨人症；成人則是手腳、鼻尖、下頜、耳垂、舌頭、嘴唇等身體的末梢會變大，稱為肢端肥大症。兒童期若缺乏生長激素，骨骺長期無法骨化，便造成侏儒症。

■甲狀腺刺激素（thyroid stimulating hormone/ TSH）
　該激素會作用於甲狀腺，促進甲狀腺激素的合成與分泌。甲狀腺刺激素的分泌，會因血液中的甲狀腺激素濃度而調整。若甲狀腺激素減少，刺激素便會增加分泌，反之亦然。

■促腎上腺皮質素（adrenocorticotrophic hormone/ ACTH）
　該激素會作用於腎上腺皮質，維持腎上腺的結構與功能，並可促進腎上腺皮質激素之合成，特別是其中的葡萄糖皮質素。促腎上腺皮質素的分泌，會因血液中的腎上腺皮質素濃度而調整，若腎上腺皮質素較多，該激素便會減少分泌，反之亦然。

■促性腺激素（gonadotrophic hormone）
①濾泡刺激素（follicle stimulating hormone/ FSH）：濾泡刺激素可促進女性卵巢中的濾泡發育，使成熟的濾泡合成並分泌雌激素（estrogen）〔男性的生精激素（spermatogenic hormone）則相當於FSH，可促進睪丸的細精管發育與精子的形成〕。
②黃體生成素（luteinizing hormone/ LH）：可促使女性的濾泡成熟，使其排卵，排卵後又可促進黃體形成，使黃體分泌黃

體素（progesterone）〔男性的促間質細胞激素（interstitial cell stimulating hormone）相當於LH，作用於睪丸的間質細胞，促進睪固酮（testosterone）分泌〕。

■催乳激素（lactogenic hormone/ PRL）（prolactin）

該激素會在懷孕期間作用於成熟的乳腺，促進乳汁分泌。男性也會分泌該激素，但不知作用為何。

■促黑素細胞素（melanocyte stimulating hormone/ MSH）

分泌自腦下垂體中間部，可促進皮膚的黑色素細胞形成黑色素，使皮膚變黑。

B. 腦下垂體後葉分泌之激素

■催產激素（oxytocin）

該激素會於懷孕後期作用於子宮，讓子宮肌收縮，使孕婦分娩。也會作用於成熟的乳腺，促進乳汁排出。男性也會分泌該激素，但不知作用為何。

■昇壓素（抗利尿激素）（vasopressin/ antidiuretic hormone/ ADH）

該激素作用於腎臟的腎小管，可促進水分再吸收以調整尿量，此外也可讓末梢血管收縮，使血壓上升。昇壓素的分泌會隨著血液滲透壓的變化而調整，若血液滲透壓較高，分泌就會增加，反之亦然。

①尿崩症（diabetes insipidus）：身體若缺乏腦下垂體後葉的激素，抗利尿激素的作用便會減弱，使尿量明顯增加，有些患者1天可排出10公升的尿液。

黃體生成素（LH）
女性：引發排卵並使濾泡黃體化
男性：促進睪固酮分泌

乳腺的成熟
女性荷爾蒙（雌激素與黃體素）的分泌可促進乳腺成熟，且能抑制催乳激素在乳腺的作用，使女性在青春期與懷孕時不會分泌乳汁。

催乳激素的分泌
嬰兒吸吮乳頭可促進催乳激素分泌，維持乳汁的產生。

溢乳反射
若嬰兒於授乳時吸吮乳頭，催產激素的分泌便會增加，使母體流出乳汁。

神經分泌
腦下垂體後葉的激素來自下視丘室旁核及視上核的神經細胞，稱為神經分泌。

催產激素
可促進子宮收縮與乳汁排出。

昇壓素（ADH）
可調節尿量並使血壓上升。

缺乏腦下垂體後葉激素
會引起尿崩症

2　甲狀腺分泌之激素

甲狀腺的濾泡細胞會分泌甲狀腺素（thyroxine/ T_4）與三碘甲狀腺素（triiodothyronine/ T_3）。甲狀腺素可增進全身細胞的酵素活性，加強物質代謝，提昇基礎代謝量、升高體溫，使脈搏變快。

甲狀腺激素分泌過多時，會造成巴西多氏病（Basedow），症狀有甲狀腺腫大、強烈頻脈、眼球突出。此外若從發育初期便分泌不足，不但會影響身體發育，也會妨礙智能發展，造成呆小症（cretinism）。若於成人期產生甲狀腺機能不足，會降低基礎代謝與生熱作用，同時造成精神不濟，四肢與顏面可見黏液堆積於皮下，稱為黏液水腫（myxedema）。

■降鈣素（calcitonin）

該激素由甲狀腺分泌，與鈣的代謝有關，可降低血液中的鈣（Ca^{2+}）濃度。

3　副甲狀腺分泌之激素

■副甲狀腺激素

副甲狀腺素（parathormone）又稱PTH，可調節鈣（Ca^{2+}）在血液及組織內的濃度。若身體缺乏該激素，鈣質會大量流失，血中鈣（Ca^{2+}）的濃度降低，產生手足強直（tetany）的症狀。但副甲狀腺素分泌過剩，會使鈣質自骨骼游離，血液中鈣（Ca^{2+}）的濃度會上升，但骨頭強度減弱，容易骨折。此外尿中的鈣也會增加，容易引起尿結石（urolithiasis）。

4　胰臟（蘭氏小島）分泌之激素

■胰島素（insulin）

蘭氏小島（胰島）的 β（B）細胞會分泌胰島素，將葡萄糖轉化為肝醣，並促進葡萄糖氧化及使其轉化為脂肪，也可促進蛋白質合成。胰島素主要的標的器官是骨骼肌、心肌、脂肪組織與肝

臟。胰島素的分泌會依照血糖濃度而調整，當血糖濃度高時，便會促使胰島素分泌。

人體若缺乏胰島素，會使血糖上升，不僅會出現糖尿（glucose uria），也會產生頻尿、多飲、酸中毒等症狀，若惡化則會形成糖尿病（diabetes），造成昏睡與各種血管疾病。若胰島素過度分泌，則會造成低血糖症（hypoglycemia）。

■昇糖素（glucagon）

蘭氏小島（胰島）的 α（A）細胞會分泌昇糖素，可促進肝臟的肝醣分解，讓血糖上升。

■體制素（somatostatin）

蘭氏小島（胰島）的 δ（D）細胞會分泌體制素，作用於 α 細胞與 β 細胞，抑制胰島素及昇糖素的分泌。

5 腎上腺分泌之激素

A. 腎上腺皮質激素（adrenal cortex hormone）

■葡萄糖皮質素（glucocorticoid）

該激素與糖代謝有關，故而得名，可分成皮質固醇（corticosterone）與皮質醇（cortisol）共2種。葡萄糖皮質素可促進糖質新生（gluconeogenesis）作用，並將蛋白質分解而成的氨基酸轉換成葡萄糖，亦有消炎作用，可抑制發炎反應。

■礦物性皮質素（mineralocorticoid）

該激素有醛固酮（aldosterone）與去氧皮質固酮（dcsoxycorticosterone/ DOC），可調整礦物質的平衡，特別是對於鈉（Na^+）和鉀（K^+）。醛固酮作用於遠端腎小管，可促進鈉的再吸收，並增加尿液中的鉀含量。

腎臟產生的腎素（renin），作用後會形成血管緊縮素，增進醛固酮的分泌（腎素－血管緊縮素系統）。

N o t e

胰島素分泌異常

缺乏：糖尿病
過多：低血糖症

糖尿病的特徵症狀

多尿、口渴、多飲、暴食（食慾增強）、體重減輕、高血壓、糖尿、酮病、酸中毒、昏睡。

腎上腺皮質激素的作用

①葡萄糖皮質素
・促進糖質新生（葡萄糖合成）
・消炎作用
・對中樞神經系統產生作用
②礦物性皮質素
・調節礦物質代謝
　促進鈉的再吸收
　增加鉀的排泄

腎上腺皮質激素分泌異常
. . . .
過剩：庫興氏症候群、醛固酮症、
腎上腺性徵異常症候群。
不足：愛迪生氏病。

■**腎上腺雄性素**（adrenal androgen）

該激素與睪丸分泌的男性激素（雄性素）作用相同，但在正常狀態下活性很低，幾乎看不出效果。

B. 腎上腺皮質激素分泌異常

①**分泌過剩**（腎上腺皮質機能亢進，hypercorticism）：會引起庫興氏（Cushing）症候群（肥胖、高血壓、高血糖、多毛）及醛固酮症（血中缺鉀、高血壓）、腎上腺性徵異常症候群（女性男性化）。

②**分泌不足**（腎上腺皮質機能減退，hypocorticism）：會引起愛迪生氏病（Addison）（全身衰弱、低血壓、皮膚色素沈澱）。

C. 腎上腺髓質激素（adrenal medulla hormone）

腎上腺髓質會分泌腎上腺素（adrenaline）、去甲腎上腺素（noradrenaline）以及微量的多巴胺（dopamine/ DA）。以上激素的化學式都很相似，泛稱為兒茶酚胺（catecholamine）。腎上腺素與去甲腎上腺素的生理作用雖然相近，但腎上腺素可明顯使心跳加快、並讓血糖值上升，而去甲腎上腺素較明顯的作用是讓末梢血管收縮，導致血壓上升。

當情緒激烈變化、激烈運動、缺氧或外界極度寒冷時，都會使

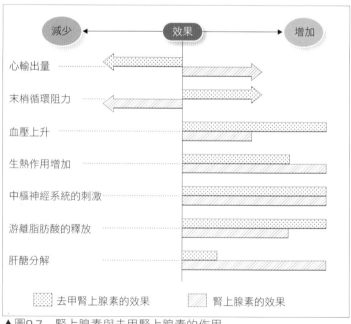

▲圖9-7 腎上腺素與去甲腎上腺素的作用

（摘自本鄉利憲等編著《標準生理學（第3版）》醫學書院出版）

腎上腺髓質激素的分泌增加。

6 性腺分泌之激素

A. 女性激素（卵巢荷爾蒙）

■雌激素（estrogen）

該激素有雌二醇、雌酮、雌三醇共3種，可促進女性生殖器與第二性徵（乳腺發育及皮下脂肪增厚）的發育。

■黃體素（progesterone）

該激素可使受精卵成功著床，維持懷孕狀態，並可減緩子宮收縮、抑制排卵。

B. 男性激素（雄激素，androgen）

雄激素主要成分是睪固酮（testosterone），為類固醇的一種，可促進男性第二性徵（外生殖器發育、毛髮生長、變聲等）發育，增進精子形成。此外雄激素還可促進肌肉與骨基質中蛋白質的合成（蛋白同化作用）等等。

7 消化道分泌之激素

腸胃的黏膜會分泌許多激素，藉此調節消化道的運動或分泌。消化道分泌的激素有腸泌激素、腸抑胃素、膽囊收縮素等等。

當胃中的食團送至十二指腸，食團的酸、脂肪，以及高滲透壓會形成刺激，讓十二指腸分泌激素，抑制胃酸分泌。這種激素統稱為腸抑胃素，其中含有胰液催素、胃抑胖肽（GIP）等等。

■胃泌激素（gastrin）

胃泌激素由胃的幽門G細胞分泌，作用於胃腺的旁細胞，使其分泌胃酸。氨基酸與醋酸等皆可促進胃泌激素的分泌。

雌激素的作用
....
①促進成長期的女性生殖器之發育。
②維持成熟女性的生殖機能。

黃體素的作用
....
①使著床成功並維持妊娠狀態。
②抑制排卵。

雄激素的作用
....
①促進第二性徵的發育。
②蛋白質同化作用。
③促進精子形成。

胃泌激素的作用
....
①促進胃酸分泌。
②促進胃蛋白酶原分泌。
③促進胃黏膜成長。
④促進胃部蠕動。
⑤使下段食道括約肌收縮。
⑥使幽門括約肌、歐狄氏括約肌、迴盲部括約肌放鬆。

胰液催素的作用
①讓富含碳酸氫鈉的胰液大量分泌
②促進膽囊收縮素造成的胰酵素之
分泌
③抑制胃酸分泌
④促進胃蛋白酶原的分泌
⑤使幽門括約肌收縮

GIP的作用
①抑制胃液分泌
②抑制胃的運動
③促進胰島素分泌

膽囊收縮素的作用
①使膽囊收縮、歐狄氏括約肌放鬆
②促進胰酵素分泌
③增強胰液催素的作用
④對胃泌激素的作用產生輕度拮抗
⑤使幽門括約肌收縮

催胰酶素（pancreozymin）與
膽囊收縮素（cholecystokinin）
以往膽囊收縮素與催胰酶素兩者
名稱並不相同。當初發現兩者時，
認為膽囊收縮素可促進膽囊收縮，
而促胰酶素則可促進胰酵素分泌，
認為是不同的激素。然而目前已知
兩者有相同的化學結構與功能，因
此統稱為膽囊收縮素。

腸血管活性多胜（VIP）
的作用
①促使胰臟與小腸分泌電解質液。
②可作用於肝循環與末梢循環，令
血管擴張。
③抑制胃液分泌。
④令下段的食道括約肌放鬆。
⑤促進唾腺分泌。

■胰液催素（secretin）

酸性（pH值3以下）的食糜進入十二指腸後，會刺激十二指腸的S細胞分泌胰液催素，可讓富含碳酸氫鈉（$NaHCO_3$）的胰液大量分泌，並作用於旁細胞與G細胞，抑制胃酸分泌。

■胃抑胜肽（gastric inhibitory polypeptide/ GIP）

該激素來自十二指腸與空腸黏膜上的內分泌細胞，因葡萄糖與脂肪的刺激而分泌。GIP會作用於旁細胞及G細胞，能夠抑制胃酸的分泌。

■膽囊收縮素（cholecystokinin/ CCK）

分佈於整個小腸黏膜上的I細胞，若受到氨基酸或蛋白腖的刺激，便會分泌膽囊收縮素，可促使富含消化酵素的胰液分泌、膽囊收縮、歐狄氏括約肌舒張，將膽囊中的膽汁排至十二指腸。

■腸血管活性多胜（vasoactive intestinal peptide/ VIP）

該激素分泌自消化道、自主神經與中樞神經的神經末端，可促使血管擴張，及唾腺與胰臟外分泌腺之分泌。

■腸動素（motilin）

腸動素來自EC細胞，該細胞遍佈整個消化道，可促進腸胃道的運動與胃蛋白酶原的分泌。

■體制素（somatostatin）

分泌自胃與小腸的黏膜，以及胰臟的D細胞，可抑制胃泌激素、胰液催素、VIP、GIP以及腸動素的分泌。

第10章

神經系統
Nervous System

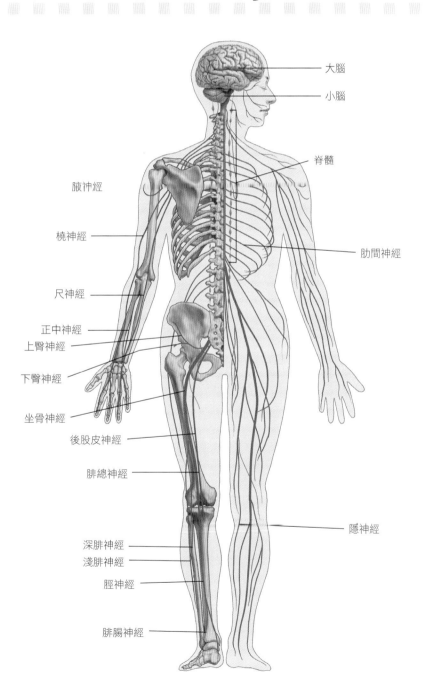

- 大腦
- 小腦
- 脊髓
- 臂神經
- 橈神經
- 肋間神經
- 尺神經
- 正中神經
- 上臀神經
- 下臀神經
- 坐骨神經
- 後股皮神經
- 腓總神經
- 隱神經
- 深腓神經
- 淺腓神經
- 脛神經
- 腓腸神經

神經系統總論

神經元（神經細胞）

　　神經元為神經系統中的基本單位，包括樹突、細胞體、神經突或軸突。

　　神經衝動的傳遞，是以神經元〔neuron，神經細胞（nerve cell）〕為一個單位，從構成神經元的樹突（dendrite），依序經過細胞本體（cell body）、神經突〔neurite，軸突（axon）〕，而神經突的末端會與另一個神經元的樹突或細胞體接觸，將衝動傳遞至下一個神經元，這個交界處就稱為**突觸**（synapse）。

　　當皮膚、視覺器或平衡聽覺器等感覺器官（接收器）受到外界刺激，或是身體內部產生刺激，神經系統會將其傳遞至神經中樞，神經中樞再產生衝動，讓它以指令的形式傳遞至身體各部位的肌肉或腺體（受動器）。

灰質與白質
gray matter/ white matter

灰質：在中樞神經系統中，神經細胞聚集處即為灰質，呈現暗灰色。灰質位於脊髓的中央與腦的表層，其內部的灰質塊稱為基底核。

白質：在中樞神經系統中，神經纖維聚集處即為白質，呈現白色。脊髓的白質會包覆灰質，腦部的白質則是為灰質所覆蓋，位於深層。

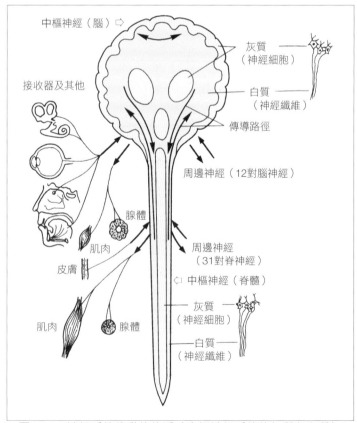

▲圖10-1　神經系統衝動的傳遞（中樞神經系統的灰質與白質）

神經系統的圖示：

- 端腦
- 間腦
- 中腦
- 橋腦 } 腦
- 小腦
- 延髓

腦神經（12對）

- 頸部
- 胸部
- 腰部 } 脊髓

脊髓圓錐

終絲

- 頸神經（8對）
- 胸神經（12對）
- 腰神經（5對）
- 薦神經（5對）
- 尾神經（1對）

脊神經（31對）

▲圖10-2　神經系統（中樞神經與周邊神經）

神經系統

中樞神經系統
　　{ 腦
　　　脊髓
周邊神經系統
　腦脊髓神經（體神經系統=動物
　性神經）
　{ ·腦神經
　　·脊神經
　自主神經（內臟神經=植物性
　神經）
　　·交感神經
　　·副交感神經

中樞神經系統（central nervous system）位居神經系統的中央，會接受末梢傳來的刺激，產生相對應的衝動。中樞神經系統由脊髓（spinal cord）與腦（brain）構成。此外還有周邊神經系統（peripheral nervous system），可傳遞刺激或衝動，由腦脊髓神經（體神經系統，somatic nervous system）與自主神經（內臟神經系統，visceral nervous system）構成。

1 神經系統的起源

神經系統起源於外胚層（ectoderm），在胎兒3週大時，初期胚胎（胎兒）的背側外胚層會增厚，形成神經板（neural plate），接著沿正中線形成神經溝（neural groove）。第一個月結束時，神經溝上方會癒合，形成神經管（neural tube）。

神經管的前端會發育成腦部、後端則為脊椎。神經管前端有3個腦泡（原始腦泡，primary brain vesicle），可分別成為前腦（prosencephalon）、中腦（mesencephalon）與菱腦（rhombencephalon）。胎兒7個月大時，前腦會成為端腦（telencephalon）與間腦（diencephalon）、中腦維持原樣、菱腦則會分化為後腦〔metencephalon（橋腦、小腦）〕與延髓

Note

腦的分化

前腦 { 端腦=（左右）大腦半球
間腦

中腦

菱腦 { 後腦（橋腦、小腦）
髓腦（延髓）

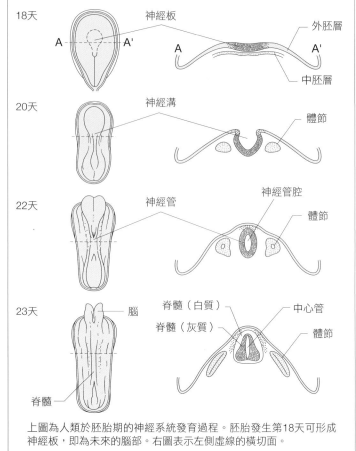

上圖為人類於胚胎期的神經系統發育過程。胚胎發生第18天可形成神經板，即為未來的腦部。右圖表示左側虛線的橫切面。

▲圖10-3　胚胎期的神經系統發育過程。

（myelencephalon，延髓）。

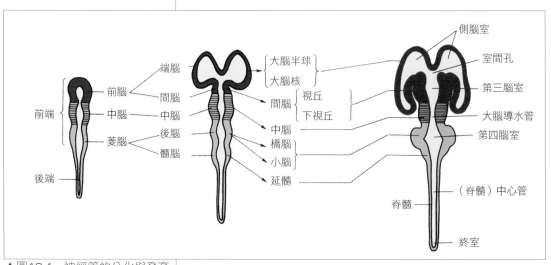

▲圖10-4　神經管的分化與發育

2 腦室
cerebral ventricle

神經管的內腔隨著各部位分化，會逐漸擴張成為腦室系統。其中側腦室（lateral ventricle）位於左右大腦半球，第三腦室（third ventricle）位於間腦，第四腦室（fourth ventricle）位在橋腦、延腦與小腦。室間孔（interventricular foramen/ foramen of Monro）讓側腦室與第三腦室相連，位於中腦的大腦導水管（mesencephalic aqueduct）則連起第三腦室與第四腦室。第四腦室往下為脊髓的中心管（central canal），再往下便止於終室（terminal ventricle）。

腦室系統中有定量的腦脊髓液，會從第四腦室的正中孔（median aperture）與左右兩邊的側孔（lateral aperture）流入蜘蛛膜下腔。

N o t e

腦室

（左右）側腦室：（左右）大腦半球
第三腦室：間腦
大腦導水管：中腦
第四腦室：橋腦、延腦與小腦

第四腦室的三孔

左、右側孔（foramen of Luschka）
正中孔（foramen of Magendie）

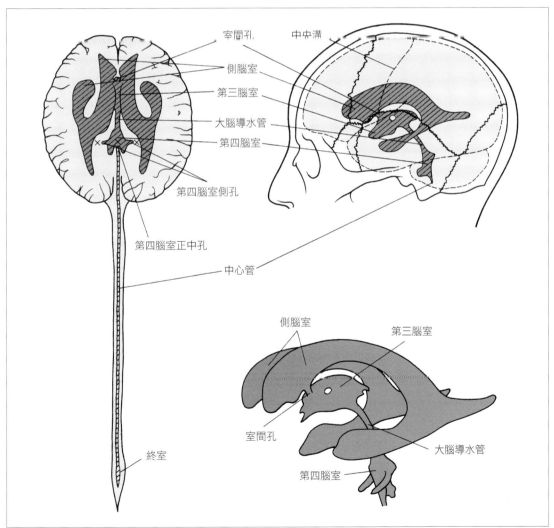

▲圖10-5　腦室系統（左）、腦室側面（右）與腦室擴大圖

蜘蛛膜顆粒
....

蜘蛛膜顆粒位於腦蜘蛛膜上，會進入上矢狀竇（腦膜靜脈竇的一種）中。有一部份甚至會進入頭蓋骨的骨骼中，在骨頭內側面形成小凹陷（蜘蛛膜顆粒小凹）。

腦脊髓液之分泌
....
來自腦室內的脈絡叢

腦脊髓液
....

人體一天會產生大約500mL的腦脊髓液，但其總量是90～150mL，所以腦脊髓液會在數小時全部換新並排泄出去。腦脊髓液約佔了腦室中腦髓的20％，幾乎都在蜘蛛膜下腔。▶表10-1

3 腦膜與脊髓膜
meninges

腦膜與脊髓膜（皆為meninges）包覆著腦與脊髓，由外而內共有3層，分別是附著在最外層骨骼上的硬腦膜（dura mater）、中間的蜘蛛膜（arachnoid mater），以及位在最內層，和腦與脊髓緊密相黏的軟腦膜（pia mater）。

A. 腦膜

①硬腦膜（cerebral dura mater）：硬腦膜有內外兩層。外層同時也是骨膜，內層沿著腦的形狀包住腦部。嵌入左右大腦半球之間的腦硬膜稱為大腦鐮（falx cerebri），端腦與小腦間的硬腦膜則稱為小腦幕（tentorium cerebelli），嵌入左右小腦半球之間者稱為小腦鐮（falx cerebelli）。由肉眼看來，硬腦膜的內外兩層似為一片厚膜，但會在特定的部位分開，形成腦膜靜脈竇（dural sinuses）。

②蜘蛛膜下腔（subarachnoid space）：腦蜘蛛膜與軟腦膜之間的腔隙稱為蜘蛛膜下腔，內有腦脊髓液（cerebrospinal fluid，又稱liquor）。顱頂一帶會有許多小突起（蜘蛛膜顆粒，arachnoid granulation），從蜘蛛膜進入靜脈竇內（上矢狀竇，superior sagittal sinus），而部分的髓液也會由靜脈竇吸收。

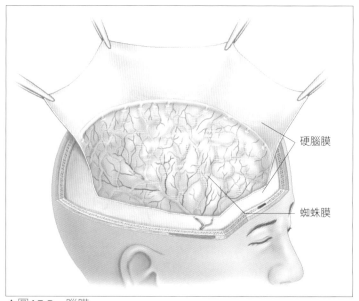

硬腦膜

蜘蛛膜

▲圖10-6 腦膜

B. 脊髓膜

脊硬膜（spinal dura mater）用肉眼即可看出分成2層，內外兩層之間的腔隙稱為硬膜上腔。在脊蜘蛛膜（spinal arachnoid mater）與脊軟膜（spinal pia mater）之間與腦部相同，都有蜘蛛膜下腔，其中也有腦脊髓液。臨床上的腰椎穿刺（lumbar puncture）便是於該處進行。▶參閱圖10-11

4 腦脊髓液（cerebrospinal fluid）之循環

側腦室、第三腦室、第四腦室的脈絡組織中有突起的脈絡叢（choroid plexus），腦脊髓液便是藉由脈絡叢分泌至各腦室，接著從第四腦室的3孔（正中孔與左右側孔）流入蜘蛛膜下腔，再從蜘蛛膜下腔進入腦硬膜中的靜脈竇。

因為腦室中與蜘蛛膜下腔都有腦脊髓液，中樞神經系統的內腔與外側面便在液體的保護之下。

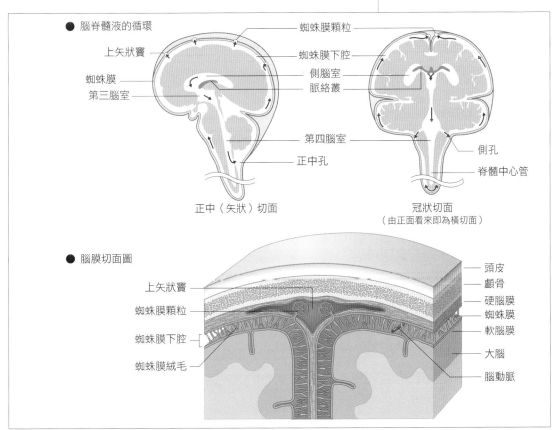

● 腦脊髓液的循環

蜘蛛膜顆粒
上矢狀竇
蜘蛛膜
第三腦室
蜘蛛膜下腔
側腦室
脈絡叢
第四腦室
正中孔
側孔
脊髓中心管

正中（矢狀）切面

冠狀切面
（由正面看來即為橫切面）

● 腦膜切面圖

上矢狀竇
蜘蛛膜顆粒
蜘蛛膜下腔
蜘蛛膜絨毛
頭皮
顱骨
硬腦膜
蜘蛛膜
軟腦膜
大腦
腦動脈

▲圖10-7　腦脊髓液的循環（取自Rasmussen之著作）

▼表10-1 腦脊髓液的成分與性質（Merritt& Fremont-Smith）

	腦脊髓液	血清（平均）
比 重	1.006～1.009	1.025
溶質（統計）	0.83～1.77mL／100g	8.7
水 分	98.75～99.18mL／100g	91.3
冰 點	−0.535～0.600℃	0.507
pH	7.35～7.42	7.32
Cl（NaCl）	710～745	594
無機P	1.25～2.10mg／100mL	4
乳 酸	10～21.0mg／100mL	15
Na	310～348mg／100mL	316
Ca	4.1～5.4 mg／100mL	10
全蛋白		7,000
腰椎穿刺	12～45mg／100mL	
蜘蛛膜下池	10～25mg／100mL	
白蛋白（腰椎穿刺）	20mg/100mL	4,430
球蛋白（腰椎穿刺）	4mg／100mL	2,570
非蛋白氮	12～28mg／100mL	27
尿酸	0.4～2.3 mg／100mL	4
所有還原物質	50～80mg／100mL	98
除葡萄糖外的還原物質	4mg／100mL	6

5 神經興奮之產生與傳導

A. 興奮的產生

人體內的所有細胞（包括神經細胞）內部的電荷為負值，因此細胞膜內外有電位差，稱為膜電位（membrane potential）。膜電位負值在人體靜止時產生的電位差，稱為靜止電位（resting potential）。

無論任何細胞（神經細胞、肌肉細胞、接受器細胞等）在活動時，電位都會產生變化，其電位差稱為活動電位（action potential）。為了產生活動電位，外界加諸的因素稱為刺激（stimulus），而刺激產生的生理變化則稱為興奮（excitation）。

神經細胞的膜電位會因刺激而發生變化，產生活動電位。活動電位的產生便稱為興奮（excitation）。使活動電位產生的最小刺激稱為閾值（threshold），但即便給予高過閾值的刺激，興奮也不會更強。簡而言之，活動電位受到刺激後，只依照「全或無定律（all-or-none law）」產生有或無兩種反應。

閾值
......
可有效產生興奮的最小刺激。

全或無定律
......
只要刺激達到一定程度便可引起興奮，但即便刺激再大也不會使興奮更強。

B. 不反應期（refractory period）

　　當興奮因刺激而產生時，會有一段時間對於第二次刺激較無反應，無法產生興奮，這就是不反應期。

　　神經纖維的活動電位從上升期要轉為下降期時，會對刺激毫無反應，稱為**絕對不反應期**（absolute refractory period）。之後若施加強烈的刺激，便可引起不完全的興奮，這段期間稱為**相對不反應期**（relative refractory period）。

C. 興奮傳導（conduction）

　　在神經與肌纖維中，於細胞一角產生的活動電位（衝動，impulse）會迅速擴散到整個細胞。這種在局部產生的興奮，逐漸傳導到末梢的過程，稱為**興奮傳導**或**衝動傳導**。

　　神經系統傳導時，會將神經資訊轉為特定大小的衝動，進行長距離且穩定的傳導。這種傳導是傳遞興奮而非刺激。換句話說，興奮（等於活動電位）會刺激相同細胞中尚未興奮的部分，在該處產生新的活動電位。衝動傳導便是用這種方式反覆傳遞下去。

D. 突觸傳導（synaptic transmission）

　　神經元之中的資訊傳遞，需依賴活動電位的傳導（conduction），而兩個神經元之間的突觸，則是藉由神經傳導物質進行傳導（transmission）。

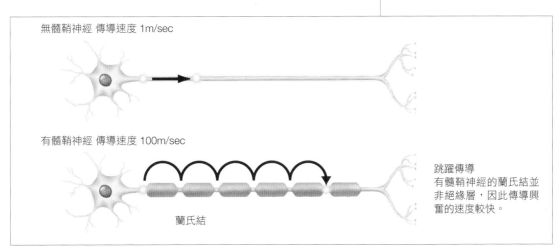

無髓鞘神經 傳導速度 1m/sec

有髓鞘神經 傳導速度 100m/sec

蘭氏結

跳躍傳導
有髓鞘神經的蘭氏結並非絕緣層，因此傳導興奮的速度較快。

▲圖10-8　傳導興奮的方式

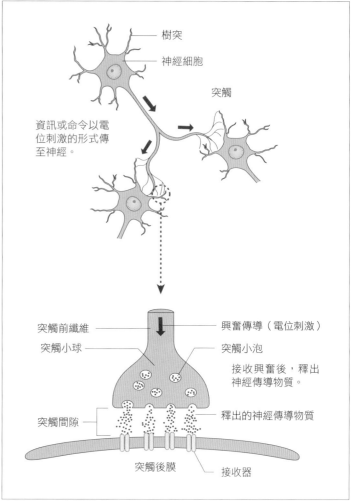

▲圖10-9　突觸結合

節前纖維

〔突觸前纖維、突觸前神經元（presynaptic neuron）〕：將資訊送往神經節的神經纖維（軸突）。

節後纖維

〔突觸後纖維、突觸後神經元（postsynaptic neuron）〕：將資訊從神經節傳遞至末梢的神經纖維（軸突）。

神經之間的結合

軸突與細胞體間的突觸：軸突前端與其他神經的細胞體結合。
軸突與樹突間的突觸：軸突前端與樹突結合。
軸突之間的突觸：軸突相互結合。

突觸小球

突觸前纖維的末端有突觸小球，內含神經傳導物質。

突觸間隙

間隙大小約為200Å。

突觸後膜

突觸後膜為神經細胞，與突觸前纖維相連接。

■突觸（synapse）

是神經纖維（軸突）與其他神經細胞或肌肉細胞的接合處。

■神經節（ganglion）

位於周邊神經系統，是神經之間形成突觸結合的地方。

■突觸傳導的機制

當興奮到達神經纖維的末端，突觸小泡（synaptic vesicle）之中的神經傳導物質（transmitter）會釋放到突觸間隙（synaptic cleft）中。釋放出的神經傳導物質會進入突觸後膜（postsynaptic membrane），與該傳導物質特有的接受器結合。如此一來，突觸後膜會產生局部性的去極化作用（局部電位），釋放出大量的神經傳導物質。若該去極化作用達到閾值，便會產生傳導性的活動電位。

當我們和朋友開玩笑時，常輕敲腦袋，說這樣就死了兩三百個腦細胞，甚至有人說自己死了一、兩萬個腦細胞。

實際上人體究竟有多少腦細胞呢？大部分的書籍都寫100億個，但這個答案是誰算的？又是用什麼方法算呢？如果從1開始數數，快一點的話1分鐘可以數到200，數一整天就是200×60分鐘×24小時=288,000。這麼一來，要數到100億就需要：100億÷288,000÷365天=96。單從1數到100億，不吃不喝也不睡，還是得花上96年。

這裡我們參考了神經解剖權威，佐野豐教授的著作內容。其中提到有人在1980年利用電子顯微鏡，觀察1mm²的大腦皮質角柱，估算出其中有146,000個神經細胞，而大腦皮質的表面積約為1,800～2,200cm²，因此整個大腦皮質的神經細胞，據說有263億到321億個左右。而1mm²的小腦皮質約有501,750個神經細胞，又小腦皮質表面積為300 cm²，所以神經細胞共有150億個以上。光是大腦皮質與小腦皮質的神經細胞，加起來就有450億個，這麼一來，整個腦部應該也有兩倍以上，故佐野教授認為腦細胞有1,000億個。

光要數到100億就得耗時將近100年，即便是目測統計的高手，要數到1000億也得花上數百年呢。

這麼說來，腦細胞的數目果然令人驚訝。

 中樞神經系統
central nervous system

脊髓圓錐

位於脊髓下端，呈細圓錐狀，終止於第1～2腰椎的水平高度。

脊髓的區分

髓節的區分與進出脊髓的31對脊髓神經相對應，頸部（頸髓）有8對頸神經（C）、胸部（胸髓）有12對胸神經（T）、腰部（腰髓）有5對腰神經（L）、脊髓圓錐（薦髓、尾髓）有5對薦神經（S）與1對尾骨神經（C）。但髓節與脊椎骨的高度並不一致。

脊髓節與椎骨的位置關係

頸部（頸髓）：前6個頸椎的高度範圍。

胸部（胸髓）：第7頸椎至第9胸椎棘突的高度範圍。

腰部（腰髓）：第10～12胸椎棘突的高度範圍。

脊髓圓錐（薦髓、尾髓）：第12胸椎棘突至第1～2腰椎間棘突的高度範圍。

馬尾（cauda equina）

腰骨、薦骨與尾骨神經，出自腰髓與脊髓圓錐，因其高出椎間孔及薦骨孔許多，所以神經要向下延伸至相對應的小孔。正因如此，脊椎管內的脊髓神經，在第2腰椎以下便會散開，該處便稱做馬尾。

1 脊髓
spinal cord

脊髓源自神經管後端，位於脊椎管內，直徑1cm，為細長的白色圓柱。在枕骨大孔的水平高度，脊髓上方與腦部（延腦）相連。而為了將神經纖維延伸至四肢，頸部與腰部的脊髓會比較粗〔頸膨部（cervical enlargement）、腰膨部（lumbar enlargement）〕。脊髓下端會逐漸變細，在第1～2腰椎的水平高度結束（**脊髓圓錐**，conus medullaris），其尖端會形成終絲，附著於尾骨背面。脊髓由上而下可分為頸部、胸部、腰部與脊髓圓錐4個部分。

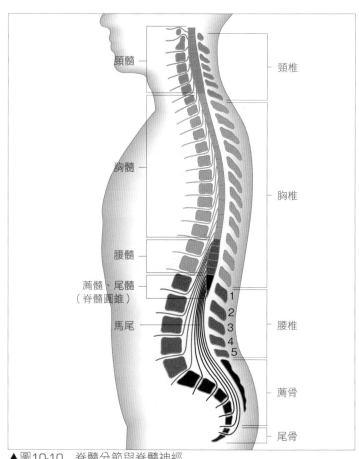

頸髓
胸髓
腰髓
薦髓、尾髓
（脊髓圓錐）
馬尾

頸椎
胸椎
腰椎
薦骨
尾骨

▲圖10-10　脊髓分節與脊髓神經

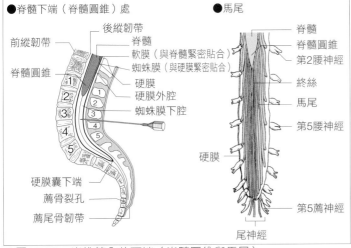

▲圖10-11　脊椎管內的下端（脊髓圓錐與馬尾）

A. 脊髓的結構

■外形

縱走於脊髓正面的深溝稱為**前正中裂**（anterior median fissure），後面則有較淺的**後正中溝**（posterior median sulcus）。兩處偏外側的部分，都連接著腹根（ventral root）及背根（dorsal root）。

■內部（切面結構）

在脊髓的橫切面中，有H字形的**灰質**（gray matter），周圍則包覆著**白質**（white matter），中央有細的**中心管**（central canal），上端則與第四腦室相連。灰質由神經細胞構成，分成**前柱**（anterior column/ 前角，anterior horn）、**後柱**（posterior column/ 後角，posterior horn）與胸部的**外側柱**（lateral column/

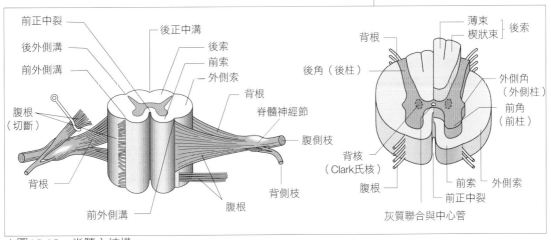

▲圖10-12　脊髓之結構

外側角，lateral horn）。白質是由縱向的神經纖維構成，分為前索（anterior funiculus）、外側索（lateral funiculus）與後索（posterior funiculus）。

B. 脊髓反射（spinal reflax）

■體神經系統（動物性神經）的反射

體神經系統的反射與隨意肌和身體的運動有關，包括皮膚或肌腱（深層）受到刺激時所產生的屈曲或伸展反射。

①**屈曲反射**（flexion reflex）〔屈肌反射、退縮反射〕：當皮膚等部位受到刺激時，屈肌會收縮以避免刺激，有助於脫離危險狀態（防禦反射，defense reflex）。腹壁反射（$T_8 \sim T_{12}$）與足底反射（$S_1 \sim S_2$）皆是。

②**對側伸直反射**（crossed extension reflex）：當肢體進行屈曲反射時，對側另一肢便會伸展以支撐體重，這就是伸直反射。

③**牽張反射**（stretch reflex，肌肉伸展反射）：當輸入神經所附著的骨骼肌伸展時，肌紡錘便會產生興奮，傳導至脊髓，再立刻傳至該肌肉使其收縮。

④**膝腱反射**（patellar tendon reflex）（$L_2 \sim L_4$）：此為伸展反射。若以錘子敲打股四頭肌的肌腱，肌紡錘便會伸展，使股四頭肌反射性收縮，伸展膝關節，小腿便會往上提。跟腱反射（Achilles reflex）（$L_5 \sim S_2$）也是如此。

■自主神經系統（植物性神經）之反射

自主神經系統會進行內臟反射（visceral reflex），與不隨意肌及內臟的自主功能相關。排便、排尿、勃起、射精、分娩（腰髓、薦髓）以及瞳孔放大皆是，其他還有發汗中樞、血管運動中

反射

神經末梢受到的刺激，可藉由輸入神經傳遞至中樞神經（大腦皮質除外），再藉由輸出神經，從中樞傳遞至末梢，產生肌肉收縮、腺體分泌增減等效果。該反應與意志無關，為無意識或不隨意的。構成反射的要件為接受器、輸入神經、反射中樞、輸出神經與受動器。

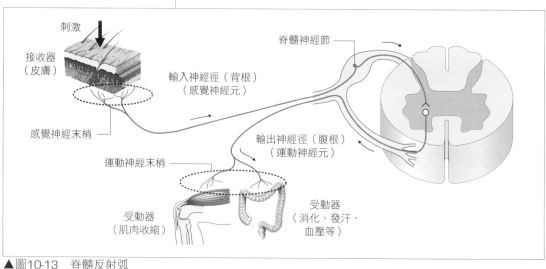

▲圖10-13　脊髓反射弧

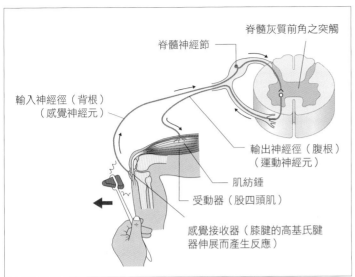

▲圖10-14　膝腱反射

樞、豎毛中樞等等。

反射弧
reflex arc

反射弧是興奮反射時的路徑，分成輸入神經徑、中樞神經（包含腦與脊髓，但大腦皮質除外）、輸出神經徑。

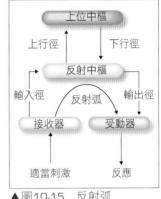

▲圖10-15　反射弧

2 腦
brain

腦部位於顱腔內，受到腦膜與腦脊髓液的保護。成年人的腦部平均重量約為1,300公克。

腦幹

包含中腦、橋腦、延髓（有時亦包含間腦）。

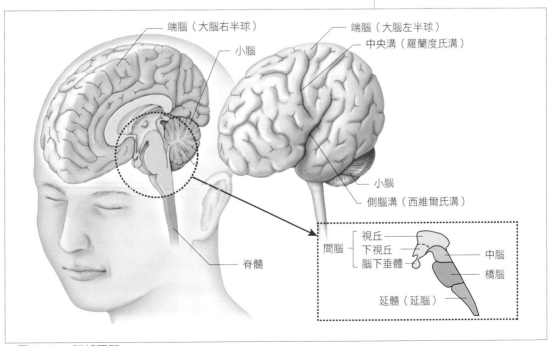

▲圖10-16　腦部區間

腦神經核

　　腦神經為周邊神經，會進出腦部，而腦幹有些神經細胞群，是腦神經的起始與終止處，該處稱為腦神經核。

胼胝體

　　是連結左右大腦半球的神經纖維束，為板狀的白質構成。人類學習而來的識別能力、對於感覺的經驗與記憶等，都要藉由胼胝體連結兩半球才得以發揮，扮演相當重要的角色。

穹窿

　　是縱向延伸於胼胝體下方的弧狀纖維束。

透明隔

　　透明隔為板狀，介於胼胝體與穹窿之間，為分隔左右側腦室的薄膜。

　　腦部分為左右大腦半球形成的**端腦**（telencephalon）、**間腦**（diencephalon）、**中腦**（mesencephalon）、**橋腦**（pons）、**小腦**（cerebellum）與**延髓**（medulla oblongata）。而中腦、橋腦與延髓合稱**腦幹**（brain stem），可串起脊髓、小腦與大腦半球，對於維持生命機能有相當重要的地位，許多腦神經核也位於該處。

A. 端腦（左、右大腦半球）（telencephalon，cerebral hemisphere）

　　端腦位於腦部最上端，人類的端腦尤其發達。整體而言為橢圓形，正中線上有深溝，稱為**大腦縱裂**（cerebral longitudinal fissure），將大腦分為左右兩個半球。大腦縱裂中有大腦鐮（flax cerebri），為硬腦膜的一部份，可隔開左右半球。此外端腦與小腦之間有很深的大腦橫裂（大腦小腦裂，cerebrocerebellar fissure），內有小腦幕（tentorium cerebelli）嵌入。左右大腦半球中，內側以**胼胝體**（corpus callosum）相連，表層則由灰質構成，稱為**大腦皮質**（cerebral cortex），深層為白質，稱為大腦髓質（cerebral medulla）。深層的白質中散佈著灰質塊，稱為基底核（cerebral nuclei）。大腦半球的內部則有**側腦室**（lateral ventricle）。

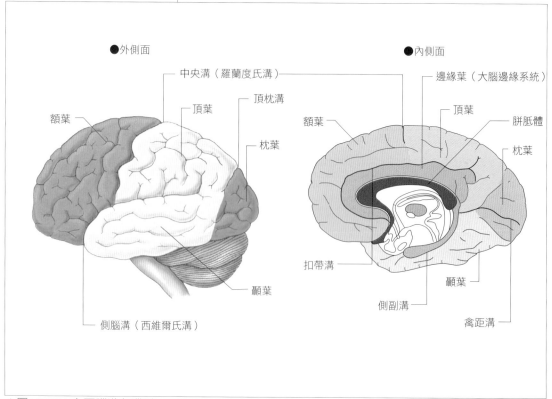

●外側面　　　　　　　　　　　　●內側面

中央溝（羅蘭度氏溝）　　　　邊緣葉（大腦邊緣系統）

頂枕溝

額葉　　頂葉　　枕葉　　　額葉　　頂葉　　胼胝體

枕葉

顳葉

扣帶溝

側副溝

顳葉

禽距溝

側腦溝（西維爾氏溝）

▲圖10-17　主要腦溝與腦裂

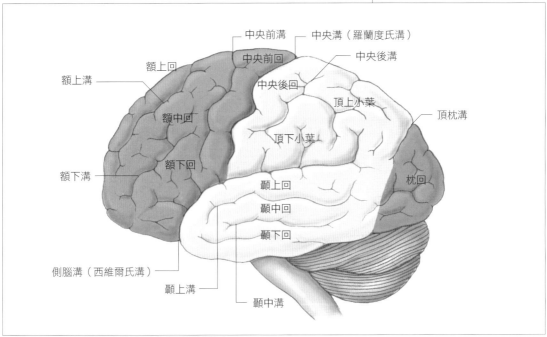

▲圖10-18　大腦半球外側面之腦溝與腦回

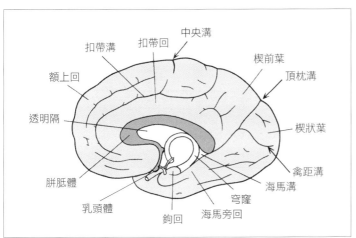

▲圖10-19　大腦半球內側面之腦溝與腦回（正中右側切面）

■端腦的外形

大腦半球的表面有許多溝（**腦溝**，sulcus），溝與溝之間則有突起（**腦回**，gyrus），而特別深又清楚的腦溝有**中央溝**（central sulcus）、**側腦溝**（lateral sulcus）與**頂枕溝**（parietooccipital sulcus）等，畫分出了額葉（frontal lobe）、頂葉（parietal lobe）、枕葉（occipital lobe）與顳葉（temporal lobe）。

大腦半球之區分
....
額葉
頂葉
枕葉
顳葉

腦溝
....
中央溝（羅蘭度氏溝）
側腦溝（西維爾氏溝）
頂枕溝

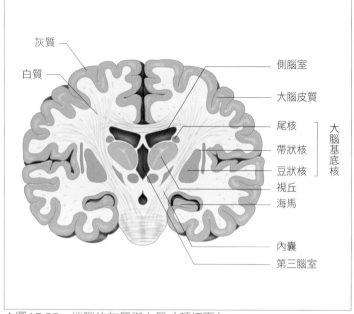

▲圖10-20　端腦的灰質與白質（額切面）

■端腦的結構

端腦可分為嗅腦、外表、胼胝體、穹窿、透明隔與基底核。

①**嗅腦**（olfactory brain）：嗅腦位於大腦半球內側的底面，與嗅覺相關，分成嗅球（olfactory bulb）、嗅徑（olfactory tract）、嗅三角（olfactory trigone）。人類的嗅腦已經明顯退化，變得較小。嗅球與嗅神經（olfactory nerve）相連。

②**外表**（pallium）：外表為大腦半球的主要部分，分為大腦皮質與大腦髓質。表面有灰質（神經細胞）形成厚的大腦皮質，深層有白質（神經纖維）形成大腦髓質，其中有側腦室（lateral ventricle）與灰質塊構成的基底核（cerebral nuclei）。

　大腦皮質中有各種形狀與大小的神經細胞，形成多層結構。除了特殊部位以外，基本上有6層，由外而內分別是分子層（molecular layer）、顆粒外層（external granular layer）、錐狀外層（external pyramidal layer）、顆粒內層（internal granular layer）、錐狀內層（internal pyramidal layer）、多形細胞層（multiform layer）。

③**胼胝體**（corpus callosum）、**穹窿**（fornix）、**透明隔**（septum pellucidum）：以上三者皆位於左右大腦半球內側面的深處。

▶參閱圖10-17、27

· **胼胝體**：成分為白質，位於大腦縱裂的底部，連接起左右大腦半球。其纖維放射至整個大腦半球，形成胼胝體放線（radiating fibers of corpus callosum）。

· **穹窿**：位於胼胝體的腹側，是乳頭體與（海馬旁回）鉤回

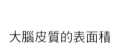

大腦皮質的表面積

　成年人的大腦皮質表面積約為220,000mm^2，其三分之二位在腦溝內，表面只露出三分之一。

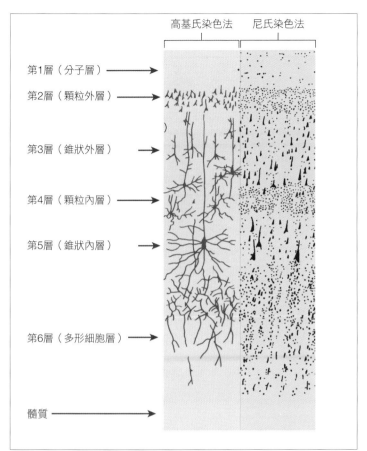

第1層（分子層）

第2層（顆粒外層）

高基氏染色法　尼氏染色法

第3層（錐狀外層）

第4層（顆粒內層）

第5層（錐狀內層）

第6層（多形細胞層）

髓質

▲圖10-21　端腦的灰質與白質（額切面）

大腦皮質之細胞架構

〔根據布德曼（Brodmann）之學
說，分為6層〕
（Ⅰ）分子層
（Ⅱ）顆粒外層
（Ⅲ）錐狀外層
（Ⅳ）顆粒內層
（Ⅴ）錐狀內層
（Ⅵ）多形細胞層

第2與第4之顆粒層與感覺有關。

第5層的大型錐狀內層與運動有
關。

新皮質與舊皮質

新皮質（neocortex）：大腦皮質
　中可分為6層的皮質，屬於新皮
　質。越是高等的動物，新皮質的
　範圍越大。
舊皮質（archicortex）：舊皮質接
　近腦的底面，無法區分成6層。
　低等動物的舊皮質範圍較大。

基底核

尾核

豆狀核 ｛ 殼核　紋狀體
　　　　蒼白球

帶狀核
杏仁體

之間的弧狀白質。

・**透明隔**：位於左右大腦半球的內側面，在胼胝體與穹窿之
　間，為薄層的灰質板，隔出左右半球，也是側腦室的內側
　壁。

④**基底核**（cerebral nuclei，大腦基底核）：位於大腦半球的深
　處，是大腦髓質（白質）中的灰質塊，在視丘的外側。基底核
　可分為尾核、豆狀核、帶狀核、杏仁體共4個部位。

・**尾核**（caudate nucleus）：位於側腦室外側。

・**豆狀核**（lenticular nucleus）：外型類似豆狀，位於內囊的
　外側。豆狀核的內層為蒼白球（globus pallidus）、外層為殼
　核（putamen）。

・**紋狀體**（striate body）：構成殼核與尾核的，是相同性質的
　神經細胞，其剖面呈現許多線條，因此尾核與殼核統稱為紋
　狀體。紋狀體屬於椎體外徑系統，可調節肌肉緊張程度，讓
　肌肉得以順利活動。

・**帶狀核**（claustrum）：位於腦島皮質內側，是腦島與殼核
　之間的薄片狀灰質，功能不明。

・**杏仁體**（amygdaloid body）：位於顳葉內側面靠近前端

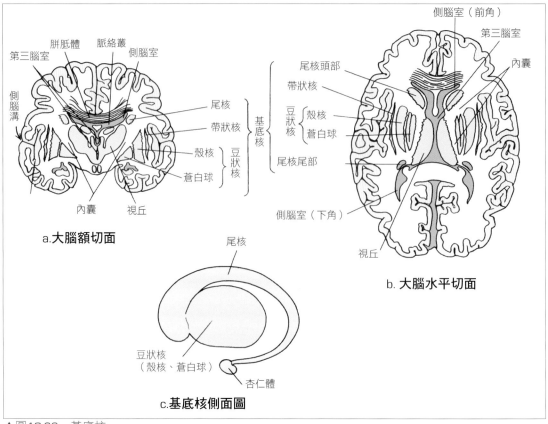

▲圖10-22　基底核

基底核病變的症狀

舞蹈病：這種疾病不會造成運動麻
痺，而是在進行隨意運動時，臉
部、口唇、舌頭、四肢等處，會
突然產生不隨意且連續性的運
動，例如皺眉、手指突然伸直或
彎曲。

指痙症：症狀起於四肢末梢，會產
生常人無法模仿的過度伸展或特
異姿勢，但動作是緩慢進行。

帕金森氏症：面無表情，宛如撲克
臉，站立時身體前傾。走路時步
伐較小，類似小碎步。

處，與嗅覺、自律功能及椎體外徑系統有關。

■基底核病變

若基底核產生病變，會引起特殊的不隨意運動。

①舞蹈病（chorea）：紋狀體（尾核）中的細胞萎縮或脫落。

②指痙症（athetosis）：紋狀體或蒼白球的外節產生病變。

③帕金森氏症（parkinsonism）：黑質（中腦的一部份）或蒼白
球產生病變。

■大腦皮質之功能位置（functional localization）

布德曼將人類大腦皮質的神經細胞，依照種類與結構分成52
區。在這52區中，和感覺與運動有關的各種機能中樞，只分佈在
固定的區域，這就是功能位置。

①**運動區**（motor area）：掌管骨骼肌之隨意運動的錐體徑中樞，位於中央前回。中央上部至側邊下部，依序支配身體的下肢、軀幹、上肢、頭頸部。▶圖10-23

支配區域與中樞的所在位置相反，例如左側的中樞會支配右邊的肌肉。

中央前回有錐體徑的中樞，可支配骨骼肌無意識的運動與肌肉緊張。

②**軀體感覺區**（somatosensory area）：位於中心後回，是參與皮膚感覺（觸覺、溫覺、痛覺）與肌覺（深層感覺）的中樞。軀體感覺區與運動中樞的錐體徑中樞，隔著一條中央溝，但與錐體徑的中樞相同，其支配區域從中央上部開始，依序為下肢、軀幹、上肢、頭頸部，且身體的右側為左側中樞所支配。

③**視覺區**（visual area）：位於枕葉內側面，**禽距溝**（calcarine sulcus）的上下兩方。

④**聽覺區**（auditory area）：位於顳葉上面，屬於顳上回的一部份。

布德曼腦地圖（各區）與大腦皮質功能位置

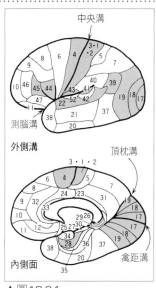

▲圖10-24

①運動區：第4區
②軀體感覺區：第3、1、2區
③視覺區：第17、18、19區
④聽覺區：第41區
⑤嗅覺區：第28區
⑥味覺區：第43區
⑦-1運動語言中樞（布洛卡中樞）：第44、45區
⑦-2聽覺語言中樞（韋尼克氏中樞）：第39區
⑦-3視覺語言中樞：第39區

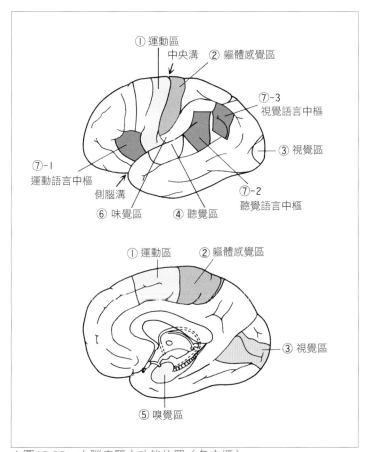

▲圖10-23　大腦皮質之功能位置（各中樞）

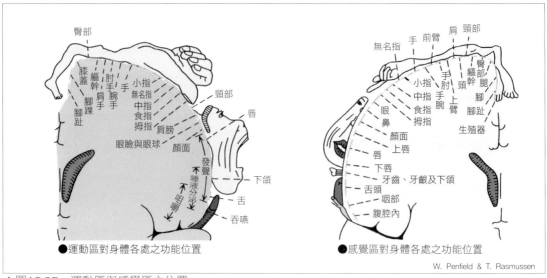

●運動區對身體各處之功能位置　　　●感覺區對身體各處之功能位置

W. Penfield & T. Rasmussen

▲圖10-25　運動區與感覺區之位置

 N o t e

失語症
aphasia
....
運動性失語：可以聽、寫與閱讀，
　　但無法說話。
感覺性失語：語言在病患耳中只是
　　雜音，無法瞭解內容。
失讀症：無法理解文字代表的內
　　容。

大腦皮質
....
　　大腦皮質可分為新皮質與異皮
質，前者於發生的過程中擁有6層
結構，後者沒有6層結構，發生的
過程也較早。
　　人類的大腦皮質中有90%以上為
新皮質。
　　異皮質可分為舊皮質與古皮質，
前者有嗅腦等，是最古老的皮質，
而後者比舊皮質稍新，海馬、海馬
旁回與齒狀回皆是。

⑤**嗅覺區**（olfactory area）：位於顳葉內側面，為海馬的一部
　份。

⑥**味覺區**（gustatory area）：位於中央後回下部，舌頭的軀體感
　覺區也在附近。

⑦**語言區**（speech area）：位於大腦半球外側面，基本上語言區
　與左、右撇子無關，都位於左半球。但部分左撇子的人，語言
　區位在右半球，或左右兩半球皆有。

⑦-1. **運動語言中樞**〔motor speech center，又稱布洛卡（Broca）
　中樞〕：位於額葉（額下回）底部。該中樞支配運動中樞前
　下方的語言運動，若發生病變，會導致運動性失語（motor
　aphasia）。

⑦-2. **聽覺（感覺）語言中樞**〔sensory speech center，又稱韋尼
　克氏（Wernicke）中樞〕：分佈於顳葉（顳上回）後方1/3至頂
　葉（緣上回）的部分區域。該中樞可理解所聽的語言，若產生
　病變會導致感覺性失語（sensory aphasia）。

⑦-3. **視覺語言中樞**（optic speech center）：位於頂葉（角
　回）的部分區域，可理解文字，若產生病變會導致失讀症
　（alexia）。

　　韋尼克氏中樞可理解視覺及聽覺的資訊，再藉由弓狀束投射至
運動中樞最下端的布洛卡中樞。布洛卡中樞會將收到的資訊化為
語言組合，傳遞至運動區，成為我們說出的語言。

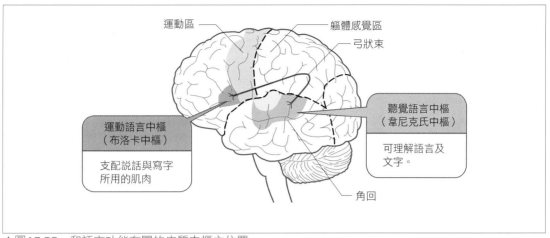

▲圖10-26　和語言功能有關的皮質中樞之位置

（改編自大地陸男著：生理學教科書，修訂第4版。文光堂。2003）

■大腦邊緣系統 limbic system

　　大腦邊緣系統包括舊皮質、古皮質及部分基底核，位於腦的內側，意指胼胝體周圍的嗅腦、扣帶回、海馬、齒狀回、海馬回、海馬旁回、杏仁體、乳頭體等等。

　　邊緣系統與個人生存和種族延續有關，也就是基本的生命活動，屬於人類與動物共通的功能。例如進食與飲水（feeding and drinking behavior），以及性行為（sexual behavior）等等發自本能的動作。此外還能調節憤怒、愉快、不愉快等感情行為（emotional behavior）。此外邊緣系統某些部分，與自律功能的綜合中樞下視丘有關。

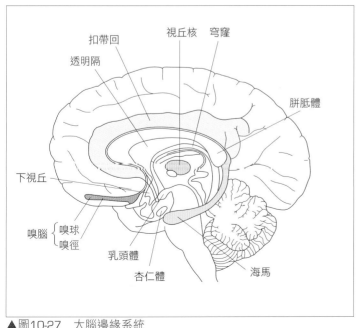

▲圖10-27　大腦邊緣系統

嗅腦

rhinencephalon

　　位於大腦半球的底面，是從額葉橫跨至顳葉的痕跡器官，分為前部（嗅球、嗅徑、嗅三角）與後部。

代表性的傳導路徑

①聯合神經徑：（a）弧纖維
　　　　　　　（b）鉤束
　　　　　　　（c）扣帶束
　　　　　　　（d）上縱束
　　　　　　　（e）下縱束
②接合神經徑：（a）胼胝體
　　　　　　　（b）穹窿接合
　　　　　　　（c）前、後接合
③投射神經徑：（a）下行徑（運動性）
　　　　　　　（b）上行徑（感覺性）

內囊

　　內囊為白質，周圍有視丘、尾核及豆狀核，與大腦皮質相連的運動纖維與感覺纖維，幾乎都會通過內囊。

腦波圖

electroencephalogram/ EEG

　　腦波圖是記錄腦波的圖形，因此腦波也常稱為EEG。

α阻斷

　　在安靜狀態下閉眼才會有明顯的α波，如果不時張開眼睛，α波就會消失，換快波出現。

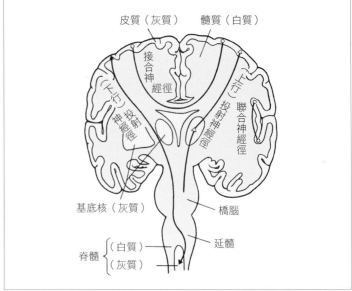

▲圖10-28　3種傳導路徑

■大腦髓質（cerebral medulla）

　　大腦髓質為白質部，大部分是有髓鞘的神經纖維。依照纖維在髓質中行走的方向，可區分為3類，各自成束，形成神經徑（傳導路徑）。

①聯合神經徑（association tract）：聯絡同一半球的皮質。

②接合神經徑（commissure tract）：聯絡兩個半球的皮質。

③投射神經徑（projection strand/ tract）：聯絡大腦皮質與皮質下部（腦幹以下）。

B.　腦波 brain wave

　　大腦皮質會產生自發性的波狀電流，從頭皮或大腦皮質直接誘導電波，並加以記錄即為腦波（brain wave）。

　　在清醒且安靜的狀態下，閉眼時枕骨部會產生明顯的8～13HZ腦波，這就是α波。腦波可依波長分為β波（14～25HZ）、α波（8～13HZ）、θ波（4～7HZ）、σ波（0.5～3.5HZ）。

C.　清醒與睡眠（wakefulness and sleep）的各階段

①Stage W（W）：清醒時或在平靜狀態下閉眼，會產生α波，而睜眼則會產生β波。

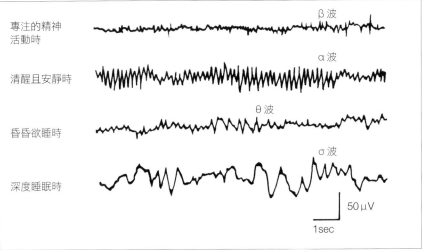

▲圖10-29 腦波

②Stage 1（Ⅰ）淺睡期：進入昏昏欲睡（嗜眠）的狀態。

③Stage 2（Ⅱ）深睡期：進入睡眠。

④Stage 3（Ⅲ）熟睡期、Stage 4（Ⅳ）沈睡期：進入深度睡眠，出現高振幅的σ波。當σ波佔20～30％時為熟睡期、50％以上則進入沈睡期。

⑤Stage REM（REM）快速動眼期：是最難叫醒的睡眠期，又稱為異型睡眠。

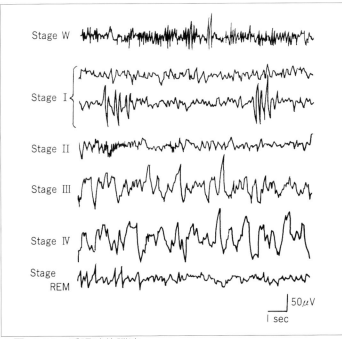

▲圖10-30 睡眠時的腦波

N o t e

夜間睡眠時的腦波變化

　　Stage 1只有短短的1～7分鐘，接著就是Stage 2→Stage3→Stage4→Stage REM。這樣循環一次約需1.5～2小時，一晚可重複4～5次。Stage 2大約佔睡眠時間的一半，Stage REM第二長，約1/4～1/5左右。

睡眠

非快速動眼睡眠：Stage1～Stage4
快速動眼睡眠：Stage REM

快速動眼睡眠

　　意即快速動眼（rapid eye movement：REM）期，顏面與手腳會產生小抽動，也容易作夢。

記憶障礙

　　若為了治療癲癇（epilepsy）而切除兩側顳葉，就會產生記憶障礙。如果海馬又受損，情況就會加劇。若是因飲酒過度造成科沙柯夫症候群（Korsakoff syndrome），也會對較新的記憶造成影響。病理解剖中顯示，該症候群患者的乳頭體、與視丘內背側的神經核都有損傷。

　　阿茲海默症（Alzheimer disease）會伴隨著認知障礙出現，初期的症狀是短期記憶障礙，病理上的特徵則是皮質出現病變。

D. 學習與記憶（learning and memory）

　　學習是以過去的經驗為基礎，讓行動有各種變化。而記憶是在有意識或無意識的狀態下，回想（recall）過去的刺激，擷取（acquisition）該資訊並保留（retention）在腦中。

　　記憶可分為短期記憶（感覺記憶與初級記憶）與長期記憶（次級記憶與三級記憶）。

①**短期記憶**（short-term memory）：資訊進入腦內時會成為**感覺記憶**，但只能維持在1秒以內，接著就會漸漸淡忘。初級記憶則是有新資訊進入時才會忘記。但藉由反覆使用或練習，可促使資訊轉為次級記憶，例如背誦電話號碼等。

②**長期記憶**（long-term memory）：長期記憶可分為次級記憶與三級記憶，前者可維持數分鐘至數年，後者則永遠不會忘記。次級記憶的資訊，會因為以往的學習內容，或是新增的學習內容而遺忘。例如對於幼兒時期的經驗，就是長期記憶。

③**與記憶有關的腦部位置**：海馬、海馬周圍的大腦皮質，以及乳頭體、視丘的部分腦核，都和記憶有密切關係。

E. 間腦（diencephalon）

　　間腦位於端腦與中腦之間，為一大塊灰質，包圍著第三腦室

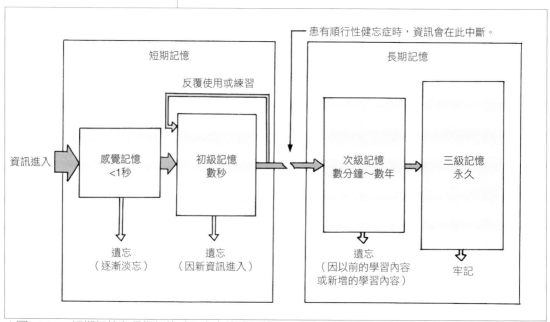

▲圖10-31　短期記憶與長期記憶（取自大地陸男著《生理學教科書》文光堂出版）

（third ventricle）。間腦的背側為端腦所覆蓋，只有腹側的一部分顯露於外。間腦可分成丘腦（thalamencephalon）與下視丘（hypothalamus）。

■視丘（thalamus）

視丘位於間腦的上部，為丘腦的主要部分。視丘是橢圓形的灰白質，從外側圍住第三腦室。丘腦間黏連（interthalamic adhesion）是其聯絡左右兩邊的灰白質。

視丘內部的神經核與感覺傳導徑路有關，除了嗅覺以外，所有的感覺神經都會通過視丘，因此除嗅覺外的感覺都會由視丘出發，前往大腦皮質的各中樞。

■上視丘（epithalamus）

可分為松果體（pineal body）、韁巢、韁巢聯合、韁巢三角。其中韁巢與韁巢三角，和嗅覺相關的傳導徑路有關。

■後視丘（metathalamus）

後視丘的內外兩側有2對灰質塊，內側的稱為內側膝狀體（medial geniculate body）、外側的稱為外側膝狀體（lateral geniculate body），前者是聽覺徑路的中繼核、後者是視覺徑路的中繼核。

■下視丘（hypothalamus）

下視丘位於視丘下部，形成第三腦室的底部。前方的漏斗（infundibulum）尖端與腦下垂體（hypophysis）相連。漏斗的前

N o t e

腦幹
....
間腦
· 視丘
· 下視丘
· 腦下垂體
中腦
· 大腦腳
· 大腦導水管
· 上丘
· 下丘
橋腦
延髓

丘腦
....
可區分為視丘、上視丘與後視丘。

視丘的功能
....
是感覺系統（皮膚感覺、深層感覺、味覺及部分的黏膜感覺）的神經徑路中繼站。

上視丘
....
有和嗅覺相關的核。

後視丘
....
外側膝狀體：視覺徑路的中繼核。
內側膝狀體：聽覺徑路的中繼核。

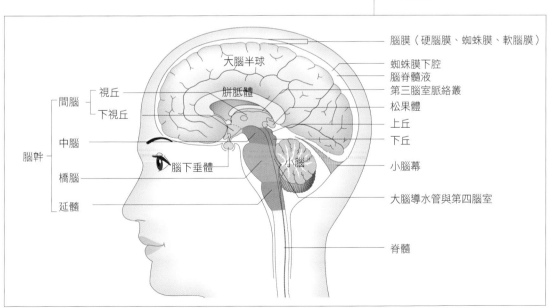

大腦半球
胼胝體
間腦 ─ 視丘
　　　 下視丘
中腦
橋腦
延髓
脳下垂體
小腦
脳幹

腦膜（硬腦膜、蜘蛛膜、軟腦膜）
蜘蛛膜下腔
腦脊髓液
第三腦室脈絡叢
松果體
上丘
下丘
小腦幕
大腦導水管與第四腦室
脊髓

▲圖10-32　腦幹之區分（正中矢狀切面）

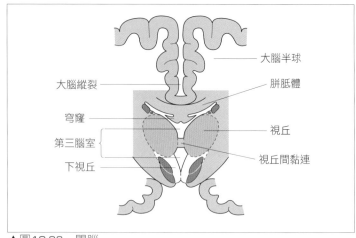

▲圖10-33　間腦

方有視神經交叉（optic chiasm），而後方可見到灰結節（tuber cinereum）與乳頭體（mamillary body）。下視丘中有許多神經核，是自主神經最大的中樞。

F.　中腦（mesencephalon/ midbrain）

中腦位於間腦與橋腦之間，腹側有大腦腳（cerebral crus）、中央有被蓋（tegmentum），而背側有中腦蓋（tectum mesencephali/ tectum of midbrain）。

■大腦腳（cerebral crus）

大腦腳是一對白質柱，從左右大腦半球朝橋腦底部延伸。錐體徑系統位於大腦腳中央，椎體外徑系統則行經其兩側。動眼神經（oculomotor nerve）會沿著大腦腳的內側延伸。

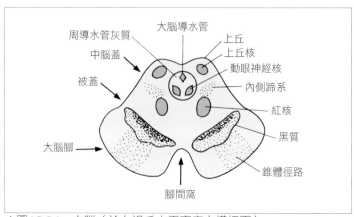

▲圖10-34　中腦（於上視丘水平高度之橫切面）

下視丘之功能

下視丘為自主神經最大中樞
　冷、熱中樞（調節體溫、水代謝中樞）
　性慾中樞
　食慾中樞
　睡眠中樞：可調節腦下垂體激素之分泌

中腦

　由大腦腳、被蓋、中腦蓋構成。

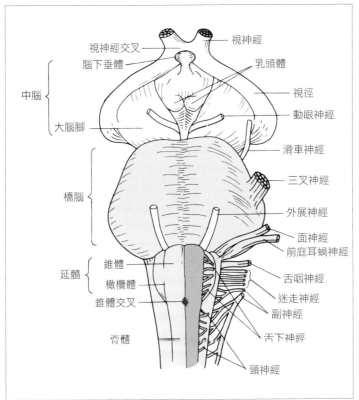

▲圖10-35　中腦、橋腦與延髓之前面觀

圖中標示（由上而下、由左而右）：
視神經交叉、腦下垂體、中腦、大腦腳、視神經、乳頭體、視徑、動眼神經、滑車神經、三叉神經、外展神經、面神經、前庭耳蝸神經、橋腦、延髓、錐體、橄欖體、錐體交叉、舌咽神經、迷走神經、副神經、舌下神經、脊髓、頸神經

■被蓋（tegmentum）

①**紅核**（red nucleus）：位於中央的兩側，參與**錐體外徑路系統**之運動。與小腦之間有纖維〔**上小腦腳**（superior cerebellar peduncle）〕連接。

②**黑質**（substantia nigra）：位於被蓋與大腦腳之間，屬於錐體外徑路系統的運動性中繼核。

③**大腦導水管**（cerebral aqueduct）：位於被蓋與中腦蓋之間，連結第四腦室與第三腦室。

④**動眼神經核**（oculomotor nucleus）：水平高度與上視丘同，位於大腦導水管周圍的灰質腹側。

⑤**滑車神經核**（trochlear nucleus）：水平高度與下視丘同，位於大腦導水管周圍的灰質腹側。

■中腦蓋（tectum mesencephali/ tectum of midbrain）

中腦蓋有四個丘體（上、下丘各一對）。

①**上丘**（superior colliculus）：為視覺傳導徑路的中繼站，是光反射中樞。

②**下丘**（inferior colliculus）：為聽覺傳導徑路的中繼站，下丘後方有滑車神經（trochlear nerve）經過。

N o t e

中腦的腦神經核

有動眼神經、滑車神經與三叉神經的中腦徑核。

中腦裡除了腦神經核以外的運動核

紅核、黑質、內側縱束核。

紅核發生障礙時

會產生不隨意運動（指痙症或顫抖等過動現象）。

黑質發生障礙時

會導致帕金森氏症候群（肌肉過度緊張、顫抖、動作遲緩或運動不能）。

眼睛的反射

光反射：當光線照到眼睛時，瞳孔會縮小。

眼瞼反射與及角膜反射：當物體突然靠近眼睛，或是角膜受到刺激時，眼瞼就會閉上。

眼球運動：由動眼神經核（與上視丘同水平高度）、滑車神經核（與下視丘同水平高度）、外展神經核（與橋腦下部同水平高度）三者支配。

淚液分泌：當三叉神經受到刺激，便會使淚液分泌。

橋腦的腦神經核

三叉神經、外展神經、面神經、前庭耳蝸神經

網狀激活系統

腦幹的網狀結構在系統的發生上較早形成，並會接收部分的感覺資訊。網狀結構也會往上對視丘的非特殊核傳遞衝動，增進大腦皮質的活動，使人清醒。這種提昇意識程度的機制稱為網狀激活系統。

腦幹的網狀結構

延髓、橋腦與中腦的內部，都可看到網狀結構，其中摻雜灰質與白質。網狀結構可分為延髓網狀結構、橋腦網狀結構，以及中腦網狀結構。

延髓的腦神經核

舌咽神經、迷走神經、副神經、舌下神經。

錐體徑路

為運動性傳導徑路，由大腦皮質的運動中樞往下到脊髓。（參閱271頁）

■中腦的功能

中腦是視覺反射與眼球運動的相關反射中樞。

①對於聽覺的刺激，可反射性產生眼球或身體的運動。

②與身體姿勢及平衡的保持有關。

C. 橋腦（pons）

橋腦位於中腦與延髓之間、屬於小腦的腹側，左右兩側為中小腦腳（middle cerebellar peduncle）與小腦相連。可分為底部（腹側突出部）與背部（被蓋）。

■底部

①橋腦核（pontine nuclei）：為大量的灰質。

②錐體徑路（pyramidal tract）、皮質橋腦徑（corticopontine tract）：為白質。

■背部

位於第四腦室底部，與延髓的背側部份一同構成菱形窩。橋腦背部有腦神經核（nuclei of cranial nerves），為三叉神經、外展神經、面神經、前庭耳蝸神經的核。

背部中央有網狀結構，主要的傳導徑路有內側蹄系（medial lemniscus）、外側蹄系（lateral lemniscus）、內側縱束（medial longitudinal fasciculus）。

H. 延髓（medulla oblongata）

延髓是腦的終端部分，與脊髓上端相連。延髓的上方為大圓錐形。

①錐體（pyramid）：延髓正面的前正中裂兩側，有一成對的突起，這就是錐體。錐體內有神經纖維束縱向行走，構成錐體徑

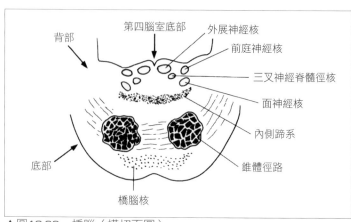

▲圖10-36　橋腦（橫切面圖）

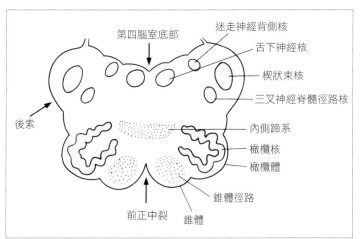

▲圖10-37　延髓（橫切面）

路。

②菱形窩（rhomboid fossa）：位於延髓的背面上部，形成第四腦室的底部。

③網狀結構（reticular formation）：網狀結構中摻雜白質與灰質，並分成中腦、橋腦與延髓網狀結構。延髓網狀結構中有自主神經中樞，可控制循環及呼吸運動，是維持生命的重要中樞。

④腦神經核（nuclei of cranial nerves）：與舌咽神經、迷走神經、副神經、舌下神經有關。

⑤下小腦腳（inferior cerebellar peduncle）：位於延髓背側面，與小腦相連。

I.　小腦（cerebellum）

　　小腦與橋腦、延髓都位在後顱窩（posterior cranial fossa）中，小腦在端腦後下方，橋腦與延髓的背側面，形成第四腦室的頂部。

■小腦的外形

　　小腦可分為中央的蚓部（vermis）與兩側的小腦半球（cerebellar hemisphere）。

　　小腦與端腦（左右大腦半球），以小腦幕（tentorium cerebelli）為分界線，小腦幕同時也是硬腦膜的一部分。而左右小腦半球則以小腦鐮（falx cerebelli）為分界。小腦的整個表面有許多小腦溝（cerebellar fissure）與小腦葉（cerebellar folia）。

■小腦的結構

①表層：小腦表面為小腦皮質（cerebellar cortex），屬於灰質

位於延髓的自主神經中樞

呼吸中樞、心臟中樞、血管運動中樞、吞嚥中樞、嘔吐中樞。

橄欖體

錐體外後方的橢圓形突起。

橄欖核

是橄欖體中，灰質錐體外徑傳導的中繼核。

3層小腦皮質

分子層
柏金氏細胞層
顆粒層

小腦核

齒狀核、栓狀核、球狀核、頂核。

小腦腳

上小腦腳：連接中腦。
中小腦腳：連接橋腦。
下小腦腳：連接延髓。

小腦的功能

肌肉緊張
平衡功能
姿勢反射
隨意運動之調節

小腦發生障礙時

測距不能：抓不準隨意運動的範
　　圍。
靜止性顫抖：姿勢固定時發生顫
　　抖。
意圖性顫抖（動作性顫抖）：意欲
　　取物或開始動作時會產生顫抖，
　　距離目標物越近，抖動越激烈。
解離性動作障礙：拮抗性的相互協
　　調無法順利運作，導致難以進行
　　反覆運動（前臂一手旋內、一手
　　旋外，並快速交替），或細膩複
　　雜的動作（讓左右食指在前方互
　　觸）。

層，由外而內可分成分子層（molecular layer）、柏金氏細胞
層（Purkinje cell layer）與顆粒層（granular layer）共3層。

②**深層**：小腦內部為髓質（medulla），屬於白質層，有成對的
小腦核（intracerebellar nuclei）。

③**小腦腳**（cerebellar peduncle）：小腦由上小腦腳（superior
cerebellar peduncle）、中小腦腳（middle cerebellar peduncle）
與下小腦腳（inferior cerebellar peduncle），分別連結中腦、
橋腦與延髓。在大腦與脊髓之間，發揮錐體外徑路系統的中樞
（肌肉運動與平衡覺）功能。

■ 小腦的功能

小腦可統合整個運動系統，例如平衡、動作反射等綜合性調
整，以及隨意運動的調節等。

雖然小腦並非維持生命不可或缺的一部份，但若產生障礙，則
會影響到運動、姿勢與平衡。

3 傳導徑路
tract, conduction route

中樞神經系統是由神經細胞與神經纖維構成，其中神經纖維即
為神經突。屬於同一系統的神經細胞群會形成神經纖維，多數聚
集之後便成為神經纖維束，這就是**傳導徑路**（tract）。

傳導徑路大致可分為①**聯合神經徑**（association tract）②**接合
神經徑**（commissure tract）③**投射神經徑**（projection strand）共
3大類▶參閱圖10-28。本書就較具代表性的投射神經徑進行詳細介
紹。

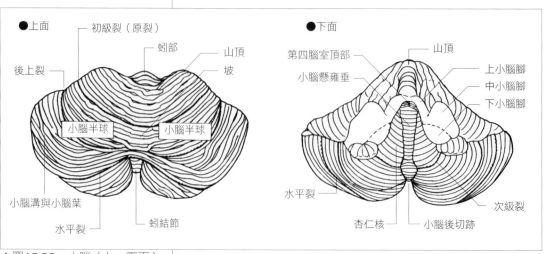

▲圖10-38　小腦（上、下面）

A. 下行（運動性）傳導徑路
descending tract

下行傳導徑路會支配骨骼肌的運動性與緊張性，大致可分為錐體徑路（pyramidal tract）與錐體外徑路（extrapyramidal tract）。

■錐體徑路（pyramidal tract）

錐體徑路會支配骨骼肌的**隨意運動**，起自大腦皮質的運動中樞，主要會下降至脊髓前柱（前角）及腦神經運動核的運動神經元。錐體徑路大致可分為皮質延髓徑與皮質脊髓徑（狹義的錐體徑路）。

①**皮質延髓徑**（corticobulbar tract）：起始於皮質運動區（中央前回的下方1/3）往內囊（internal capsule）延伸，經過中腦的大腦腳，終止於腦神經的運動核。皮質延髓徑會參與眼球運動（由動眼神經、滑車神經、外展神經支配）、咀嚼運動（由三叉神經第3枝支配）、表情運動（由面神經支配）、吞嚥運動（由舌下神經支配）。

②**皮質脊髓徑**（corticospinal tract，狹義的錐體徑路）：起始於大腦皮質的運動區（中央前回的中間與上部），經過內囊與中腦的大腦腳，延伸至橋腦及延髓，在延髓下部的腹側中央集合成錐體。在延髓下端，大部分（75～90%）的纖維會在對側交叉，形成錐體交叉（pyramidal decussation）。接著皮質脊髓徑會沿著對側的脊髓外側索（lateral funiculus）下降，終止於脊髓前柱（前角）細胞。皮質脊髓徑路會參與皮質延髓徑路以外的所有骨骼肌運動（由脊髓神經支配者）。

■錐體外徑路（extrapyramidal tract）

錐體徑系統與骨骼肌的隨意運動相關，為了讓這些隨意運動能順利進行，肌肉緊張、鬆弛與收縮的時間，便需要自主性的調整，所以進行隨意運動的同時，也需要配合無意識的運動。因此支配**反射性**或**不隨意運動**，例如骨骼肌的運動、緊張程度、肌群的協調運動等神經徑路，便為錐體外徑路。其中又可分為**5大系統**：皮質錐體外徑系（cortical extrapyramidal system）、紋狀體蒼白球錐體外徑系（striopallidal extrapyramidal system）、小腦錐體外徑系（cerebellar extrapyramidal system）、中腦脊髓錐體外徑系（mesencephalospinal extrapyramidal system）、末梢（錐體外徑）系〔peripheral（extrapyramidal）system〕。

紋狀體及蒼白球等基底核、中腦的紅核、黑質，以及中腦、橋腦、延髓的網狀結構，還有延髓的橄欖核，皆屬於錐體外徑路系統。

N o t e

3大傳導徑路的種類
①**聯合神經徑路**：連結腦部同一側的特定部位。
②**接合神經徑路**：連結左右大腦半球的各部位。
③**投射神經徑路**：連結大腦皮質與脊髓、身體末梢。

下行傳導徑路
起始自腦部，將運動指令傳至末梢的骨骼肌。

上行傳導徑路
將末梢感覺器官接收的刺激，傳導至中樞。

錐體徑路
支配骨骼肌隨意運動的神經徑路。

錐體外徑路
以反射性或不隨意的動作，支配骨骼肌的運動、緊張程度以及肌群協調等。

錐體徑的路線
皮質脊髓纖維會經過延髓的錐體再往下降，稱為錐體徑路。而皮質延髓纖維終止於腦幹的腦神經運動核，雖然沒有延伸到錐體，但所到達的運動核，與脊髓前角有相同的作用，因此也包含在錐體徑系系統中。

5大錐體外徑系統

①**皮質錐體外徑系**：該徑路是出自大腦皮質的纖維，與腦幹各部位連接。

②**紋狀體蒼白球錐體外徑系**：該路徑起始於紋狀體與蒼白球，是支配骨骼肌的反射徑路，相當重要。

③**小腦錐體外徑系**：該徑路出自小腦皮質，經過小腦核至其它腦部。

④**中腦脊髓錐體外徑系**：該徑路起始於中腦、延伸至脊髓，可將上述①、②、③連接至末梢的運動神經元。

⑤**末梢（錐體外徑）系**：起始於脊髓前柱（前角）細胞與運動神經核，延伸至骨骼肌。

屬於錐體外徑系統的腦部部位

大腦皮質、視丘、紋狀體（尾核、殼核）、蒼白球、下視丘的神經核、上丘、黑質、紅核、內側縱束核、小腦、網狀結構、橄欖核、前庭神經核。

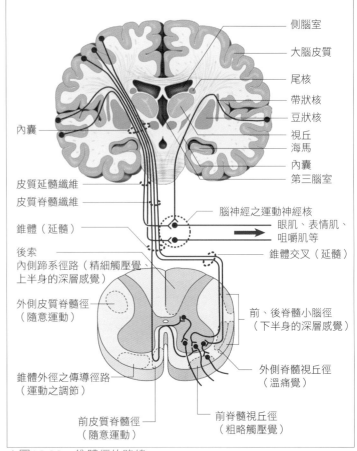

▲圖10-39　錐體徑的路線

B. 上行（感覺性）傳導徑路（ascending tract）

上行傳導徑路是將皮膚（包含黏膜）感覺（軀體感覺）、深層感覺、平衡覺、味覺、視覺、聽覺、嗅覺等，由身體末梢傳導至大腦皮質的神經徑路。

■視覺傳導徑路（visual tract）

網膜（retina）內的視細胞（visual cell，分為杆體與錐體）受光後，其刺激會依序經過視神經乳頭（視神經盤）、視神經（optic nerve）、視神經交叉（optic chiasm）、中腦蓋的上丘（superior colliculus）、後視丘的外側膝狀體（lateral geniculate body），最後透過視放射（optic radiation），抵達枕葉的視覺區（visual area）。▶圖10-40、41

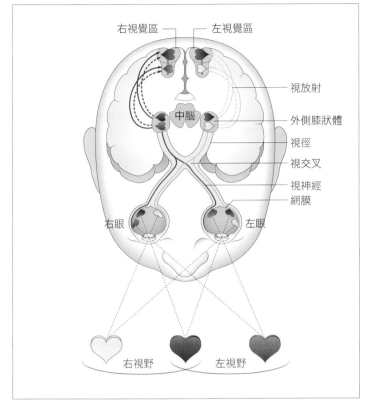

▲圖10-40　視覺傳導徑路

N o t e

視覺傳導徑路

．．．．．．．．．．．．．．．．．．．．．．．．．．．

　　右眼的周邊視野會投射在右眼內側（鼻側）與左眼的外側（顳側）網膜上，不過右眼內側網膜所延伸出的纖維，會在視交叉彎入左側視徑。簡而言之，右眼的周邊視野全進入了左邊的視徑，在左邊的外側膝狀體開始換成神經元傳導，投射至左大腦半球的視覺中樞。

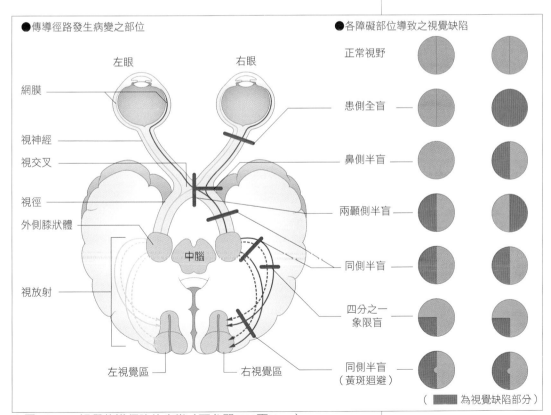

▲圖10-41　視覺傳導徑路的病變（可參閱274頁Note）

視覺傳導徑的病變
及視覺缺陷

視神經病變：患側全盲。

視交叉病變：若是交叉的纖維產生
病變，會造成左右兩眼周邊視野
缺損（兩顳側半盲），若為視交
叉外側病變，則會造成鼻側視野
缺損（鼻側半盲）。

視徑病變：兩眼視野的同側缺損
（同側半盲）。

視放射病變：視野的上四分之一或
下四分之一缺損（四分之一象限
盲）。

視覺區病變：若枕葉皮質的視覺區
產生病變，會造成雙眼同側視野
缺損（同側半盲），但黃斑區所
屬的視野中央則不會受損（黃斑
迴避）。

味覺傳導徑路

舌前2/3的感覺纖維是面神經細胞
的末梢突起，會經過鼓索神經，進
入舌神經，分佈於舌頭上。

■聽覺傳導徑路（auditory tract）

聽覺刺激是由內耳耳蝸的螺旋器（spiral organ）接收，接著通過螺旋器上的螺旋神經節（spiral ganglion）、耳蝸神經（cochlear nerve）、外側蹄系（lateral lemniscus）、下丘（inferior colliculus）、內側膝狀體（medial geniculate），再透過聽放射（acoustic radiation）到達顳葉的聽覺區（auditory area）。

■味覺傳導徑路（gustatory tract）

味覺由舌頭上的味蕾（taste bud）接收，而舌前2/3的味覺由面神經（facial nerve）傳導、舌後1/3的味覺則由舌咽神經（glossopharyngeal nerve）傳遞。接著由延髓的孤立徑核（nucleus of solitary tract）傳至大腦皮質的味覺區（gustatory area），但目前仍不知其路徑為何。

■嗅覺傳導徑路（olfactory tract）

嗅覺接受器是鼻黏膜嗅覺上皮的嗅覺接受器細胞（olfactory receptor cell），而嗅神經（olfactory nerve）會穿過篩骨的篩板、經過嗅球（olfactory bulb）、嗅徑（olfactory tract）、嗅三角（olfactory trigone），抵達海馬旁回（parahippocampal gyrus）與鉤回（uncus）的嗅覺區（olfactory area）。

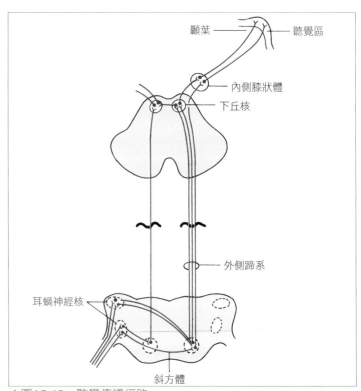

▲圖10-42　聽覺傳導徑路

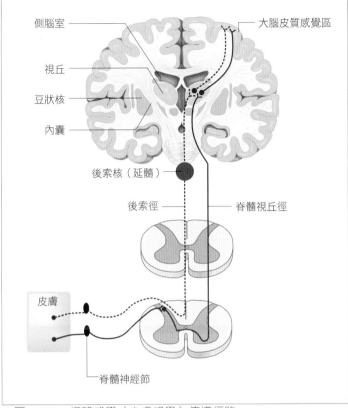

圖中標示（由上至下、由左至右）：

側腦室　　　　大腦皮質感覺區
視丘
豆狀核
內囊
後索核（延髓）
後索徑　　　　脊髓視丘徑
皮膚
脊髓神經節

▲圖10-43　軀體感覺（皮膚感覺）傳導徑路

■深層感覺傳導徑路（deep sensibility tract）

該傳導徑路可傳遞深層感覺〔deep sensibility，又稱運動覺（kinesthesia）或位置覺〕與平衡覺（sense of equilibrium sensory tract），刺激會經由小腦抵達間腦或大腦皮質。

■軀體感覺（皮膚感覺）傳導徑路

該徑路會將皮膚的觸覺、壓覺、痛覺及溫度覺等等，傳導至大腦皮質。該徑路可分為兩條路線，一條由腦神經傳遞、另一條則由脊髓神經負責。四肢與軀幹的軀體感覺，由脊髓神經傳遞，而頭部的感覺則靠三叉神經傳導。

①脊髓神經傳導的皮膚感覺徑路

- 脊髓神經節的神經細胞（第一級神經元）會延伸到後柱，而第二級神經元會通過前（白）聯合，再經過對側脊髓的前側索、脊髓視丘徑、腦幹被蓋，於視丘核轉為第三級神經元，從視丘出發、經過內囊，抵達大腦皮質的感覺區（somatosensory area）（痛覺、溫度覺）。

- 脊髓神經的神經細胞（第一級神經元）會延伸到後索，在後索核成為第二級神經元，與對側交叉，到了延髓視丘徑的視丘，會成為第三級神經元，接著通過內囊抵達大腦皮質的感

皮膚感覺的傳導徑路

　　刺激從末梢傳導至中樞，原則上會透過3個神經元的連鎖而形成。

　　一般而言，第一級神經元位於脊髓神經節，第二級神經元在脊髓或腦幹，第三級神經元則在視丘。

N o t e

上行（感覺性）傳導徑路

①視覺傳導徑路：視細胞→視神經
　→外側膝狀體→視覺區。

②聽覺傳導徑路：螺旋神經節→耳
　蝸神經→內側膝狀體→聽覺區。

③味覺傳導徑路：面神經（舌前
　2/3）、舌咽神經（舌後1/3）→
　孤立徑核→味覺區。

④嗅覺傳導徑路：嗅細胞→嗅神經
　→嗅球、嗅徑、嗅三角→嗅覺
　區。

⑤深層感覺傳導徑路

⑥軀體感覺（皮膚感覺）傳導徑
　路：脊髓神經節細胞→後柱→
　前（白）聯合→前側索（對側脊
　髓）→被蓋→視丘→內囊→皮質
　感覺區。

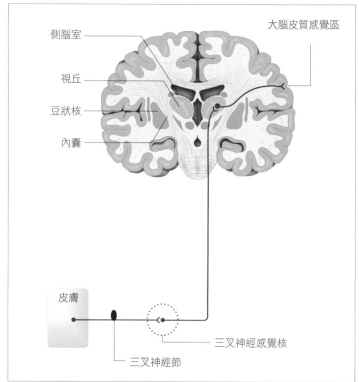

▲圖10-44　三叉神經之皮膚感覺徑路

覺區（觸覺、壓覺）。

②腦神經之皮膚感覺傳導徑

　　為了將頭部、特別是面部的皮膚感覺傳導到大腦皮質，腦神經
的皮膚感覺傳導徑會與三叉神經、舌咽神經、迷走神經的感覺纖
維相連。刺激主要會傳至三叉神經，再從三叉神經節、三叉神經
的感覺核及視丘，經內囊抵達大腦皮質。

3 周邊神經系統 peripheral nervous system

周邊神經系統可連接中樞神經系統與末梢。位於腦部與脊髓內部的神經纖維束（白質），會向外分枝出一條條神經纖維，遍及全身。由衝動傳導的方向分類，可分為下行纖維（descending fibers），或稱輸出纖維（efferent fibers）其中包含運動纖維（motor fibers）與分泌纖維（secretory fibers）；另一類為上行纖維（ascending fibers），或稱輸入纖維（afferent fibers），其中有感覺纖維（sensory fibers）。

1 腦脊髓神經 craniospinal nerve

腦脊髓神經分成腦神經（cranial nerves）與脊髓神經（spinal nerves），前者有12對，自中樞神經系統的腦部出發，後者有31對，自脊髓出發。

A. 腦神經（cranial nerves）

腦神經源於腦部，共有12對，由顱底的孔洞往頭部、頸部，以

Note 📖

腦脊髓神經
....
12對腦神經
31對脊髓神經

腦神經
....
①第 I 對腦神經：嗅神經
②第 II 對腦神經：視神經
③第 III 對腦神經：動眼神經
④第 IV 對腦神經：滑車神經
⑤第 V 對腦神經：三叉神經
⑥第 VI 對腦神經：外展神經
⑦第 VII 對腦神經：面神經
⑧第 VIII 對腦神經：前庭耳蝸神經
⑨第 IX 對腦神經：舌咽神經
⑩第 X 對腦神經：迷走神經
⑪第 XI 對腦神經：副神經
⑫第 XII 對腦神經：舌下神經
（一嗅二視三動眼，四滑五叉六外展，七面八聽九舌咽，迷副舌下在後面）

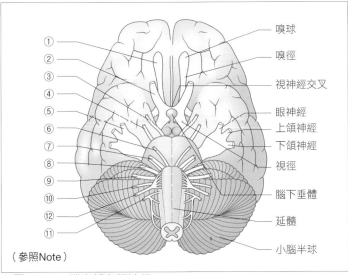

嗅球
嗅徑
視神經交叉
眼神經
上頜神經
下頜神經
視徑
腦下垂體
延髓
小腦半球

①
②
③
④
⑤
⑥
⑦
⑧
⑨
⑩
⑫
⑪

（參照Note）

▲圖10-45　腦底部與腦神經

視交叉

　　起始自網膜鼻側的神經，會在腦下垂體之前交叉，進入對側腦部的視覺中樞。

支配眼肌的神經

①動眼神經：上直肌、下直肌、內直肌、下斜肌、提上眼瞼肌（瞳孔括約肌與睫狀肌，由副交感神經支配）。
②滑車神經：上斜肌。
③外展神經：外直肌。

三叉神經的3分枝

神經名稱	離開顱腔處	功能
眼神經	眶上裂	感覺
上頜神經	圓孔	感覺
下頜神經	卵圓孔	混合 {感覺 {運動

滑車神經

　　上斜肌有滑車可為輔助之用，而支配上斜肌的就是滑車神經。

三叉神經的分佈區域

①眼神經：支配額部、鼻樑的皮膚、鼻黏膜、眼球等感覺。
②上頜神經：支配顳部、頰部、上唇皮膚、上頜、牙齒、腭部與咽黏膜等的感覺。
③下頜神經：支配耳郭前側、顳部、下唇皮膚、下頜、牙齒與舌本體等部位的感覺，並有運動枝支配咀嚼肌。

及軀幹中的內臟延伸。就功能而言，腦神經之中有運動、感覺、混合及副交感神經。

■ I . 嗅神經（olfactory nerve）

　　與嗅覺有關，該神經的小分枝由鼻腔黏膜的嗅覺接收器細胞（olfactory receptor cell）開始，穿過篩骨的篩板小孔而進入嗅球（olfactory bulb），又稱為嗅絲。▶圖11-12

■ II . 視神經（optic nerve）

　　與視覺有關，該神經的纖維束起始於眼球的網膜（視細胞，visual cell），經過視神經管，進入顱腔形成視神經交叉，再沿著視徑進入間腦（diencephalon）後視丘的外側膝狀體。▶圖11-40

■ III . 動眼神經（oculomotor nerve）

　　動眼神經為運動神經，起始自中腦（mesencephalon），從眶上裂進入眼眶。進行眼球運動的眼肌中，上直肌、下直肌、內直肌、下斜肌以及提上眼瞼肌，都由動眼神經支配。而自主神經的副交感神經纖維，則支配瞳孔括約肌與睫狀肌。▶圖11-5

■ IV . 滑車神經（trochlear nerve）

　　屬於運動神經，起自中腦，從眶上裂進入眼眶。進行眼球運動的眼肌之中，僅有上斜肌受到滑車神經支配。▶圖11-5

■ V . 三叉神經（trigeminal nerve）

　　三叉神經是最大的腦神經，起始於橋腦（pons）外側，其後形成三叉神經節（trigeminal ganglion，又稱半月神經節），之後再分成3條分枝。
①第1枝・眼神經（ophthalmic nerve）：眼神經由眶上裂進入眼眶，可支配淚腺與上眼瞼的皮膚與結膜、以及從顱頂至額部、鼻樑皮膚及鼻黏膜等處的感覺。
　　眶上神經（supraorbital nerve）會經由額骨的眶上孔，分佈於額骨部及顱頂的皮膚。
②第2枝・上頜神經（maxillary nerve）：上頜神經自圓孔進入翼窩，可支配上頜、顳部與頰部皮膚的感覺，以及鼻腔、咽、黏膜、上頜牙齦及牙齒的感覺。
　　眶下神經（infraorbital nerve）會通過上頜骨的眶下孔，分佈於下眼瞼、鼻子的皮膚、鼻前庭黏膜以及上唇。
③第3枝・下頜神經（mandibular nerve）：下頜神經為混合神經，從卵圓孔進入顳下窩，可支配頰黏膜、外耳道、耳郭前側、顳部、下唇的皮膚，以及下頜牙齦與牙齒的感覺。此外舌

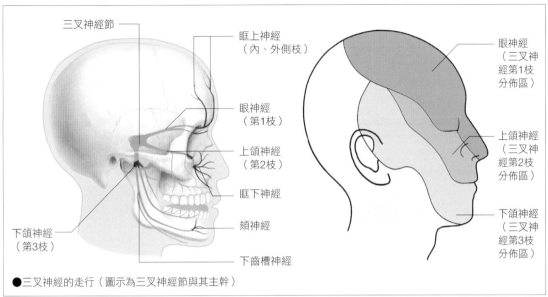

●三叉神經的走行（圖示為三叉神經節與其主幹）

三叉神經節
眶上神經（內、外側枝）
眼神經（第1枝）
上頜神經（第2枝）
眶下神經
頦神經
下頜神經（第3枝）
下齒槽神經

眼神經（三叉神經第1枝分佈區）
上頜神經（三叉神經第2枝分佈區）
下頜神經（三叉神經第3枝分佈區）

▲圖10-46　三叉神經於顏面皮膚感覺之分佈

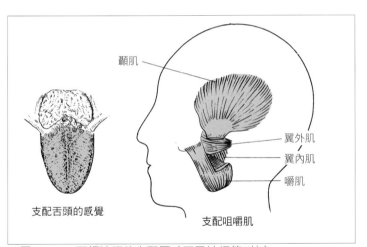

顳肌
翼外肌
翼內肌
嚼肌

支配舌頭的感覺　　　　支配咀嚼肌

▲圖10-47　下頜神經的支配區（三叉神經第3枝）

前2/3的感覺（舌神經）等感覺神經，以及作用於咀嚼肌（嚼肌、顳肌、翼內肌、翼外肌）等運動神經，亦為下頜神經。

▶參閱圖3-6

　頦神經（mental nerve）會通過下頜骨的頦孔，分佈於頦部與下唇的皮膚與黏膜。

■ VI. 外展神經（abducent nerve）

　外展神經源自橋腦的外展神經核，屬於運動神經。外展神經會從眶上裂進入眼眶。在所有和眼球運動相關的眼肌中，外展神經僅支配外直肌。▶參閱圖11-5

N o t e

面神經的走行與分佈

　　面神經會穿過顳骨的面神經管，從乳突內側的莖乳突孔進入面部，接著在腮腺形成腮腺神經叢，分佈於表情肌上。

　　面神經在面神經管內時，分枝出的味覺纖維稱為鼓索神經，會進入舌神經（下頜神經的分枝）之中，分佈於舌頭前方的黏膜。而屬於副交感神經的分泌纖維，則分佈於頜下腺、舌下腺與淚腺。

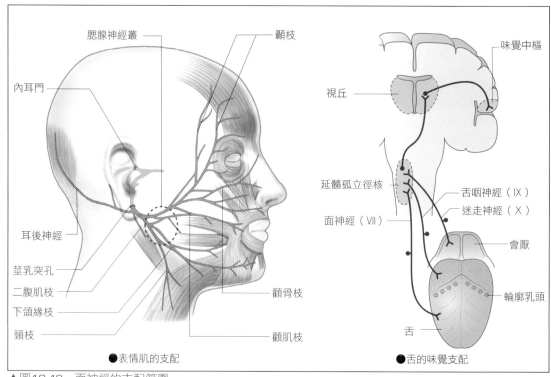

圖中標示：

腮腺神經叢　顳枝

內耳門

味覺中樞

視丘

延髓孤立徑核

舌咽神經（IX）

面神經（VII）

迷走神經（X）

耳後神經

莖乳突孔

二腹肌枝

下頜緣枝

頸枝

顴骨枝

頰肌枝

會厭

輪廓乳頭

舌

●表情肌的支配　●舌的味覺支配

▲圖10-48　面神經的支配範圍

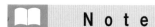

Note

面神經麻痺

　若面神經發生病變，患側的所有臉部肌肉會產生無力性麻痺，使患側嘴角下垂，眼皮也幾乎無法閉上。

唾腺的分泌

①頜下腺 ⎱
②舌下腺 ⎰ 面神經（鼓索神經）
③腮腺：舌咽神經（鼓室神經）

前庭耳蝸神經

①前庭神經（平衡神經）：平衡覺
②耳蝸神經（聽神經）：聽覺

■ VII. 面神經（facial nerve）

　面神經為混合纖維，由主要的運動纖維以及屬於中間神經的味覺纖維與分泌纖維構成。面神經源自橋腦的面神經核，從橋腦與（延髓，medulla oblongata）錐體之間往面部延伸。

　運動纖維會通過莖乳突孔，支配顏面的表情肌。▶參閱圖3-6

　味覺纖維分佈於舌前2/3的黏膜。

　分泌纖維（副交感神經）分佈於頜下腺、舌下腺及淚腺。

■ VIII. 前庭耳蝸神經（vestibulocochlear nerve）

　該神經源自橋腦的前庭耳蝸神經核，主司聽覺與平衡覺，進入耳道後便分成前庭神經與耳蝸神經。

①前庭神經（vestibular nerve）：又稱平衡神經，主司身體的平衡覺，與內耳的前庭（vestibule）及半規管（semicircular duct）相連接。

②耳蝸神經（cochlear nerve）：又稱聽神經，與聽覺有關，和內耳耳蝸（cochlea）的螺旋器（spiral organ）相連接。▶參閱圖11-9

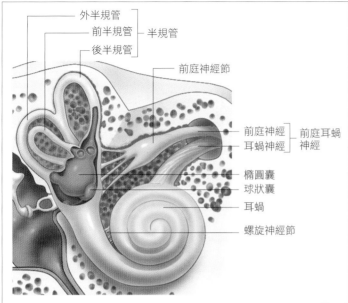

▲圖10-49　前庭耳蝸神經

舌的感覺

舌前2/3：舌神經（三叉神經第3
　　枝、下頜神經的枝）

舌後1/3：舌咽神經

舌的味覺

舌前2/3：面神經

舌後1/3：舌咽神經

迷走神經的分佈範圍

硬腦膜、咽部、食道、喉部、氣
管、支氣管、肺、心臟、胃、腸、
肝臟、胰臟、脾臟、腎臟等（骨盆
的內臟除外）。

副神經的神經根

從延髓自頸髓上半，屬於副神經
的起始處，可分為延髓根與脊髓
根。延髓根會進入迷走神經，而脊
髓根則分佈於胸鎖乳突肌與斜方
肌。

迴喉神經

該神經為迷走神經的分枝，右側的
迴喉神經會通過鎖骨下動脈、左側
則沿著主動脈弓，兩條神經由下往
上繞至後方，進入喉肌並支配發聲
運動。

舌內肌與舌外肌

①舌內肌：舌本體的肌肉（上縱
　　肌，下縱肌，橫肌、直肌）。

②舌外肌：非舌本體的肌肉（頦舌
　　肌、舌骨舌肌、莖突舌肌）。

■IX. 舌咽神經（glossopharyngeal nerve）

舌咽神經源自延髓，屬於混合神經，包含感覺、運動、味覺
的神經纖維。舌咽神經會通過頸靜脈孔，分佈於舌根、咽部與中
耳。主司舌後1/3的味覺與感覺，以及咽黏膜的感覺。運動神經
纖維則支配咽部肌肉與軟腭的肌肉。

副交感分泌纖維分佈於腮腺。

■X. 迷走神經（vagus nerve）

迷走神經起自延髓，穿過頸靜脈孔後，在內頸靜脈與頸總動脈
之間往下降，通過胸部後，順著食道兩側繼續下降，分佈範圍遠
達腹部內臟。

迷走神經屬於混合神經，支配頸部、胸部與腹部內臟的感覺、
運動及分泌，但卻由副交感神經纖維為主要結構。

迴喉神經為迷走神經的分枝，可支配喉肌並參與發聲運動。

■XI. 副神經（accessory nerve）

副神經屬於運動神經，源自副神經核，從延髓到頸髓上半，皆
是該神經核的範圍。副神經會穿過頸靜脈孔，支配胸鎖乳突肌與
斜方肌。

■XII.舌下神經（hypoglossal nerve）

屬於運動神經，源自延髓的舌下神經核，會穿過枕骨的舌下神
經管，支配舌肌（舌內肌、舌外肌）。

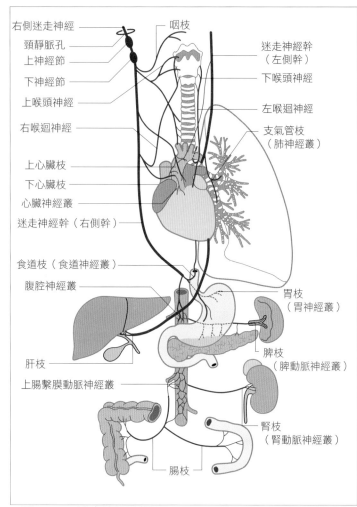

右側迷走神經

頸靜脈孔

上神經節

下神經節

上喉頭神經

右喉迴神經

上心臟枝

下心臟枝

心臟神經叢

迷走神經幹（右側幹）

食道枝（食道神經叢）

腹腔神經叢

肝枝

上腸繫膜動脈神經叢

腸枝

咽枝

迷走神經幹（左側幹）

下喉頭神經

左喉迴神經

支氣管枝（肺神經叢）

胃枝（胃神經叢）

脾枝（脾動脈神經叢）

腎枝（腎動脈神經叢）

▲圖10-50　迷走神經分佈圖

▼表10-2　腦神經與其功能

神經名稱	功能	顱底通過處
（Ⅰ）嗅神經	感覺（嗅覺）	篩板
（Ⅱ）視神經	感覺（視覺）	視神經管
（Ⅲ）動眼神經	運動（部分為交感性）	眶上裂
（Ⅳ）滑車神經	運動	眶上裂
（Ⅴ）三叉神經	混合	
第1枝（眼神經）	感覺	眶上裂
第2枝（上頜神經）	感覺	圓孔
第3枝（下頜神經）	混合	卵圓孔
（Ⅵ）外展神經	運動	眶上裂
（Ⅶ）面神經	混合（部分為交感性）	內耳道→面神經管→莖乳突孔
（Ⅷ）前庭耳蝸神經	感覺（聽覺、平衡覺）	內耳道
（Ⅸ）舌咽神經	混合（部分為副交感性）	頸靜脈孔
（Ⅹ）迷走神經	混合（大部分為副交感性）	頸靜脈孔
（Ⅺ）副神經	運動	頸靜脈孔
（Ⅻ）舌下神經	運動	舌下神經管

B. 脊神經（spinal nerve）

脊神經為進出脊髓兩側的周邊神經，共有31對，依照脊髓區段（頸髓、胸髓、腰髓、薦髓、尾髓）可分為頸神經8對、胸神經12對、腰神經5對、薦神經5對、尾神經1對。

脊神經分為腹根（ventral root）與背根（dorsal root），分別進出脊髓的前外側與後外側。腹根為運動神經纖維（motor fibers）束、背根為感覺神經纖維（sensory fibers）束，較粗大的地方即為脊神經節（spinal ganglion）。在脊神經節之後，背根會與腹根合併，而離開椎間孔後又立刻分成腹枝與背枝。

脊神經的腹枝（ventral ramus）與背枝（dorsal ramus）屬於混合神經，摻雜運動、感覺、交感與副交感纖維。藉由以上分枝分佈在肌肉的神經，稱為肌枝（運動枝），以運動纖維為主；而分佈在皮膚的感覺纖維則構成皮枝（感覺枝）。

除了胸神經以外，其餘的脊神經腹枝，上下會互相交通，形成脊神經叢（spinal nerve plexus），再和其他不同的脊神經纖維相連。

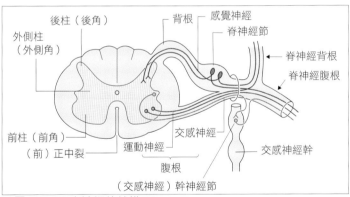

▲圖10-51　脊神經的結構

外側柱（外側角）
後柱（後角）
背根
感覺神經
脊神經節
脊神經背根
脊神經腹根
前柱（前角）
（前）正中裂
運動神經
交感神經
腹根
交感神經幹
（交感神經）幹神經節

N o t e

脊神經31對的區段

①頸神經8對（$C_1 \sim C_8$）
②胸神經12對（$T_1 \sim T_{12}$）
③腰神經5對（$L_1 \sim L_5$）
④薦神經5對（$S_1 \sim S_5$）
⑤尾神經1對（C_0）

貝馬二氏法則

脊神經腹根為運動神經纖維束，且為輸出（運動）神經，而背根屬於感覺神經纖維束，且為輸入（感覺）神經。

脊神經腹枝

腹枝分佈於頸部、軀幹腹側、外側及上下肢的肌肉與皮膚，並形成脊神經叢。

脊神經背枝

背枝分佈於枕骨部、頸部及軀幹背側的皮膚，以及脊椎兩側的肌肉。

脊神經叢

①頸神經叢：$C_1 \sim C_4$的腹枝
②臂神經叢：$C_5 \sim T_1$的腹枝
③腰神經叢：$T_{12} \sim L_4$的腹枝
④薦神經叢：$L_4 \sim S_3$的腹枝

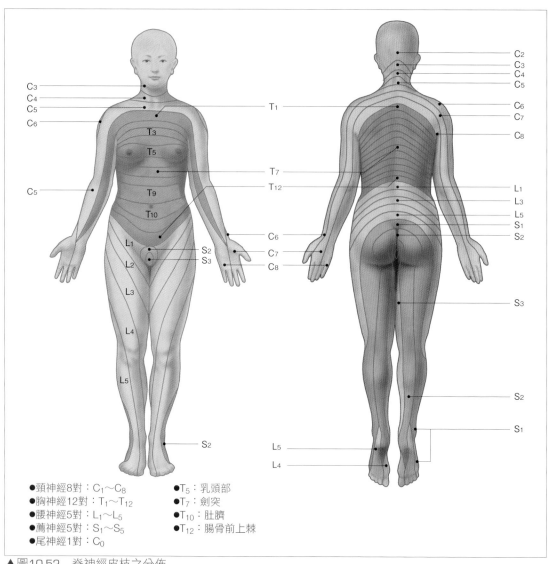

●頸神經8對：$C_1 \sim C_8$
●胸神經12對：$T_1 \sim T_{12}$
●腰神經5對：$L_1 \sim L_5$
●薦神經5對：$S_1 \sim S_5$
●尾神經1對：C_0

●T_5：乳頭部
●T_7：劍突
●T_{10}：肚臍
●T_{12}：腸骨前上棘

▲圖10-52　脊神經皮枝之分佈

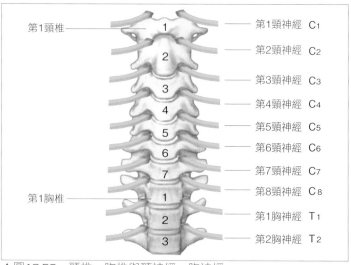

▲圖10-53　頸椎、胸椎與頸神經、胸神經

C. 頸神經（cervical nerve）

頸神經的背枝（dorsal ramus）會從項深肌（頭夾肌、頭半棘肌、大頭後直肌、頭最長肌）與枕骨部，往項部的皮膚延伸。第1與第2頸神經的後枝發育較前枝好，分別稱為**枕下神經**（suboccipital nerve）與**枕大神經**（greater occipital nerve），但這種屬於稀少的例外。

在頸神經的腹枝（ventral ramus）中，上方的4枝（$C_1 \sim C_4$）會形成頸神經叢；下方4枝（$C_5 \sim C_8$）則會形成第1胸神經的腹枝與臂神經叢。

D. 頸神經叢（$C_1 \sim C_4$的腹枝）（cervical plexus）

頸神經叢由第1～4頸神經的腹枝構成，可分為肌枝與皮枝，主要分佈區域為頸部及其周邊。

①**皮枝**（cutaneous branch）：有枕小神經（lesser occipital nerve，位於枕骨部）、**耳大神經**（great auricular nerve，位於耳郭與腮腺部）、頸橫神經（transverse cervical nerve，頸部外側至前面）、鎖骨上神經（supraclavicular nerves，頸下部、胸上部、肩部）。

②**肌枝**（muscular branch）：有頸襻（ansa cervicalis，舌骨下肌群：胸骨舌骨肌、胸骨甲狀肌、肩胛舌骨肌、甲狀舌骨肌及

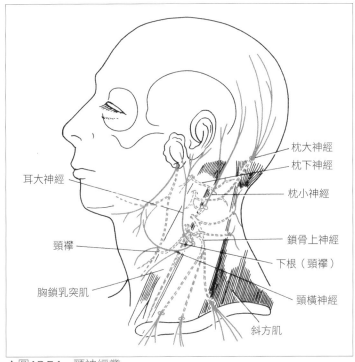

▲圖10-54 頸神經叢

(圖中標示：枕大神經、枕下神經、枕小神經、鎖骨上神經、下根（頸襻）、頸橫神經、斜方肌、耳大神經、頸襻、胸鎖乳突肌)

鎖骨上枝與鎖骨下枝

鎖骨上枝：位在鎖骨上窩，並位於
胸鎖乳突肌下後方的臂神經叢。
（僅支配肌肉）
①肩胛後神經
②胸長神經
③鎖骨下神經
④肩胛上神經

鎖骨下枝：位在鎖骨下方，包含胸
大肌、胸小肌至腋窩。
外側索
①外側胸神經
②肌皮神經
外側、內側索
③正中神經
內側索
④內側胸神經
⑤上臂內側皮神經
⑥前臂內側皮神經
⑦尺神經
後索
⑧肩胛下神經
⑨胸背神經
⑩腋神經
⑪橈神經

神經幹與神經索

①上幹：由第5頸神經與第6頸神經
　共同構成。
②中幹：由第7頸神經獨立形成神
　經幹。
③下幹：由第8頸神經與第1胸神經
　共同構成
　（三條神經幹會各自分出腹、背
　枝。）
④後索：由上、中、下幹的背枝共
　同構成。
⑤外側索：由上、中幹的腹枝共同
　構成。
⑥內側索：由下幹的腹枝獨自形
　成。

前、中斜角肌、提肩胛肌等，還有胸鎖乳突肌與斜方肌）、膈
神經（phrenic nerve，橫膈膜）。

E. 臂神經叢（$C_5 \sim T_1$的腹枝）（brachial plexus）

臂神經叢由第5～8頸神經與第1胸神經的腹枝構成。該神經通
過斜角肌隙與鎖骨下方抵達腋窩，分佈範圍是上肢皮膚，以及可
牽動上肢的肌肉（包含淺胸肌群與背部的淺層肌群）。

臂神經叢分為上、中、下幹（superior, middle, inferior
trunk），再各自延伸出腹枝與背枝，會合之後形成後、外側、內
側索（posterior, lateral, medial fasciculus），再延伸成終末枝。而
終末枝分為2群，一是鎖骨上枝，上述3個索便是在此形成，另一
條則是鎖骨下枝，上述三索的分枝即分佈於此。

■鎖骨上枝（supraclavicular branches）（僅有肌枝）

①肩胛後神經（dorsal scapular nerve）（C_5）：提肩胛肌與大、
　小菱形肌。
②胸長神經（long thoracic nerve）（$C_5 \sim C_7$）：前鋸肌。
③鎖骨下神經（subclavian nerve）（C_5）：鎖骨下肌。
④肩胛上神經（suprascapular nerve）（C_5、C_6）：棘上肌、棘

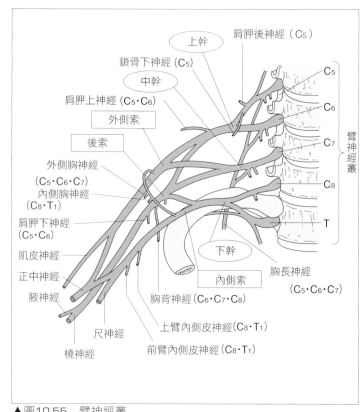

▲圖10-55　臂神經叢

下肌。

■鎖骨下枝（infraclavicular branches）
●僅有肌枝
①外側胸神經（lateral pectoral nerve）（$C_5 \sim C_7$）：胸大肌、胸
　小肌。
②內側胸神經（medial pectoral nerve）（C_8、T_1）：胸大肌、胸
　小肌。
③肩胛下神經（subscapular nerve）（C_5、C_6）：肩胛下肌、大
　圓肌。
④胸背神經（thoracodorsal nerves）（$C_6 \sim C_8$）：闊背肌。

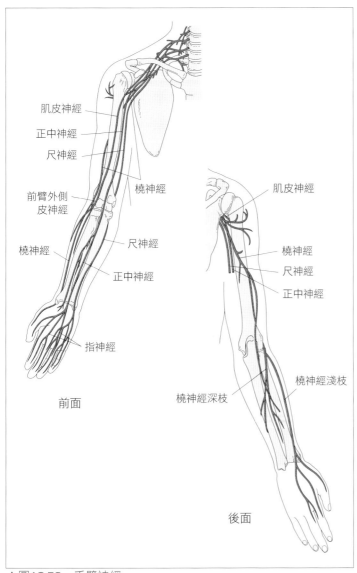

肌皮神經
正中神經
尺神經
橈神經
前臂外側
皮神經
橈神經
尺神經
正中神經
指神經
前面

肌皮神經
橈神經
尺神經
正中神經
橈神經淺枝
橈神經深枝
後面

▲圖10-56　手臂神經

●僅有皮枝

①上臂內側皮神經（medial branchial cutaneous nerve）（C_8、T_1）：上臂內側皮膚。

②前臂內側皮神經（medial antebrachial cutaneous nerve）（C_8、T_1）：前臂尺側皮膚。

●同時具有肌枝與皮枝

①肌皮神經（musculocutaneous nerve）（$C_5 \sim C_7$）：
上臂屈肌（喙肱肌、肱肌、肱二頭肌）。
前臂外側皮膚。

②正中神經（median nerve）（$C_5 \sim T_1$）：
前臂屈肌、旋前肌、拇指球肌。
手掌橈側皮膚。

③尺神經（ulnar nerve）（$C_7 \sim T_1$）：
尺側屈腕肌、屈指伸肌尺側、小指球肌等。
手掌與手背尺側的皮膚。

④腋神經（axillary nerve）（$C_5 \sim C_7$）：
三角肌、小圓肌。
肩部與上臂外側面之皮膚。

⑤橈神經（radial nerve）（$C_5 \sim T_1$）：
上臂與前臂所有的伸肌。
手背橈側與上臂、前臂背面的皮膚。

■ 神經病變（neuropathy）

臂神經叢的鎖骨下枝若發生神經病變，該神經支配的肌肉便會失去力量，造成運動障礙，且該神經所分佈的皮膚也會產生知覺

正中神經支配之肌肉

①前臂的屈肌：掌長肌、橈側屈腕肌、屈指淺肌、屈指深肌、屈拇指長肌。
②拇指球肌：外展拇指短肌、拇指對掌肌、屈拇指短肌（拇指側）、蚓狀肌。

尺神經支配之肌肉

①小指球肌：掌短肌、外展小指短肌、屈小指短肌、小指對掌肌。
②掌側、背側骨間肌。
③蚓狀肌（第3、第4）。
④內收拇肌。

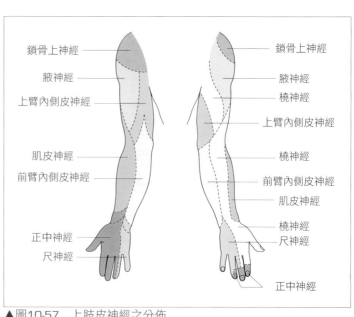

▲圖10-57　上肢皮神經之分佈

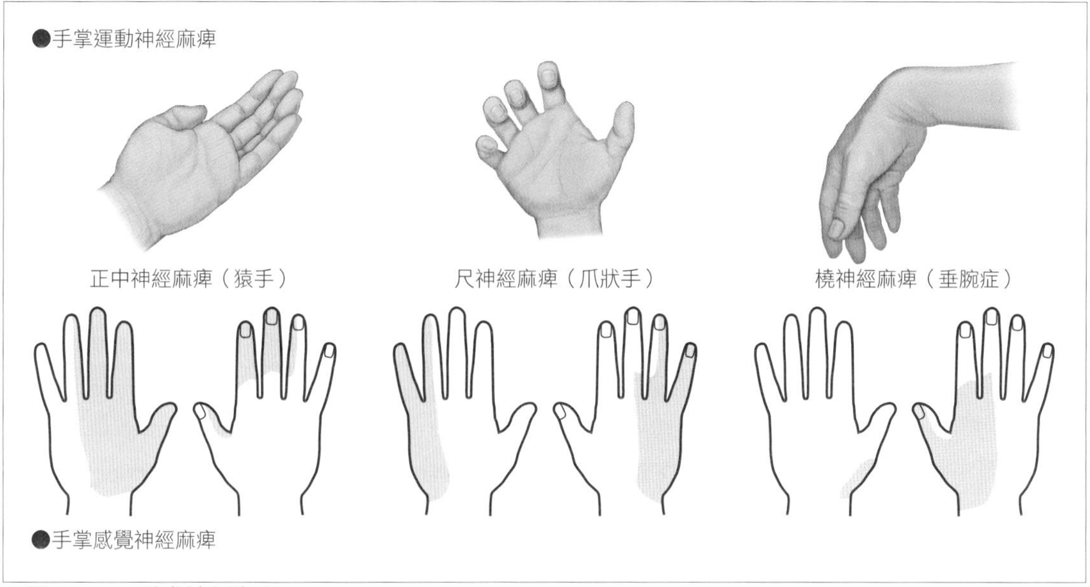

●手掌運動神經麻痺

正中神經麻痺（猿手）　　　　　尺神經麻痺（爪狀手）　　　　　橈神經麻痺（垂腕症）

●手掌感覺神經麻痺

▲圖10-58　手掌神經麻痺

麻痺。

①肌皮神經麻痺
　・**運動麻痺**：肘關節無法屈曲。
　・**感覺麻痺**：肘窩至前臂中央的皮膚會產生感覺障礙。

②正中神經麻痺
　・**運動麻痺**：手掌無法旋前、手腕與手指無法屈曲。拇指處於外展狀態，造成猿手。
　・**感覺麻痺**：手掌橈側皮膚會有感覺障礙。

③尺神經麻痺
　・**運動麻痺**：近側指骨可伸直，但中間與遠側指骨為屈曲狀態，手指無法內收與外展（接近與分開），造成爪狀手。
　・**感覺麻痺**：手掌、手背的尺側皮膚會有感覺障礙。

④橈神經麻痺
　・**運動麻痺**：手掌無法旋後，手腕與手指無法伸直，處於屈曲狀態，造成垂腕症。
　・**感覺麻痺**：手背橈側的皮膚會有感覺障礙。

F.　胸神經（thoracic nerve）

①背枝（dorsal ramus）：分佈於背部的肌肉與皮膚。
②腹枝（ventral ramus）：並不會形成神經叢，而是成為肋間神經（intercostal nerves）走行於肋骨之間，分佈在胸腹壁的肌肉與皮膚上。
　　第1～6肋間神經會向胸骨集中，但第7～12肋間神經會往腹部中央集中，故會朝斜下方走行。

N o t e

運動神經麻痺
……………………………
①正中神經麻痺：猿手
②尺神經麻痺：爪狀手
③橈神經麻痺：垂腕症

胸腹壁的皮膚感覺分佈
……………………………
①乳頭部：第5肋間神經
②劍突：第7肋間神經
③臍部：第10肋間神經
④前上腸骨棘：第12肋間神經（肋下神經）
⑤恥骨上方2、3公分處：第12肋間神經（肋下神經）

· **肋間神經肌枝**：分佈於內、外肋間肌、腹直肌、腹內斜肌、腹外斜肌、橫腹肌、肋舉肌、上下後鋸肌。

· **肋間神經皮枝**：外側皮枝與前皮枝會分佈於胸腹部的皮膚。

G. 腰神經叢（T_{12}～L_4的腹枝）（lumbar plexus）

腰神經叢由第12胸神經與第1～4腰神經的腹枝構成，其肌枝支配腹肌下部、骨盆肌、大腿的伸肌與內收肌，而皮枝則分佈於鼠蹊、外陰、大腿的正面與內側，以及小腿內側的皮膚。腰神經叢的分枝有腸腹下神經（iliohypogastric nerve）、腸腹股溝神經（ilioinguinal nerve）、生殖股神經〔genitofemoral nerve，又分為股枝（femoral branch）與生殖枝（genital branch）〕、股外側皮神經（lateral femoral cutaneous nerve）、股神經（femoral nerve）、閉孔神經（obturator nerve）等。

■股神經（femoral nerve）

股神經的肌枝支配腸腰肌、恥骨肌、股四頭肌與縫匠肌。皮枝則分佈於大腿的正面與內側，其中一枝成為隱神經，分佈於膝蓋下方、小腿內側及腳背內側緣的皮膚。

■閉孔神經（obturator nerve）

閉孔神經的肌枝支配大腿的內收肌群（內收長肌、內收短肌、

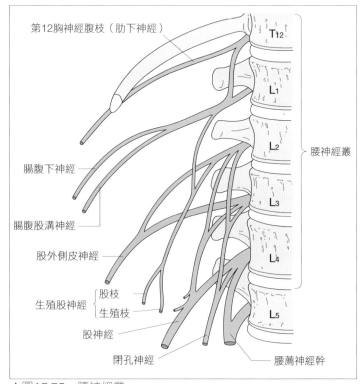

第12胸神經腹枝（肋下神經）
T_{12}
L_1
L_2
腰神經叢
腸腹下神經
L_3
腸腹股溝神經
股外側皮神經
L_4
生殖股神經 ┃ 股枝 ┃ 生殖枝
L_5
股神經
閉孔神經
腰薦神經幹

▲圖10-59 腰神經叢

內收大肌、恥骨肌、股薄肌、閉孔外肌），皮枝則分佈於大腿內側的皮膚。

H. 薦神經叢（L₄～S₃的腹枝）（sacral plexus）

薦骨神經叢由第4、第5腰神經與第1～3薦神經的腹枝構成，其中肌枝支配骨盆外的臀部肌肉、大腿的屈肌、小腿及腳的所有肌肉。而皮枝則分佈在臀部、外陰部、股背側、小腿背面與外側，以及腳的皮膚。薦骨神經叢的分枝有臀上神經、臀下神經、股後皮神經〔posterior femoral cutaneous nerve，有臀下皮神經與會陰枝（perineal branches）〕坐骨神經等。

■臀上神經（superior gluteal nerve）
支配臀中肌、臀小肌、闊筋膜張肌。

■臀下神經（inferior gluteal nerve）
支配臀大肌。

■坐骨神經（sciatic nerve）
坐骨神經是全身最大的周邊神經。從骨盆腔穿過坐骨大孔，再

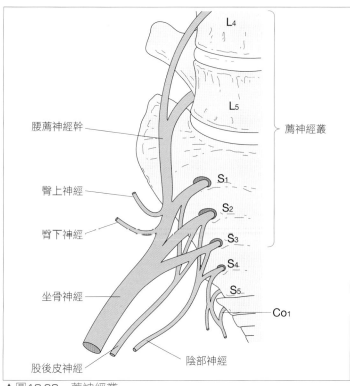

▲圖10-60　薦神經叢

圖中標示：
L₄
L₅
腰薦神經幹
臀上神經
臀下神經
坐骨神經
股後皮神經
S₁
S₂
S₃
S₄
S₅
Co₁
薦神經叢
陰部神經

Note 📖

薦神經叢（L₄～S₃）
第4腰神經、第5腰神經與第1～3薦神經的腹枝。

薦神經叢的分枝
①肌枝
②臀上神經（L₄～S₁）
③臀下神經（L₅～S₂）
④股後皮神經（S₁～S₃）
⑤坐骨神經（L₄～S₃）

薦神經背枝
臀中皮神經（middle cluneal nerves）S₁～S₃的背枝。

臀下皮神經
inferior cluneal nerves
S₁～S₃的腹枝（股後皮神經的分枝）。

坐骨神經的分枝
①肌枝
②腓總神經
　②-1.腓腸外側皮神經
　②-2.淺腓神經
　　·足背內側皮神經
　　·足背中間皮神經
　②-3.深腓神經
③脛神經
　③-1.腓腸內側皮神經
　　·足背外側皮神經
　③-2.足底內側神經
　③-3.足底外側神經

股二頭肌短頭

　由腓總神經構成的神經纖維支配。

下肢神經麻痺

①坐骨神經麻痺：膝蓋無法屈曲、腳掌無法朝足底彎屈。
②腓總神經麻痺：腳掌無法朝足背彎屈，腳掌下垂，腳趾會拖著地面（垂足症）。
③脛神經麻痺：腳掌無法朝足底彎曲，亦無法用腳尖站立。

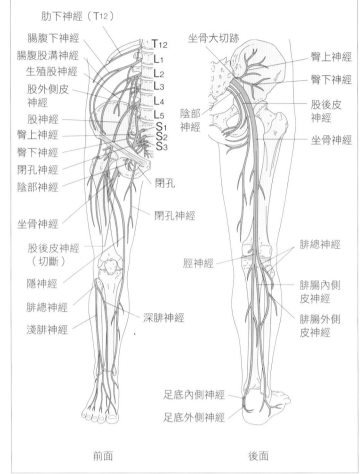

▲圖10-61　下肢神經

經過梨狀肌下孔延伸至背面，接著從坐骨結節與大轉子的中間往下降，通過股背側，在股屈肌群分出肌枝後，便在膕窩上方分成脛神經與腓總神經。

①肌枝：支配股屈肌群（半腱肌，半膜肌，股二頭肌）。

②腓總神經〔common peroneal（fibular）nerve〕：坐骨神經在小腿外側分出皮枝後，又分成淺腓與深腓神經2枝。

②-1. 淺腓神經〔superifcial peroneal（fibular）nerve〕：支配腓骨長肌與腓骨短肌，分佈於足背大部分的皮膚〔足背內側皮神經、足背中間皮神經（medial, intermediate dorsal cutaneous nerve）〕。

②-2. 深腓神經〔deep peroneal（fibular）nerve〕：支配小腿與足背的伸肌群（脛骨前肌、伸趾長肌、第三腓骨肌、伸拇趾長肌、伸趾短肌、伸拇趾短肌），分佈於拇趾外側與第2趾內側的皮膚。

③脛神經（tibial nerve）：支配小腿的屈肌群（小腿三頭肌、脛骨後肌、屈趾長肌、屈拇趾長肌、蹠肌、膕肌），分佈於足背

圖10-62 下肢皮神經之分佈

腸腹下神經
生殖股神經股枝
腸腹股溝神經＋
生殖股神經陰部枝
股外側皮神經
閉孔神經
股神經
腓總神經
（腓腸外側皮神經）
股神經（隱神經）
淺腓神經
脛神經與腓總神經
（腓腸神經）
深腓神經

股後皮神經
股外側皮神經
閉孔神經
股神經（隱神經）
腓總神經
（腓腸外側皮神經）
脛神經與腓總神經
（腓腸神經）
股神經（隱神經）
脛神經（足底外側神經）
脛神經（足底內側神經）

▲圖10-62　下肢皮神經之分佈

外側的皮膚（足背外側皮神經）與足底的皮膚。

I.　陰部神經叢（S_2～S_4的腹枝）（pudendal plexus）

陰部神經叢分佈於會陰及骨盆腔的內臟，主要由第2～4薦神經的腹枝構成。

①陰部神經（pudendal nerve）：分佈於肛門周圍的肌肉（肛門外括約肌）與皮膚（直腸下神經），以及會陰（會陰神經）與外陰部（男性為陰莖背神經，女性為陰蒂背神經）的皮膚與肌肉（尿道括約肌）。

2 自主神經
autonomic nerves

自主神經分佈於內臟、血管、腺體等進行不隨意運動的器官，不具意識，並以反射調整生命所需的各種作用。換句話說，腦脊髓神經具有動物性功能，相較之下，自主神經則會自行調整人體的植物性功能，如消化、呼吸、生殖、循環、分泌等。自主神經主要以輸出纖維構成，支配腺體分泌或心肌、平滑肌這類不隨意肌。

由中樞通往遠端的神經徑路（輸出神經）中，腦脊髓神經的傳導會由腦部或脊髓的神經元直達肌肉，不會中斷。但自主神經

陰部神經麻痺

會造成尿道或肛門的括約肌閉鎖不全（大小便失禁）。

自主神經的最高中樞

就像人在睡眠時心臟仍不斷跳動一般，自主神經會獨立運作，不受腦部控制。但即便功能是自主的，卻不代表可完全獨立於中樞神經之外。因為自主神經的最高中樞是間腦的下視丘，也位於中樞神經。

自主神經的化學傳導物質

　　交感神經的節前纖維末端與副交感神經的節前、節後纖維末端，會釋出乙醯膽鹼（膽鹼性纖維，cholinergic fiber）。

　　交感神經的節後纖維末端則會釋放去甲腎上腺素（去甲腎上腺素性纖維，noradrenergic fiber）。

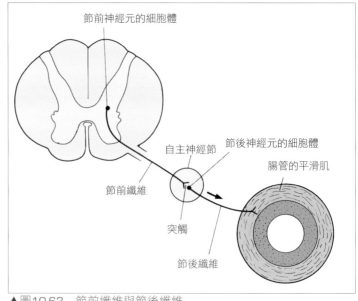

▲圖10-63　節前纖維與節後纖維

▼表10-3　自主神經的功能

支配器官	交感神經系統	副交感神經系統
眼：瞳孔	擴大	縮小
睫狀肌		收縮（調整焦距）
淚腺		促進分泌
心臟：心肌	加快心跳	降低心跳
冠狀血管	血管擴張	血管收縮
血管系統：腹部血管	血管收縮	
肌肉血管	血管擴張（膽鹼激導性）	
皮膚血管	血管收縮或擴張（膽鹼激導性）	
肺：支氣管	擴張	收縮
血管	稍微收縮	
腸胃腺體	分佈血管之收縮	增強含有消化酵素之胃液分泌。
腸：腸管	抑制蠕動	促進蠕動
括約肌	增強緊張	減緩緊張
肝臟	釋出葡萄糖	
腎臟	減少分泌	
汗腺	促進發汗（膽鹼激導性）	
膀胱：膀胱	使收縮肌舒張	使收縮肌收縮
膀胱括約肌	使括約肌收縮（儲尿）	使括約肌舒張（排尿）
男性生殖活動	射精	勃起
血糖量	增加	
一般物質代謝	增加至150%	
腎上腺分泌	促進腎上腺素生成	
精神活動	促進	

　　會在半途更換神經元，也就是有1個以上的突觸。負責中繼的神經細胞聚集在一起，便形成自主神經節（autonomic ganglia）。若神經纖維起始於中樞神經的神經細胞，便稱為節前纖維（preganglionic fiber），起始自神經元而進入遠端器官的纖維，稱為節後纖維（postganglionic fiber）。

　　自主神經可大致分為交感神經（sympathetic nerve）與副交感

神經（parasympathetic nerve），這2種神經會平行分佈在同一器官，但作用幾乎相互拮抗。

A. 交感神經（sympathetic nerve）

交感神經的主體稱為交感神經幹（sympathetic trunk），從顱底沿著脊髓兩側延伸至尾骨，其中的交感神經節（sympathetic trunk ganglion，或稱幹神經節），整條神經宛如佛珠串連。交感神經系統的節前神經元，位於脊髓的第1胸髓（T_1）至上位腰椎（$L_1 \sim L_2$）的外側柱（胸腰系）。節前纖維會經過腹根而進入脊神經，但立刻成為白枝（white ramus）進入交感神經幹的交感神經節。

交感神經節與其相對應的脊神經之間，會藉由灰枝（gray ramus）相連。灰枝是由神經節之後的節後纖維構成，節後纖維會再次進入脊神經，通往身體末梢。

交感神經節

①頸部：頸神經節（3對）

②胸部：胸神經節（10～12對）

③腹部：腰神經節（4～5對）

④骨盆：薦神經節（4～5對）

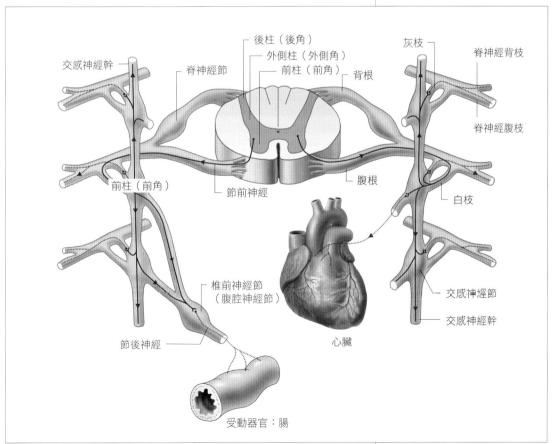

▲圖10-64　交感神經幹與交感神經節

第5～12胸髓的節前神經元，其節前纖維會直接通過交感神經幹，成為內臟大神經與內臟小神經，並進入腹腔。接著在椎前神經節（腹腔神經節、上腸間繫膜動脈神經節、下腸間繫膜動脈神經節）換成節後神經元，成為節後纖維並分佈於腹部臟器。

交感神經於骨盆臟器之分佈

第1～2腰髓的節前神經元，其節前纖維會直接通過交感神經幹，成為腰內臟神經與薦內臟神經，在骨盆中形成下腹神經叢。節前纖維的連接有2種，一種是在腹神經叢的神經節轉為節後神經元，另一種是在身體末梢才轉為節後神經元，但兩者的節後纖維都分佈於骨盆內臟。

頸部交感神經幹的神經節

①上頸神經節：第2～3頸椎橫突的水平高度
②中頸神經節：第4～5頸椎的水平高度
③下頸神經節：第7頸椎橫突的水平高度

星狀神經節

下頸神經節通常會和第1胸神經節有完全或部分的癒合，該部位稱為星狀神經節。

腹腔神經叢的組成

①內臟大、小神經。
②迷走神經（特別是右迷走神經的腹腔枝）。
③最下端胸神經節的分枝。
④第1、2腰神經節分枝。
⑤胸主動脈神經叢分枝。
⑥腹主動脈神經叢分枝。

交感神經的終末枝是起始於交感神經節的神經纖維束，分佈於上肢、下肢、軀幹的皮膚（汗腺、豎毛肌），內臟、脈管等腺體及平滑肌，其徑路有三，如下所示。

①在交感神經節轉換神經元，成為節後纖維，從交感神經幹直達身體末梢（該類型分佈於頭、頸、胸部的臟器）。

②在交感神經節轉換神經元後，成為節後纖維，經灰枝再次進入脊神經，與脊神經一同抵達身體末梢（該類型分佈於軀幹與上下肢的皮膚、汗腺、豎毛肌及血管）。

③節前纖維進入交感神經幹之後，直達腹腔與骨盆腔，於該處形成神經節，再由節後神經元延伸至身體末梢（該類型分佈於腹部與骨盆的臟器）。

交感神經會因部位不同，分為頭頸部、胸部、腹部與骨盆部。

■頭頸部

頸部的交感神經幹有上、中、下3對頸神經節（superior, middle, inferior cervical ganglion）。

其終末枝分佈於心臟、眼球、淚腺、唾腺、甲狀腺、咽部、喉部等。

①內頸動脈神經
②外頸動脈神經
③咽喉枝
④心臟枝：上、中、下頸神經節，各會分出一條上、中、下頸心臟神經，與迷走神經的心臟枝一同構成心臟神經叢（cardiac plexus），分佈於心臟。

■胸部

胸部交感神經幹有10～12對胸神經節（thoracic ganglion）。

其終末枝分佈於心臟、主動脈、氣管、肺及食道，並分出內臟大、小神經。

①胸部心臟神經：進入心臟神經叢。
②肺枝：與迷走神經一同形成肺神經叢，分佈於肺部。
③食道枝：與迷走神經一同形成食道神經叢，分佈於食道。
④內臟大神經（greater splanchnic nerve）與內臟小神經（lesser splanchnic nerve）：內臟大神經起始於第5～9胸神經節、內臟小神經起始於第10～12胸神經節，兩者會穿過橫膈膜，進入腹腔，再分別進入腹腔神經叢與上腸繫膜動脈神經叢。

■腹部

腹部的交感神經幹有4～5對腰神經節（lumbar ganglion）。

腰神經節的內臟枝（腰內臟神經）會和出自胸部的內臟神經結合，迷走神經的終末枝也會加入，形成**腹腔神經叢**（celiac plexus）。其分佈於腎臟、腎上腺、胃、胰臟、脾臟等腹腔內各個器官。

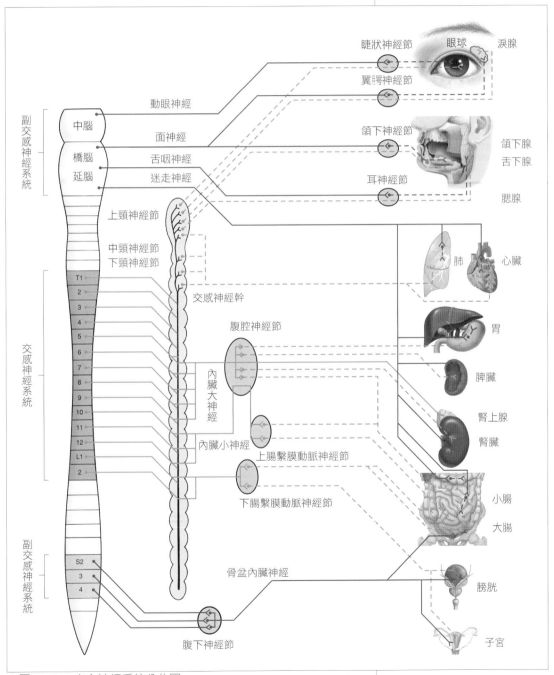

▲圖10-65　自主神經系統分佈圖

①腹腔神經叢
②上腸繫膜動脈神經叢
③下腸繫膜動脈神經叢
④腹上與腹下神經叢：從薦骨前方下降至骨盆腔，進入骨盆神經叢。

■骨盆部

　　骨盆的神經幹有4～5對薦神經節（sacral ganglia）與薦神經相通。神經幹會環繞直腸與膀胱，形成腹下神經叢（inferior hypogastric plexus，骨盆神經叢），分佈於骨盆的內臟（直腸、膀胱、子宮、前列腺等）。

B.　副交感神經（parasympathetic nerve）

　　副交感神經的節前神經元位於腦部（中腦、延髓的副交感神經核）與第2～4薦髓（S_2～S_4），稱為顱薦神經分系。該處的節前纖維並非獨立存在，而是分佈在動眼神經、面神經、舌咽神經、迷走神經，與4條腦脊髓神經一同走行。節前纖維會在其支配的器官附近轉為節後神經元，接著再由節後纖維連接該器官。

①與動眼神經（oculomotor nerve）一同走行的副交感神經：支配睫狀肌與瞳孔括約肌。

②與面神經（facial nerve）一同走行的副交感神經：
　　．分佈於淚腺（促進分泌）。
　　．分佈於頜下腺、舌下腺（促進分泌）。

③與舌咽神經（glossopharyngeal nerve）一同走行的副交感神經：分佈於腮腺（促進分泌）。

④與迷走神經（vagus nerve）一同走行的副交感神經：分佈於咽部以下，如頸部、胸部、腹部（骨盆除外）的內臟腺體或平滑肌等。可抑制心臟跳動、使氣管與支氣管收縮、促進食道、胃、小腸、升結腸及橫結腸的運動，還可使膽囊收縮，並促進胰臟分泌。

⑤與薦神經（sacral nerves）一同走行的副交感神經：始於第2～4薦髓的副交感神經纖維，通過第2～4薦神經後，成為骨盆內臟神經，進入腹下神經叢而分佈於骨盆的內臟（降結腸、乙狀結腸、直腸、膀胱、生殖器官）。可使骨盆內臟及外陰部等處的血管擴張，並使陰莖勃起。此外亦可抑制膀胱括約肌、促進膀胱逼尿肌的運動、促進排尿，以及降結腸、乙狀結腸與直腸的運動，還可引起排便。

神經系統

1 尺神經

撞到手肘時會讓整隻手臂發麻

當我們輕輕彎起手肘，可在其內側面摸到突起物，這塊骨頭和架拐子用的鷹嘴不同。我想很多人都有這個經驗，當該處受到撞擊，手臂就會發麻。將拇指放在手肘鷹嘴與這塊突起之間，可以摸到一條凹溝，再將指尖往下壓入探索，能摸到較硬的條狀物，觸感和肌腱不同。如果用力攪動便會產生電流，像撞到時一樣整個發麻。由此可知那條條狀物就是神經，我們稱之為尺神經。

手肘到手腕一段稱為前臂，這裡有2根骨頭。當我們彎起手臂，讓手掌朝內，在這樣的狀態下，手臂的2根骨頭便呈平行。接著從鷹嘴順著骨頭往上摸，直到手腕，應該可以一直延伸到小指側的骨頭突起，但手臂較粗的人可能較難感覺到。這個位於小指側的骨頭突起，就是錶帶勾住手腕的部位。這根位於小指側的骨頭便稱為尺骨，而走行與尺骨側的神經則稱為尺神經。在前臂之中，位於拇指側的骨頭稱為橈骨，在手腕測量脈搏時，所用的血管就是橈動脈。用來測量血壓的肱動脈通過手肘後，會立刻分為2條，走行於前臂的拇指側跟小指側，也因為各自沿著的骨骼不同，所以分別稱為橈動脈與尺動脈。

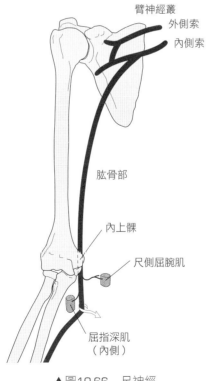

臂神經叢
外側索
內側索

肱骨部

內上髁

尺側屈腕肌

屈指深肌
（內側）

▲圖10-66　尺神經

2 枕大神經與斜方肌

肩膀僵硬才感到它的存在

說到肩膀，許多人理當會想到「肩膀僵硬」。當學生聽到我的冷笑話時，都會說肩膀很僵，作勢揉一揉。請揉揉自己的肩膀，用右手的話就揉左肩，稍微讓拇指往下伸，應該可以摸到鎖骨。通常我們揉肩膀時，是揉鎖骨上的胸鎖乳突肌。

當人體做出投擲動作而傷到肩膀時，會用另一隻手壓住肩膀。這時是張開虎口，用拇指與食指包住肩部，此時觸摸的部位正是三角肌。拇指與食指會碰到鎖骨、肩胛骨的肩峰與肩胛棘，而上方感到僵硬的肌肉則是斜方肌。三角肌與斜方肌會隔著骨頭分佈上下方。

請再次揉動自己的肩膀，邊揉著斜方肌

邊往上移動。雖然不容易做到，但應該會順著後頸抵達枕骨部。枕骨部的中央有塊骨頭突起，稱為枕骨隆突，其下有一凹陷稱為頸窩。日本江戶時代的殺手在行刺時，都會將髮簪或暗針插進該處。

若是有人幫忙揉頸窩兩側，想必相當舒服。該處在針灸等中醫學說上，稱為天柱穴。手指揉著天柱穴往上提，馬上可以碰到頭部的骨頭，該處是枕骨隆突構成的帶狀突起，而左右兩邊正是斜方肌與骨頭的連接處。由此可知頸窩的兩側就是斜方肌，但深層肌肉自是由不同肌肉所構成。

斜方肌會從肩膀延伸到頸部與頭部，因此肩膀僵硬就是斜方肌僵硬，若太過嚴重，有時亦會引發偏頭痛。

先前提到枕骨中央的隆起，也就是枕骨隆突，其左右兩邊可以摸到帶狀突起（上項線）。因為皮膚之下沒有斜方肌這類大

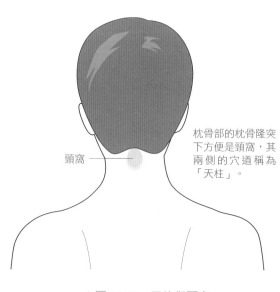

頸窩

枕骨部的枕骨隆突下方便是頸窩，其兩側的穴道稱為「天柱」。

▲圖10-67　天柱與頸窩

肌肉，所以可在該處透過皮膚直接觸摸枕骨。後頸的神經與血管是在肌肉下方，但因為枕骨隆突與上項線以上，皮膚之下就是骨頭，神經與血管不受任何保護，因此當枕骨部撞傷或有撕裂傷，流的血會相當多。

肩膀僵硬與頭痛

應該有不少人的枕骨部常會感到疼痛，但在腦神經外科接受電腦斷層掃瞄（CT），也看不出什麼問題。這時有些醫生會認為是頸部神經受到壓迫造成的頭痛，也就是枕大神經痛。

筆者每年也有2、3次這樣的經驗，仰躺一段時間後突然挺起上半身，會感到枕骨部有電流通過。那種感覺就像手肘撞到，前臂到小指一帶發麻疼痛那般。上述電流通過的部位，位於「天柱」上方，也就是沒有肌肉保護，可直接摸到骨頭的地方。從該處下方垂直朝顱頂延伸，就是枕大神經的走行徑路。

一般認為枕大神經痛的原因有3種，一是頸骨變形壓迫到神經，第二是包覆肌肉的肌膜或肌肉本身壓迫到神經，第三是神經本身產生腫瘤等病變。

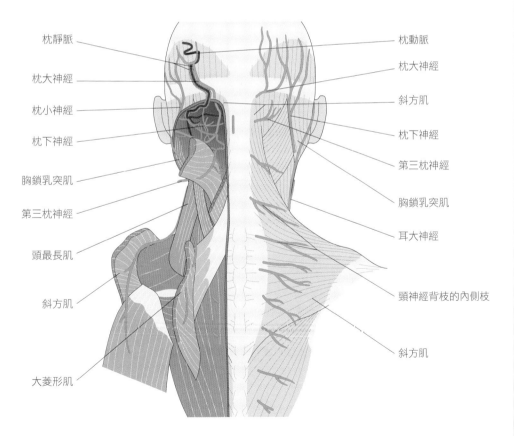

枕靜脈
枕大神經
枕小神經
枕下神經
胸鎖乳突肌
第三枕神經
頭最長肌
斜方肌
大菱形肌

枕動脈
枕大神經
斜方肌
枕下神經
第三枕神經
胸鎖乳突肌
耳大神經
頸神經背枝的內側枝
斜方肌

▲圖10-68　斜方肌與枕大神經

頸部的骨頭位在脊椎的最上端，支撐人體直立的正是脊椎。脊椎又稱脊柱，頭部也是靠它支撐。而脊柱的「柱」，不像木頭或水泥柱那樣一體成形，而像電視出現的「高塔不倒翁」那般，由好幾塊骨頭（椎骨）疊成，骨頭之間也有軟骨（椎間盤）墊著，不會直接接觸。

頸部有7塊骨頭（頸椎）相連，其上則是顱骨。神經會在脊椎骨中延伸，從脊髓分枝至別處，也就是由上下椎骨之間，分佈至肌肉或皮膚。枕大神經從第1與第2頸椎之間向外延伸，與枕骨部的皮膚相連。因椎骨之間為神經的出入口，若該處受到壓迫便會造成疼痛或麻痺。此外頸椎周圍有斜方肌等肌肉，由淺至深層層相疊，以支撐頭部並使其自由轉動。

在這些肌肉之間走行的枕大神經，會穿過「天柱」上方的肌肉延伸至頭部，同時也會穿過肌膜。若肌肉呈現緊張狀態，特別是穿過肌膜的神經會受到擠壓，而造成頭痛或頭部發麻。肩膀僵硬是由斜方肌等肌肉引起，也有可能造成枕大神經痛或偏頭痛。

3 深腓神經

最怕鞋跟攻擊的地方

將腳跟抵住地面，讓腳掌背屈，並將拇趾用力往足背方向拉。這時會跟彎起拇指時一樣，拇趾的基部附近會有肌腱浮起。若以手指用力按住拇趾外側與食趾相鄰的

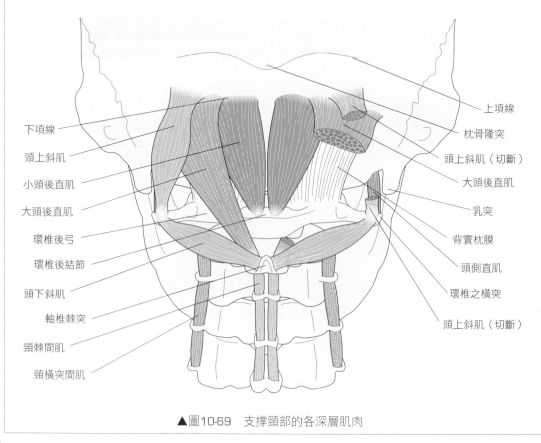

左側標示（由上至下）：下項線、頭上斜肌、小頭後直肌、大頭後直肌、環椎後弓、環椎後結節、頭下斜肌、軸椎棘突、頸棘間肌、頸橫突間肌

右側標示（由上至下）：上項線、枕骨隆突、頭上斜肌（切斷）、大頭後直肌、乳突、背寰枕膜、頭側直肌、環椎之橫突、頭上斜肌（切斷）

▲圖10-69　支撐頸部的各深層肌肉

部分，並往上移動，會戳到一個令人疼痛的部位，該處就是深腓神經走行於小腿伸肌深層後，開始上浮到皮下的地方。深腓神經為感覺神經纖維，分佈於拇趾外側與第2指內側皮膚。若在擁擠的電車中，被細長的鞋跟踩到該處，會令人痛不欲生。深腓神經在皮膚的分佈範圍很小，如圖所示，只在第1趾與第2趾之間，以及這兩指基部的皮膚。足踝外側至足背的皮膚，大部分是由腓總神經分枝出的淺腓神經所分佈。

　　足底的皮膚雖不敏感，但仍有神經分佈。內踝後側可摸到的跳動，即是脛後動脈，而脛動脈亦會與脛後動脈一起從足弓延伸至足底。在測量中，動脈與神經的走行，都會分為小趾側及拇趾側，各自形成內足底動脈、外足底動脈、內側蹠神經、

外側蹠神經。內外側的蹠神經與足底動脈，都會到達各趾趾腹，也就是腳尖。而神經的分佈與走行，有某些部分和手掌相同，即是第4趾中央為內外趾的界線。手掌第4指（無名指）的小指側有尺神經分佈，而中指側則有正中神經分佈。而腳掌的第4趾小趾側有外側蹠神經、中趾側為內側蹠神經。除了腳跟之外的足底皮膚，也是以這條線為界線。

4　皮神經與坐骨神經

分成3條的臀神經

　　抬起膝蓋與大腿，便可看到髖關節的皮膚會形成一條凹痕，稱為腹股溝。就像摺

●手部神經分佈

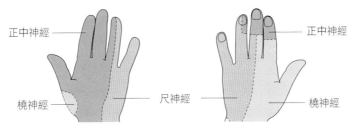

正中神經　　　　　　　　　　　　　　　正中神經

橈神經　　　　　　　　尺神經　　　　　橈神經

●足部神經分佈

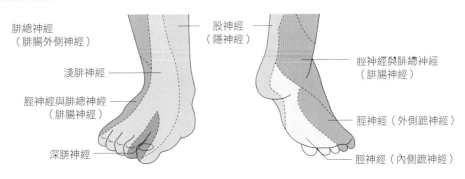

腓總神經（腓腸外側神經）　　　　股神經（隱神經）

淺腓神經

脛神經與腓總神經（腓腸神經）　　　　脛神經與腓總神經（腓腸神經）

深腓神經

脛神經（外側蹠神經）

脛神經（內側蹠神經）

▲圖10-70　手腳的神經分佈

紙時的摺痕，即便把紙攤平，痕跡依舊存在。所以大腿伸直後，髖關節依舊可看到那條痕跡（這並非小腹太大擠壓而成，瘦的人也會有，所以毋須擔心）。只要抬起膝蓋與大腿，腹股溝就會變得較為明顯。腹股溝往下則是大腿，屬於大腿的正面。站立時，臀部一使力就會變硬，這是因為髖關節正在伸展。髖關節的伸展要靠臀大肌，因此站立時臀部用力，就是臀大肌正在收縮。這時臀部下方的皮膚會形成一道凹痕，稱為臀溝，其下即為大腿的背面。

摸別人的臀部會嚇到對方且構成性騷擾，因此請以自己的臀部進行下述實驗。臀部感覺有許多皮下脂肪，但也有完整的感覺神經網絡，只是感覺神經（皮神經）會分成3種，各自分佈於不同的部位（臀部的上、中、下區），稱為臀上皮神經、臀中皮神經、臀下皮神經。當女性朋友在上下班的尖峰時間被色狼襲臀時，可不能慢條斯理想著：「他是摸臀溝上方的膨起，也就是臀下神經分佈區域。」而要大聲怒斥對方，用力擰他拇指的基部，那正是橈神經支配的區域。

第1～3腰神經（L_1、L_2、L_3）的背枝會形成臀上皮神經、第1～3薦神經（S_1、S_2、S_3）的背枝則形成臀中皮神經、第1～3薦神經（S_1、S_2、S_3）的腹枝則形成臀下皮神經。以肉眼看來雖只像一條神經，但其實是由許多纖維聚集而成，再分枝到皮膚各處。

人體最大的神經

說到臀部的神經，一般人都會想到坐骨神經，就像腰痛會想到「坐骨神經痛」

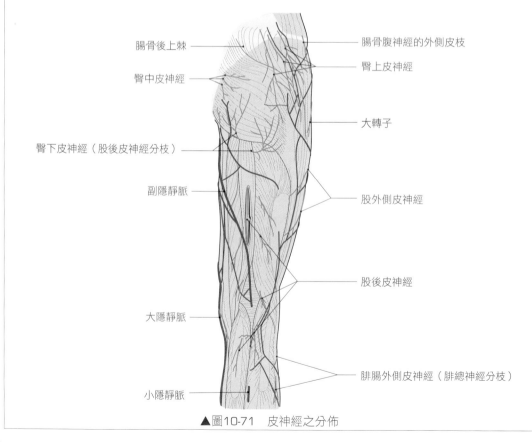

腸骨後上棘

臀中皮神經

臀下皮神經（股後皮神經分枝）

副隱靜脈

大隱靜脈

小隱靜脈

腸骨腹神經的外側皮枝

臀上皮神經

大轉子

股外側皮神經

股後皮神經

腓腸外側皮神經（腓總神經分枝）

▲圖10-71　皮神經之分佈

一樣。其中「坐骨神經」的坐骨，是構成骨盆的髖骨的其中之一。所謂髖骨，是由腸骨、恥骨與坐骨結合而成。當我們坐在木頭椅子上扭動臀部，可以感覺到骨頭頂住椅子，該處就是坐骨結節，大腿背面的肌肉便附著於此。而坐骨神經則會通過坐骨結節的兩側，約為一個小指粗。坐骨神經屬於薦神經叢的分枝，是人體最大的神經，由第4腰神經至第3薦神經腹枝的神經纖維構成。既然由薦神經腹枝構成，代表它會通過薦骨前部的前薦孔。

由此可知坐骨神經位於骨盆腔內。但因其通過臀部的坐骨結節兩側，所以會延伸到骨盆外。至於坐骨神經是如何離開骨盆腔，繞到骨盆背側，說明起來有點艱深，但還請耐著性子讀下去。

構成骨盆的薦骨與髖骨，會在身體背側結合成為薦腸關節。薦腸關節的下方，有薦骨與坐骨之間的空隙。坐骨的坐骨棘是一突起，上下兩方有坐骨大切跡與坐骨小切跡，擴大了坐骨與薦骨的空隙。坐骨棘與薦骨之間有韌帶相連，稱為薦棘韌帶。薦棘韌帶使薦骨與坐骨大切跡之間，形成坐骨大孔，通過坐骨大孔的神經與血管，便連起了骨盆腔的內外，並延伸至臀部。

另一個重點，就是橫跨坐骨大孔的梨狀肌。因為這條肌肉的存在，讓坐骨大孔分為上下兩處，稱為梨狀肌上孔與梨狀肌下孔。

坐骨神經藉由梨狀肌下孔通往骨盆腔

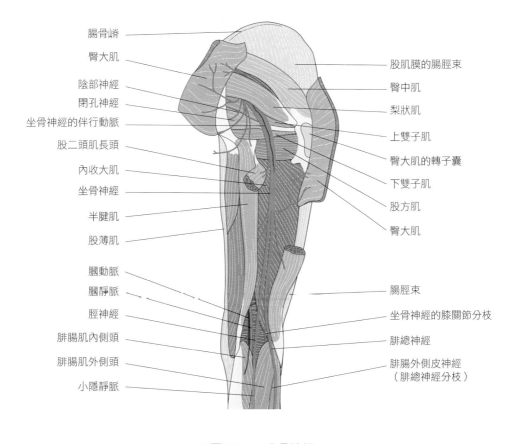

腸骨崤
臀大肌
陰部神經
閉孔神經
坐骨神經的伴行動脈
股二頭肌長頭
內收大肌
坐骨神經
半腱肌
股薄肌
膕動脈
膕靜脈
脛神經
腓腸肌內側頭
腓腸肌外側頭
小隱靜脈

股肌膜的腸脛束
臀中肌
梨狀肌
上雙子肌
臀大肌的轉子囊
下雙子肌
股方肌
臀大肌
腸脛束
坐骨神經的膝關節分枝
腓總神經
腓腸外側皮神經
（腓總神經分枝）

▲圖10-72　坐骨神經

外，但仍受到臀大肌包覆。坐骨神經在坐骨結節與大轉子連線上，由內側算來1/3處，直接從大腿背面垂直下降，由臀溝開始不受臀大肌包覆，轉為在其它大腿肌肉的保護下走行。

除了坐骨神經，臀下神經、臀下動脈、臀下靜脈也會通過梨狀肌下孔，並分佈在臀大肌上。臀上神經、臀上動脈與臀上靜脈則通過梨狀肌上孔，分佈於臀中肌與臀小肌。

臀肌注射的安全部位

臀部因為肌肉較厚且大，因此常用於肌肉注射，但臀部肌肉注射可能傷害坐骨神經、臀上神經及臀下神經，因此也必須小心。臀肌注射時的安全部位，是臀部外上側1/4處，也就是臀中肌與臀小肌。

若坐骨神經受損，大腿背面的肌肉及小腿肌肉都會麻痺，對步行與體重的支撐都會造成影響。

此外坐骨神經痛是因為腰椎下部的椎間盤突出、脊椎結核或腫瘤壓迫所造成，特別是L_4、L_5、S_1特別容易產生病變。當感到疼痛時，按壓坐骨結節與大轉子連線上的中間點，以及膕窩、腓骨頭下方等處，也會感到疼痛（壓痛點）。此外若神經伸展也會加強痛感。因此若在仰躺狀態下，且不讓膝蓋彎曲，筆直提起下肢使髖關節屈曲，神經走行的部位會產生強烈的疼痛感，稱為Lasegue's sign。

●肱三角肌前半

肩峰
三角肌
前半部

●Hochstetter點

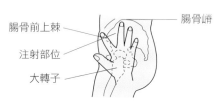

腸骨前上棘
注射部位
大轉子
腸骨峰

●克拉克點

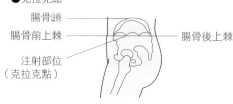

腸骨峰
腸骨前上棘
注射部位
（克拉克點）
腸骨後上棘

●臀上1/4外側

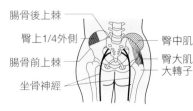

腸骨後上棘
臀上1/4外側
腸骨前上棘
坐骨神經
臀中肌
臀大肌
大轉子

▲圖10-73 肌肉注射之部位

第11章
感覺系統
Sense Organ System

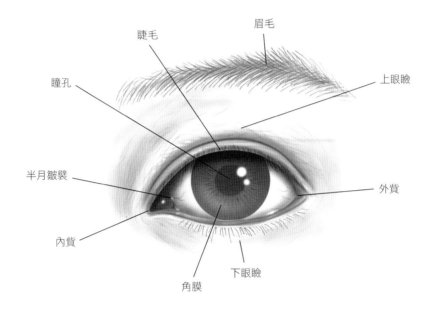

睫毛

眉毛

瞳孔

上眼瞼

半月皺襞

外眥

內眥

角膜

下眼瞼

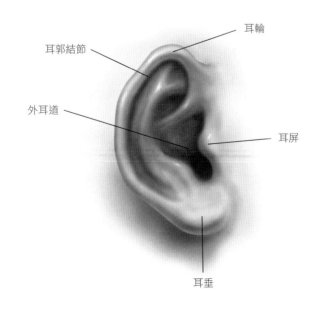

耳輪

耳郭結節

外耳道

耳屏

耳垂

感覺系統總論

1 感覺器官
sensory organ

　代表性的感覺器官有顏面部的眼（eye）、鼻（nose）、耳（ear）、口腔內的舌頭（tongue），以及全身的皮膚（skin）。可分為視覺器官（visual organ）、平衡聽覺器官（auditory organ and organ of equilibrium）、味覺器官（gustatory organ）、嗅覺器官（olfactory organ）與體被（integument）。視覺器官為眼球與眼球附屬構造所構成，平衡聽覺器官由外耳、中耳與內耳構成，味覺器官為味蕾，嗅覺器官為嗅細胞，至於體被則由皮膚、角質與皮膚腺體構成。

2 感覺
sense

　感覺有觸覺、痛覺、溫覺等皮膚感覺（cutaneous sensation），此外還有感受身體各處位置與運動狀態的深層感覺（deep sensation），兩者合稱軀體感覺（somatic sensation）。而飢餓感、口渴與尿意等器官感覺（organic sensation）和內臟擴張或痙攣導致的疼痛等內臟痛覺（visceral pain）合稱內臟感覺（visceral sensation）。一般人將看、聽、聞、嚐、摸稱為五感，其中除了「摸」代表的皮膚感覺之外，「看」的視覺、「聽」的聽覺、「聞」的嗅覺、「嚐」的味覺，再加上平衡覺便稱為**特殊感覺**（special sensation）。

2 感覺器官

1 視覺器官 visual organ

　　視覺器官分成**眼球**與**眼球附屬構造**（accessory organs of the eye），其中附屬構造可保護眼球並輔助其運作，有眼瞼、結膜、眼肌與淚器等。

A. 眼球（eyeball）

　　眼球位於眼眶內，前方有眼瞼、後方有眼眶與脂肪體（adipose body of orbit）保護，並以眼神經連接腦部。眼球壁為3層薄膜，其內部有**晶狀體、玻璃體**與**眼房水**。

■眼球壁

　　眼球壁分成外膜、中膜與內膜3層構造。

①**外膜**：外膜為**眼球纖維膜**（fibrous tunic of bulb），包住整顆眼球，其前方1/6為透明無色的**角膜**（cornea），後方5/6是鞏

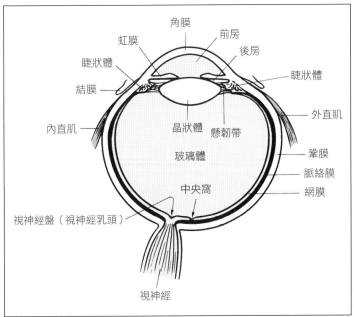

▲圖11-1　眼球水平切面（右側）

Note

視覺器官

眼球┬眼球壁
　　│　（外膜、中膜、內膜）
　　│
　　└晶狀體、玻璃體、眼房水
眼球附屬構造─眼瞼、結膜、
　　　　　　　淚器、眼肌

眼球壁

分為外膜、中膜、內膜。
①外膜：眼球纖維膜
　　角膜：前方1/6，眼球正面。
　　鞏膜：後方5/6，眼白部分。
②中膜：眼球血管膜
　　前側：睫狀體（調整焦距）、
　　　　　虹膜（與光量調節、瞳孔、
　　　　　瞳孔括約肌、瞳孔擴大肌有
　　　　　關）。
　　後側：脈絡膜（葡萄膜）。
③內膜：網膜。為眼球壁最內層，
　　　　與視神經盤（視神經乳頭）、
　　　　黃斑、中央窩有關。

視細胞

網膜中的視細胞〔錐體（cone）=顏色、杆體（rod）=明暗〕可感受光線。而網膜後方的視神經盤（視神經乳頭）與視神經相連，該處沒有視細胞，因無法感光而稱為盲點（Marriott's blind spot）。黃斑距離視神經盤外側約有4mm，中間是中央窩，僅有錐體。

散光

astigmatism

角膜是透明的板狀物體，可強力彎曲。當角膜的彎曲度，亦即屈折率被前後的弧線（經線）所改變時，就會造成散光（角膜散光）。

睫狀體

脈絡膜往前延伸便是睫狀體，其中有睫狀肌，並以懸韌帶和晶狀體連接。睫狀體可改變晶狀體的厚度，也就是調節焦距。

虹膜

虹膜起始自睫狀體，於晶狀體前方呈圓環狀分佈，藉此調整光量。虹膜中央的圓孔稱為瞳孔，而虹膜之中有瞳孔括約肌與瞳孔擴大肌，前側有前房（位於角膜與虹膜之間）、後側有後房（虹膜後面與水晶體外前面之間的小空間）。

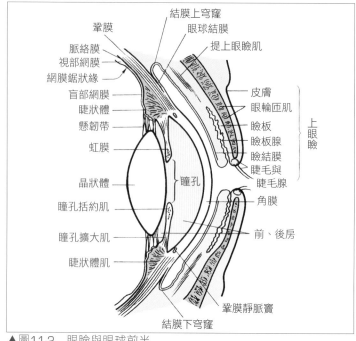

▲圖11-2　眼瞼與眼球前半

膜（sclera），即俗稱的眼白。

②中膜：中膜為眼球血管膜（vascular tunic of bulb），後側的脈絡膜（choroid，又稱葡萄膜）充滿血管與色素，前側則由睫狀體（ciliary body）與虹膜（iris）構成。

③內膜（internal tunic of bulb）：內膜可分為色素層（pigment layer）與網膜（retina）。網膜是眼球壁的最內層，位於眼球後極內側，和視神經相連。

■眼球構造

①晶狀體（lens）：晶狀體為凸透鏡形狀，其邊緣以懸韌帶（ciliary zonule）和睫狀體相連。

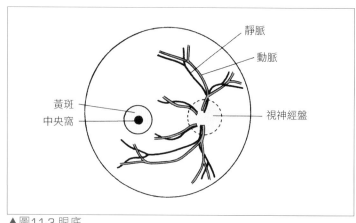

▲圖11-3 眼底

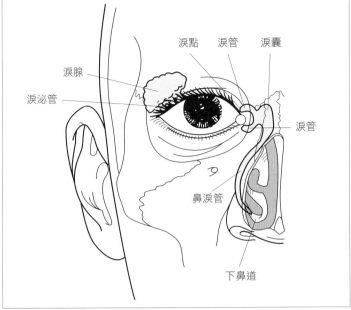

眼瞼 — 淚腺

淚泌管

淚點　淚管　淚囊

淚管

鼻淚管

下鼻道

▲圖11-4　淚器

②**玻璃體**（vitreous body）：玻璃體為膠狀組織，位於晶狀體與
網膜之間，佔了眼球後方的3/5，其中有90%是水分。

B. 眼球附屬構造
（accessory organs of the eye）

①**眼瞼**（eyelid，俗稱眼皮）：眼瞼為上下兩片皺褶，外側面
　為皮膚、內側面為結膜（眼瞼結膜）。眼瞼的邊緣有睫毛
　（eyelash）並有瞼板腺（ciliary gland，麥氏腺）開口於此，可
　分泌油脂。

②**結膜**（conjunctiva）：結膜分為瞼結膜與球結膜，前者為眼瞼
　的內側面，後者則是覆蓋於眼球上，兩者連接處為結膜穹窿。

③**淚器**（lacrimal apparatus）：淚腺（lacrimal gland）位於眼球
　外上側，可分泌淚液以濕潤眼球正面，以防角膜乾燥。淚液會
　從淚點通過上、下淚管，聚集於淚囊（lacrimal sac），經過鼻
　淚管（nasolacrimal duct）再經下鼻道流入鼻腔。

④**眼肌**（ocular muscles）：掌管眼球運動的肌肉共有6對，其
　中4對是直肌、2對是斜肌。4對直肌〔內直肌（medial rectus
　muscle）、外直肌（lateral rectus muscle）、上直肌（superior
　rectus muscle）、下直肌（inferior rectus muscle）〕起始於眼
　眶後端。這些肌肉的起始腱會形成腱總環，各自沿著眼眶壁
　前進，附著於眼球前半部。上斜肌（superior oblique muscle）
　起始於視神經管的內上側，穿過內眼貨附近的滑車後改變
　方向，往後方延伸至眼球後半部的上側。下斜肌（inferior

N o t e

眼球構造
晶狀體、玻璃體、眼房水。

眼房水
aqueous humor

眼房水由睫狀突產生，送入後
房，接著經由瞳孔注入前房。眼房
水位於前房的虹膜與角膜間，會被
鞏膜靜脈竇中的血液吸收。

老花眼
presbyopia

隨著年齡增長，晶狀體的水分會
減少，而變硬失去彈性。因此看近
物時晶狀體無法隨之調整。

眼球附屬構造
眼瞼、結膜（眼瞼結膜、眼球結
膜）、淚器（淚腺、淚囊）、眼
肌。

淚液的分泌與排出

淚　腺
↓
眼球正面
↓
上、下淚管
↓
淚　囊
↓
鼻淚管
↓
下鼻道

眼肌

動眼神經支配：上直肌、下直肌、
　　下斜肌、內直肌（提上眼瞼
　　肌）。
滑車神經支配：上斜肌。
外展神經支配：外直肌。

oblique muscle）起始於眼眶內側的鼻淚管附近，接著繞過眼球，朝外後方延伸，最後附著於眼球後半部的下面。上述肌肉中有4對（上直肌、下直肌、下斜肌、內直肌）由**動眼神經**（oculomotor nerve）支配，而上斜肌為**滑車神經**（trochlear nerve）所支配、外直肌則由**外展神經**（abducent nerve）支配。提起上眼瞼的提上眼瞼肌（levator palpebrae superioris muscle）則由動眼神經支配。

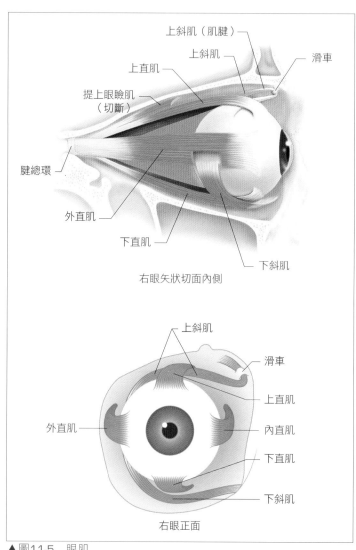

右眼矢狀切面內側

右眼正面

▲圖11-5　眼肌

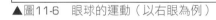

▲圖11-6　眼球的運動（以右眼為例）

眼肌的作用
....
上直肌：上轉、內收、內旋。
下直肌：下轉、內收、外旋。
外直肌：外收。
內直肌：內收。
上斜肌：下轉、外收、內旋。
下斜肌：上轉、外收、外旋。

2 平衡聽覺器 auditory organ and organ of equilibrium

　　耳朵是主司聽覺與平衡覺的器官，分為外耳、中耳與內耳。外耳與中耳是聲波的傳導器，內耳則是聲波與平衡覺的接收器。內耳的前半屬於聽覺器官，後半則屬於平衡覺器官。

A.　外耳（external ear）

　　外耳可分為耳郭（auricle）、外耳門與外耳道（external acoustic meatus），其中耳郭由彈性軟骨構成，可收集聲音，外耳道約2.5～3公分，可傳遞聲音。外耳道的皮膚有耵聹腺（頂泌腺）。

外耳
....
耳郭：收集聲波。
外耳道：傳遞聲波（約2.5～3公分）。

B. 中耳（middle ear）

中耳可分成鼓膜、鼓室與耳咽管，能讓聲波通過外耳道後，變成鼓膜振動傳至內耳。

鼓膜（tympanic membrane）為一薄膜，位於外耳道深處，形成鼓室的外壁，附著在錘骨上。

鼓室（tympanic cavity）為狀似六面體的腔室，以內側壁的前庭窗（vestibular window，卵圓窗）及耳蝸窗（cochlear window，圓窗）和內耳相連。鼓室內有3塊聽小骨（auditory ossicles），分別為鼓膜上的錘骨（malleus）、砧骨（incus）以及鐙骨（stapes）。鐙骨會與卵圓窗貼合，和內耳相連。

耳咽管（auditory tube）連結鼓室與咽部，約3.5公分，可將空氣送入鼓室以平衡內、外壓。耳咽管起始於耳咽管咽口，在耳咽管鼓室口與鼓室相連。

C. 內耳（internal ear）

內耳位於顳骨錐體部中，為平衡聽覺器官的主要部分，可分為骨性迷路與膜性迷路。骨性迷路與膜性迷路之間有外淋巴液相隔，而膜性迷路中則有內淋巴液。

■骨性迷路（bony labyrinth）

骨性迷路的中央部分為前庭，其前側與耳蝸、後側與骨性半規管相連。

①前庭（vestibule）：前庭呈袋狀，含有球囊與橢圓囊這兩個膜性迷路。前庭的外側壁有前庭窗（vestibular window，卵圓窗）

鼓室的連接

鼓室前壁有耳咽管鼓室口，為耳咽管開口處，與咽部相連，後壁則與乳突內的小氣室相連。

中耳

鼓膜：鼓室外側壁。
鼓室：內有聽小骨，其中錘骨附著於鼓膜上，砧骨、鐙骨則是與卵圓窗貼合，與內耳相連。
耳咽管：連起咽部（耳咽管咽口）與鼓室（耳咽管鼓室口）。

內耳

為平衡聽覺器官的主要部位，有骨性迷路與膜性迷路。

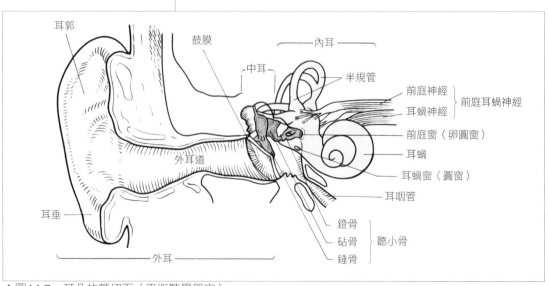

▲圖11-7　耳朵的額切面（平衡聽覺器官）

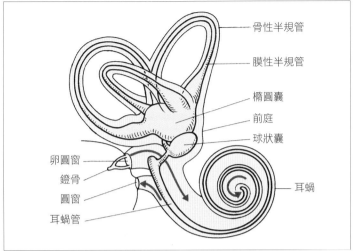

▲圖11-8 骨性迷路與膜性迷路

和鼓室連接。

②**骨性半規管**（semicircular canal）：骨性半規管為3條骨管，腳與橢圓囊相連。骨性半規管的內部，有相同形狀的膜性半規管。

③**耳蝸**（cochlea）：呈螺旋狀，內部為骨腔形成的螺旋管，可分為前庭階與鼓階，內有外淋巴液和屬於膜性迷路的耳蝸管。

■膜性迷路（membranous labyrinth）

膜性迷路有前庭的球狀囊與橢圓囊、骨性半規管中的膜性半規管、耳蝸中的耳蝸管。

①**球狀囊**（saccule）與**橢圓囊**（utricle）：兩者之中皆有內淋巴液，並有平衡斑。平衡斑是感覺上皮，與平衡覺有關。球狀囊與耳蝸管相連、橢圓囊則與膜性半規管相連。

②**膜性半規管**（semicircular canal）：具有感覺上皮，並與前庭神經（vestibular nerve，平衡神經）連結，負責偵測身體的平衡覺。

③**耳蝸管**（cochlear duct）：耳蝸管中有螺旋器〔spiral organ，又稱柯蒂氏器（Corti's organ）〕是主要的聽覺器官。耳蝸管與耳蝸神經（cochlear nerve，聽神經）相連，藉由耳蝸管內的內淋巴液振動以發揮作用。

骨性半規管

外半規管
前半規管
後半規管

骨性迷路與膜性迷路

骨性迷路　膜性迷路
前庭——球狀囊、橢圓囊 ⎫
骨性半規管——膜性半規管 ⎭ 平衡覺
耳蝸——耳蝸管（螺旋器）——聽覺

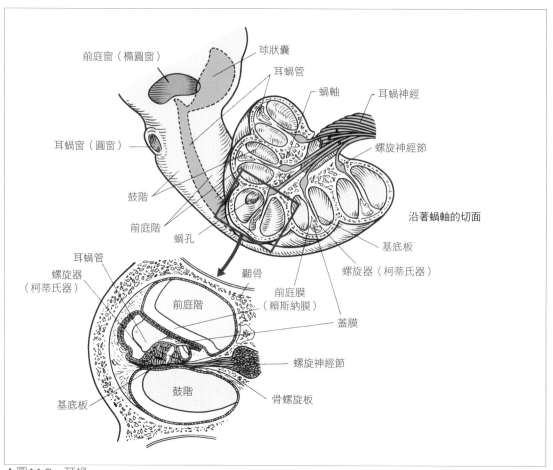

▲圖11-9　耳蝸

　Ｎｏｔｅ

具有味蕾的舌乳頭
....
蕈狀乳頭
輪廓乳頭
葉狀乳頭

3 味覺器官
gustatory organ

　　舌頭的蕈狀乳頭、輪廓乳頭與葉狀乳頭上皆有味蕾（taste bud），是味覺的接收器，聚集了許多味細胞（gustatory cell）。

　　味蕾不僅分佈在舌頭，亦存在於軟腭、懸雍垂與咽部，但大部分都在**舌乳頭**上。蕈狀乳頭的味蕾位在頭部，而輪廓乳頭與葉狀乳頭的味蕾在側邊。

　　蕈狀乳頭延伸出的味神經纖維會經過舌神經，進入面神經的中間神經，亦即**鼓索神經**。

　　輪廓乳頭由舌咽神經的舌枝所支配、葉狀乳頭由鼓索神經與舌咽神經共同支配。

　　喉咽的味蕾由**迷走神經**支配。

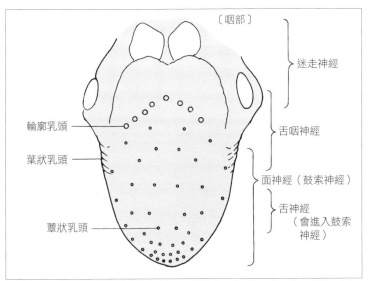

▲圖11-10 舌頭的支配神經

〔咽部〕

迷走神經

舌咽神經

面神經（鼓索神經）

舌神經
（會進入鼓索神經）

輪廓乳頭

葉狀乳頭

蕈狀乳頭

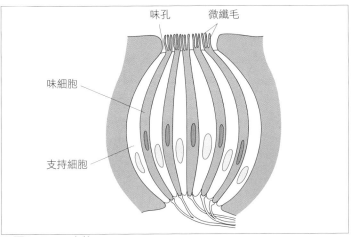

味孔　微纖毛

味細胞

支持細胞

▲圖11-11　味蕾

4 嗅覺器官
olfactory organ

鼻腔上部的黏膜與嗅黏膜（嗅上皮）有嗅覺接收器細胞（olfactory receptor cell），可從此處藉由嗅神經（olfactory nerve）傳導到嗅球（此時嗅神經會通過篩骨篩板的小孔），再經由嗅徑傳遞至大腦的嗅覺中樞。

5 體被
integument

全身體表的皮膚與毛髮、指甲等角質，以及脂腺、汗腺與乳腺等皮膚腺體總稱為體被。皮膚有觸覺、溫覺（冷熱）、痛覺等感

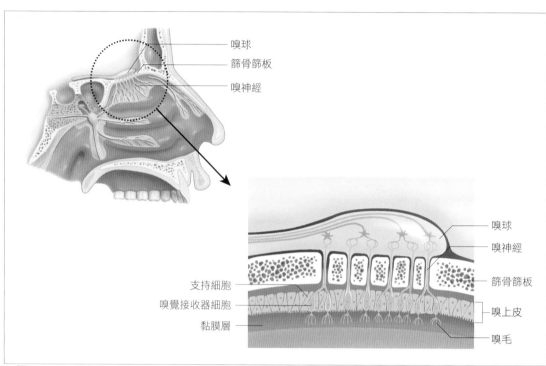

▲圖11-12　嗅黏膜與嗅神經

覺接收器，並可保護身體與調節體溫。

A.　皮膚（skin）

　　皮膚分佈於全身，具有保護身體的作用，分成表皮、真皮與皮下組織。

①**表皮**（epidermis）：表皮是皮膚的最外層，由複層鱗狀上皮構成，可分為5層。表面第一層是角質層，在手掌與腳底特別厚實且強韌。

②**真皮**（dermis）：由緻密性的纖維結締組織構成，血管與神經分佈於此。真皮與表皮接觸的地方有無數的乳頭突起，有微血管與感覺神經末梢。

③**皮下組織**（subcutaneous tissue）：由疏鬆性結締組織構成，具有許多脂肪細胞（fat cell，皮下脂肪）。皮靜脈與皮神經走行於皮下組織。

B.　皮膚的附屬器官

　　皮膚的附屬器官有毛髮、指甲與附屬腺體（皮膚腺）。

①**毛髮**（hair）：除了手掌、足底、口唇、乳頭、龜頭、陰蒂、小陰唇等處以外，全身皆有毛髮。毛髮可分成毛根（hair

皮膚
　由表皮、真皮與皮下組織構成。

5層表皮
　角質層、透明層、顆粒層、棘狀層、基底層（發生層）。

皮膚的表面積
　成人的皮膚表面積約為1.5～1.8平方公尺。
　燒燙傷面積若超過全身表面積的1/3，就會流失大量鹽分與水分而有生命危險。

感覺神經末梢
　感覺神經末梢會幫忙接收觸覺、壓覺、痛覺、熱覺、冷覺等皮膚感覺。

318

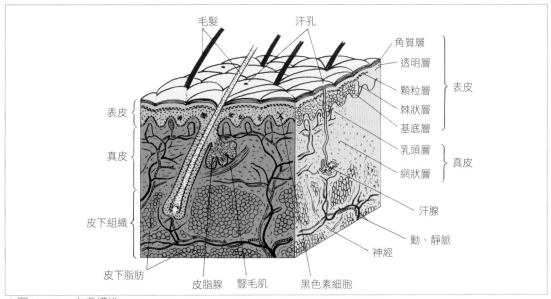

▲圖11-13　皮膚構造

root）與毛幹（hair shaft），毛根由毛囊（hair follicle）包覆，
皮脂腺（sebaceous gland）與豎毛肌（arrector pili muscle，由
交感神經支配）附著其上。

② 指甲（nail）：指甲為手指與腳趾遠端指節上的角質板，主要
部分為指甲體（body of nail）、嵌入皮膚的基部稱為指甲根
（root of nail）。指甲體深層的皮膚稱為指甲床（nail bed）、
指甲外側隆起的皮膚稱為指甲壁（nail wall）。

③ 附屬腺體（皮膚腺）：可分為皮脂腺、乳腺與汗腺。汗腺
（sweat gland）分為頂泌腺（apocrine sweat gland）與外分泌
腺（eccrine sweat gland），前者分佈於腋窩、乳暈與肛門周圍
等處的毛根，後者分佈於全身皮膚，與毛髮無關。

　手掌與足底是最多外分泌腺的部位，此外腋窩、陰囊、大
陰唇與額部也有許多外分泌線，對於調節體溫相當重要，可
進行溫熱性發汗（thermal sweating）。此外腋窩、手掌、足底

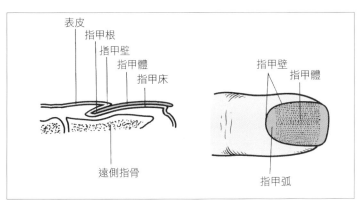

▲圖11-14　皮膚的附屬器官

等處，因精神緊張或激動所流的汗，稱為**精神性發汗**（mental sweating）。

（小專欄）**雙眼視覺與立體視覺**

請閉起一隻眼睛，接著伸出手來讓2隻食指相碰，照理說應該不太容易成功。各位戴著眼罩下樓梯的時候，是否曾感到心驚膽跳。為了抓好距離，雙眼必需同時看著一個物體，這就是「雙眼視覺」。為了掌握距離感，眼中的景色不能像照片一樣呈現平面，必須具有立體感。

可以掌握距離感的視覺，我們稱做「立體視覺」。為了要有立體視覺，不僅需要雙眼視覺，雙眼的視覺範圍還必需重疊。請保持頭部固定，測試一隻眼睛的視野有多廣。這時就能發現，無論左右眼都能看到該側的外後方，但卻無法包含另一眼的外側視野。而雙眼都看得見的範圍，便是左右視野的重疊處。人的重疊視覺範圍有120度。而貓狗或臉部較長的馬，眼球位於臉的兩側，鼻子較長，因此上下頜會往前凸，眼睛看起來就分置於臉的兩側。馬的重疊視覺範圍最大為57度，不及人類的一半。人類的臉較貓、狗、馬來得平，這種臉型稱為平面臉，雙眼朝前而非朝向兩側，因此視覺範圍有相當大的重疊，連帶讓立體視覺的範圍也很廣。和人類相近的猿猴也是平面臉，因為在樹上生活的猴子，必需有精準的距離感，才能在樹枝間跳躍穿梭，因此才演化成平面臉，具備了相當好的立體視覺。正因如此，和猿猴有著相同祖先的人類，臉型才比較平，有利於立體視覺。

話說回來，比目魚與鰈魚也是平面臉，雙眼置於同一平面上，牠們也有立體視覺嗎？關於這點還請各方高手不吝指教。

3 感覺 sense

1 軀體感覺 somatic sensation

皮膚感覺與深層感覺合稱為軀體感覺。

A. 皮膚感覺（cutaneous sensation）

皮膚感覺指觸覺（touch）、壓覺（pressure sensation）、痛覺（pain）、溫度感覺（thermal sensation，冷熱）。皮膚有機械性刺激的接收器、溫度接收器與痛覺接收器，都分佈在感覺神經末梢。機械性刺激的接收器有神經末梢的默克爾氏盤、梅斯納氏小體、洛弗尼末器、巴齊尼氏小體、觸覺盤、毛囊接收器、游離神經末梢。而溫度與痛覺的接收器，則是感覺神經纖維末端的游離神經末梢（free nerve ending）。

N o t e

感覺接收器

默克爾氏盤：觸覺、壓覺。
梅斯納氏小體：觸覺、粗略振動覺。
洛弗尼受器：觸覺。
巴齊尼氏小體：振動覺。
毛囊接收器：毛幹方向的變化。

本體感覺

深層接收器（肌梭、肌腱、關節、骨膜）所感受到的位置、運動、力量及重量。

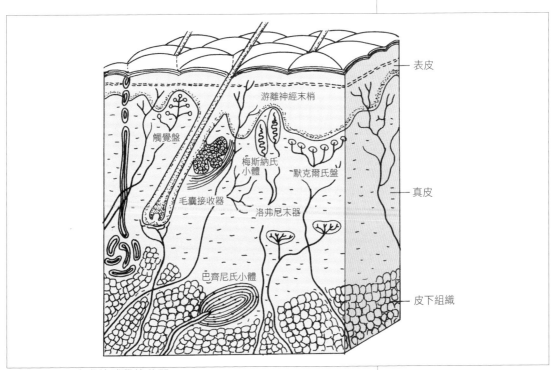

圖中標示：表皮、游離神經末梢、觸覺盤、梅斯納氏小體、默克爾氏盤、毛囊接收器、洛弗尼末器、真皮、巴齊尼氏小體、皮下組織

▲圖11-15 皮膚的感覺接收器

接觸或承受壓力時會產生力學刺激,觸壓覺就是對於這些刺激的感覺。

同時接觸皮膚上的兩點,能感受出這兩點差異的最近距離,稱為兩點覺閾(two-point threshold),指尖或口唇的數值特別低。

溫度感覺分為熱覺與冷覺,攝氏15度以下或45度以上,便會產生痛覺。

強烈的物理性刺激會產生痛覺,此外化學性刺激與過高的溫度差異也會產生痛覺,這種危害到身體的刺激會成為警告訊號。不僅在皮膚有痛覺接收器,內臟、骨骼、肌肉內部、血管等,幾乎全身上下都有。

深部疼痛

產生於肌肉、肌腱、關節、骨膜等處的搔癢與鈍痛感。

B. 深層感覺(deep sense)

比皮膚更深層的部分,例如皮下、肌肉、肌腱、骨膜與關節,也有感覺接收器。深層感覺可分為感覺與深層痛覺,前者是偵測身體各處的位置、運動與振動狀態,後者是因肌肉、骨膜、關節等處的損傷而產生。

C. 肌梭(muscle spindle)

骨骼肌是藉由伸展與收縮進行運動。肌肉中有特殊的感覺裝置可偵測伸縮的程度,那就是肌梭。來自肌梭的資訊,與身體位置及動作控制有關,讓人即便閉上雙眼也能掌握四肢的位置。這種對於身體位置與動作的感覺,稱為本體感覺。此外肌腱也有張力接收器,可對肌肉收縮或伸展產生的肌腱張力,產生持續性的作用,該接收器稱為高基氏肌腱器(tendon organ of Golgi)。

2 內臟感覺
visceral sensation

內臟感覺分為器官感覺與內臟痛覺。

A. 器官感覺(organic sensation)

器官感覺包括食慾(appetite)、口渴(thirst)、飢餓(hunger)、噁心(nausea)、性慾、尿意(desire of micturition)、便意(desire of defecation)等等,可表達身體的

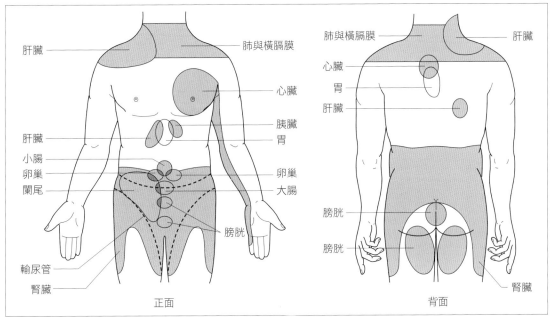

肝臟　　　　　　　　　　　　　　　肺與橫膈膜

心臟

胰臟
肝臟　　　　　　　　　　　　　　　胃

小腸
卵巢　　　　　　　　　　　　　　　卵巢
闌尾　　　　　　　　　　　　　　　大腸

膀胱

輸尿管
腎臟

正面

肺與橫膈膜　　　　　　　　　　　　肝臟

心臟
胃
肝臟

膀胱

膀胱

腎臟

背面

▲圖11-16　轉移痛的皮膚投射範圍

需求。這種感覺會形成衝動，使人產生進食或進行性行為等本能
活動。

B.　內臟痛覺（visceral pain）

內臟受到刺激後會產生內臟痛覺。當周邊組織的血流量減少，
或有內臟擴張、痙攣性收縮、致痛物質（緩激肽）、疼痛刺激之
狀況時，內臟的痛覺接收器就會興奮而感到疼痛。

一般而言，內臟痛覺的區域性並不明確。

3 特殊感覺
special sensation

特殊感覺有視覺、聽覺、平衡覺、味覺與嗅覺，其感覺器官位
於頭部，腦神經亦有參與。

A.　視覺（vision）

眼球內面的網膜受光便會產生視覺，網膜的視細胞為其接收
器。

■視細胞（visual cell）

視細胞可以感光，是網膜的最外層，位於脈絡膜側。視細
胞可分為錐體（cone）與杆體（rod）2種，錐體含有視青質
（iodopsin），可在明亮處感覺光線，與色覺有關。杆體含有視

轉移痛
referred pain

當內臟為疼痛的主因時，皮膚的
特定部位通常也會感到疼痛，這就
稱為轉移痛。當心絞痛發作時，會
感到左肩與左上肢內側疼痛。

紫質（rhodopsin），可感受明暗，但對色覺不敏感。

■適應（adaptation）

眼睛習慣光亮或黑暗的過程稱為適應。

杆體的視紫質可以感覺明暗，受光時會分解，而在暗處則會因維他命A的作用而再生。當人體缺乏維他命A，視紫質便無法再生，導致夜盲症。

■光量的調節

瞳孔可藉由對光線的反射調整光量。

當明亮的光線進入瞳孔時，由副交感神經支配的**瞳孔括約肌**會收縮以減少光量。當外界光線變弱，由交感神經支配的瞳孔擴大肌可使瞳孔擴張，以增加光量。

■焦距的調節

晶狀體可改變厚度以調整焦距。看近物時，睫狀肌收縮使睫狀體鬆弛，晶狀體就會因本身的彈性而變凸，增加光線折射率。看遠物時，睫狀肌鬆弛使睫狀體緊繃，藉此伸展晶狀體，使其變扁。

■色盲（color blindness）

色盲是因為錐體異常而無法分辨顏色。全色盲可以感覺物體形狀與光線明暗，但無法分辨所有顏色。部分色盲則無法辨別特定的顏色，例如紅綠色盲便無法區分紅與綠。

亮適應
light adaptation

從暗處進入亮處時，會感到刺眼無法看到東西，但不久便會習慣。

暗適應
dark adaptation

由亮處進入暗處時，起先什麼也看不到，但不久眼睛會習慣黑暗而得以視物。

夜盲症
nyctalopia

缺乏維他命A會影響視紫質再生，使暗適應無法順利運作。

男女色盲的比率

色盲位在X染色體上，屬於性連隱性遺傳，女性較不易出現。約有5％的男性屬於紅綠色盲，但女性只有0.2％。

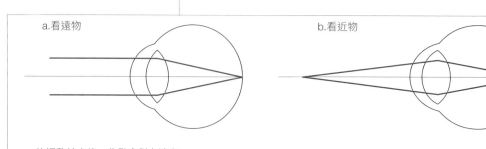

a.看遠物 　　　　　　　　　　　　　b.看近物

a 的調整結束後，焦點會對上遠方。
b 調整時，水晶體會往前凸以增加厚度，讓焦點落於近處。

▲圖11-17 晶狀體的調節

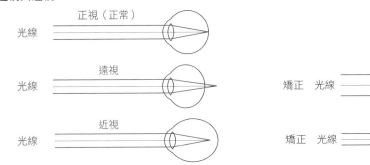

遠視與近視

正視（正常）

光線

遠視

光線　　　　　　　　　　　　　　　　矯正　光線

近視

光線　　　　　　　　　　　　　　　　矯正　光線

遠視與近視需以右圖的凸透鏡或凹透鏡矯正，讓平行的光線正確聚焦在網膜上。

散光

a.散光　　　　　　　　　　　　　　　　b.矯正後

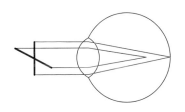
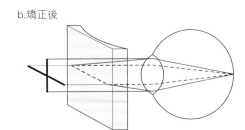

散光是角膜的垂直及水平方向屈折率不同，若要讓焦點符合垂直方向，便與水平方向不合（如圖a），因此要以圓柱形鏡片矯正（如圖b）。

▲圖11-18　遠視、近視、散光之矯正

■焦距調整異常

①**近視**（myopia）：眼軸過長使遠方物體成像於網膜前，需以凹透鏡矯正。

②**遠視**〔hyper（metr）opia〕：無論近物或遠物，都在網膜背後成像，需以凸透鏡矯正。

③**散光**（astigmatism）：水平方向與垂直方向的角膜屈折率明顯不同，需以圓柱形透鏡矯正。

B. 聽覺（auditory sensation）

　　聲波通過外耳道後會使鼓膜（tympanic membrane）振動。鼓膜的振動會傳到錘骨、砧骨與鐙骨，再轉變為前庭窗（vestibular window）的振動。接著再傳至前庭窗耳蝸（cochlea，由前庭階、耳蝸管與鼓階三部分構成）的前庭階（scala vestibuli）。前庭窗的振動會通過前庭階，再沿著鼓階下降。在這段路徑中，也會讓前庭階與鼓階之間的螺旋器（柯蒂氏器）產生振動。

　　螺旋器由內、外側毛細胞（inner and outer hair cells，聽細胞）與支持細胞構成。毛細胞上佈有耳蝸（聽）神經的末梢，可接收

Note 📖

聽覺刺激的傳導徑路

　　聲波→外耳→鼓膜→聽小骨（錘骨→砧骨→鐙骨）→前庭窗→耳蝸管基底膜的螺旋器→毛細胞→耳蝸（聽）神經→大腦皮質聽覺中樞。

聽覺刺激。

C. 平衡覺（equilibrium）

當重力等加速度刺激了前庭的橢圓囊與球狀囊，或是膜性半規管的神經上皮（neuroepithelium）後，會藉由前庭（平衡）神經（前庭耳蝸神經）傳至小腦。

D. 味覺（gustation）

味道有許多種類，但都是從酸（sour）、甜（sweet）、苦（bitter）、鹹（salty）這4種基本味覺（basic taste）混合而成。舌頭任何部位都能感覺到這4種味道，但不同部位的敏感度也不同。舌根主要是苦味、舌頭邊緣是酸味、舌尖是甜味與鹹味。

舌頭上有輪廓乳頭、葉狀乳頭、蕈狀乳頭等，其上的味蕾（taste bud）具有味細胞（taste cell），若受到化學物質刺激，就會藉由舌神經〔鼓索神經（面神經）〕與舌咽神經的感覺枝傳遞至大腦的味覺中樞，使人產生味覺。

E. 嗅覺（olfaction）

一般認為味道也分成幾種基本氣味，Amoore J. E.（1963）便將醚、樟腦、麝香、花香、薄荷、刺激性氣味、腐敗氣味，當作7種基本氣味。

鼻腔中最上部的嗅黏膜〔olfactory mucosa，嗅上皮（olfactory epithelium）〕具有嗅覺接收器細胞（olfactory receptor cell）。當空氣溶於黏液層後，嗅覺接收器細胞前端的絨毛，可找出氣味並做出反應，以產生衝動。

嗅覺的適應相當快，處在某一氣味之下，立刻就會「不聞其臭」。

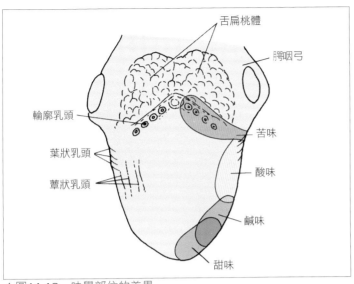

舌扁桃體

腭咽弓

輪廓乳頭

苦味

葉狀乳頭

酸味

蕈狀乳頭

鹹味

甜味

▲圖11-19　味覺部位的差異

(小專欄) **日本人是繩文系統或彌生系統？**

　　談到耳朵的大小，通常是指耳郭，其內部大半由彈性軟骨支撐。因此把耳朵蓋起來之後，放手又會恢復原狀。耳郭具有收集聲波的作用，當我們聽不清楚時，會用手抵在耳朵旁，將耳郭的方向對準音源，就能聽得比較清楚。但如果這樣還聽不清楚，就要看看耳朵內部了（但無法看到自己的）。有時是因為裡面堆滿耳垢（俗稱耳屎）。

　　一般看到耳朵的洞，屬於外耳門，耳垢則堆積在外耳道。再深入下去就是鼓膜，因此若耳垢堆積過多，便會聽不清楚。游泳後挖耳朵的話，耳垢有時會沾濕變成糊狀。

　　但也有些人的耳朵即便沒有進水，耳垢也是濕的。換句話說，耳垢的乾濕狀態是因人而異。在日本，據說這個差異是來自祖先的不同。

　　日本的祖先有繩文人與彌生人。大約1萬3千年到2千3百年前，繩文人居住在日本列島上，從2千3百年前開始，彌生人從大陸渡海而來，影響原有的繩文人並分散到日本各地，之後兩種人血統相混，形成現在的日本人。據說渡海而來的彌生人是乾耳垢，而原本的繩文人是濕耳垢，因此從耳垢的乾濕可以判斷源自繩文或彌生人種。不知道各位又是如何呢？

感覺系統

1　口與鼻

眼睛與鼻子是相連的。只要參加畢業典禮，就會看到學生代表致詞時百感交集，抽抽搭搭的說不出話來，同時也能聽到參加的畢業生正在啜泣。這時就會傳出吸鼻子或擤鼻子的聲音。當鼻水滴下來的時候不妨舔一舔，味道說不定跟眼淚相同。

眼睛的結膜與角膜會直接與外界接觸，而眼淚可提供潤澤，並洗去灰塵。淚腺位於上眼瞼內側的外眼眥側，可分泌淚液。眼淚會從眼睛的外上方朝內眼眥流去，平時都會有少量的流動。請在鏡中看著內眼眥，在上眼瞼與下眼瞼的內側緣可以看到一個小洞，那就是淚點。眼淚便是從這裡順著淚管、淚囊，進入鼻淚管而通往鼻腔。流入鼻腔的眼淚可濕潤鼻黏膜，接著會蒸發。當眼淚大量進入鼻腔來不及蒸發，便會變成鼻水流到上唇，這就是畢業典禮中啜泣吸鼻子的狀況。當我們被帶勁的山葵嗆到鼻子時，會不停流淚，手也會按著內眼眥，這是因為山葵的刺激從鼻子逆勢上升到鼻淚管。有些人喝下牛奶後可從眼睛噴出來，這也是先讓牛奶流進鼻腔，接著再由鼻淚管逆流，最後從眼睛噴出。

口鼻也相連

用眼睛噴牛奶的人並非以鼻子喝牛奶，而是從嘴巴喝下，再將牛奶送到鼻腔。許多人用餐時曾經嗆到，飯粒會從鼻子噴出來。即便不是這樣，也會覺得鼻子癢癢的，擤過之後發現飯粒摻雜其中。由此可知口鼻的確相連。

張開嘴巴往口腔看去，能看見懸雍垂，再往內是口咽，其上是鼻咽，耳咽管咽口

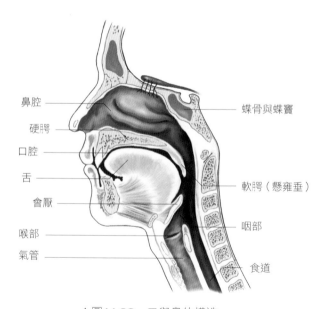

鼻腔　　　　　　　　　蝶骨與蝶竇
硬腭
口腔
舌
　　　　　　　　　　　軟腭（懸雍垂）
會厭
喉部
氣管
　　　　　　　　　　　咽部
　　　　　　　　　　　食道

▲圖11-20　口與鼻的構造

便開口於此。鼻腔分為左右兩邊，鼻咽位於其內部。口部的後上方與鼻部中段相連。用舌頭從門牙後方往內舔，可以感覺到一粒粒的，那是腭部。腭部上方是鼻部的中段，也就是口腔與鼻腔的分界。而腭部所垂下的肉塊便是懸雍垂。

唾液的出口

當我們張口並把舌頭往上抬，唾液就會積存在下顎門齒的牙齦內側與舌根之間。而仔細觀察上提的舌頭，可看見其背面有靜脈浮出。在兩條靜脈之間可看到舌繫帶，彷彿葉片中央的葉脈。舌繫帶的兩側基部，也就是靠近牙齦處，會有顆粒狀的隆起，仔細觀察便能看到水分湧出，這就是唾液。該隆起處則稱為舌下肉阜，是唾液的出口。分泌唾液的唾腺有舌下線、頷下腺與腮腺，其中舌下腺與頷下腺管便是開口於舌下肉阜，讓唾液進入口腔。

腮腺導管的開口位於牙齒與臉頰之間，也就是口腔前庭。用舌頭舔臉頰側的黏膜，或許能在上頜第2大臼齒處找到凹陷。翻起上唇便能在該處看到突起，這稱為腮線乳頭，也就是腮線的開口。腮線本體位於耳朵下方、耳門之前、耳垂之下，會延伸到下頜角一帶。不知道各位是否看過或是親身體驗過，因感冒而使腮幫子腫起來的狀況，那就是腮線腫大。那種感冒的正式名稱是流行性腮線炎，具有傳染性。

鼻子周圍的空腔

人一旦感冒就容易鼻塞，這種症狀相當難治好，醫生通常會說這是「副鼻腔炎」。所謂的副鼻腔炎就是鼻蓄膿症，而副鼻腔顧名思義與鼻腔有關，是鼻子周圍骨頭形成的空腔。鼻翼與顴骨之間的凹陷正是犬齒上方，在這塊上頜骨之中有空腔，稱為上頜竇，屬於副鼻腔的一部份。此外鼻根上方，也就是眉間的額骨，內部也有空腔，稱為額竇，其他還有蝶竇與篩

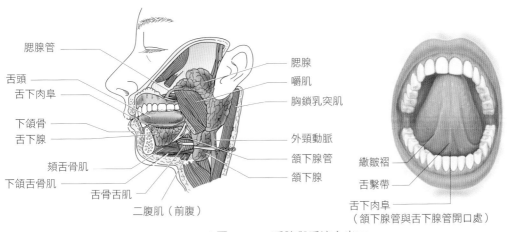

▲圖11-21 唾腺與唾液之出口

寶（分為前、中、後）。人體共有4種副鼻腔，這些骨骼空腔的內壁覆蓋著黏膜，鼻腔內壁也有黏膜，這兩種黏膜是相連的。

換言之，鼻腔壁與副鼻腔有洞相連，兩者的黏膜才會互通。由此可知副鼻腔是真真確確的「副」鼻腔，並非只是鼻腔周圍的空洞。而骨頭為什麼會出現這麼多空腔，則有以下幾種說法。東京慈惠會醫科大學名譽教授高橋良是研究鼻子的專家，其著作《人類為何有鼻子》（築地書館，1987）中提到，副鼻腔可確保空氣吸入後的溫度與濕度，並有助於聲音共鳴，以及減輕顱骨重量等。

鼻中隔會將鼻腔分為左右兩部分，而且在左右鼻腔中，其外側壁又會伸出屋簷狀的骨頭，稱為上鼻甲、中鼻甲與下鼻甲，將鼻腔再次分割。而空氣在其中行經的路徑則稱為上鼻道、中鼻道、下鼻道。額寶、上頜寶、篩前寶等副鼻腔，皆開口於中鼻道。運送淚液的鼻淚管則開口於下鼻道，如此就能體會哭泣時鼻水為什麼會流到上唇。在左右兩側鼻道中，鼻中隔切斷處與咽的上部（懸雍垂的後上部）相連，該部位稱為鼻咽，有耳咽管咽口，是耳咽管的開口。

鼻子可以呼吸並分辨氣味、耳朵可以聽聲音、嘴巴可以進食、眼睛可以視物，臉上的各個器官都有不同的作用，但其實內部都如前述一般，有著緊密的關連。

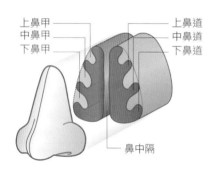

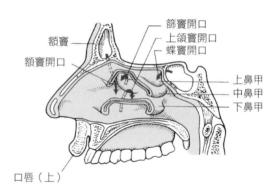

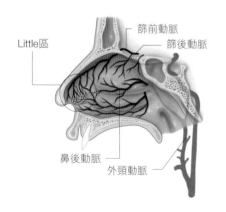

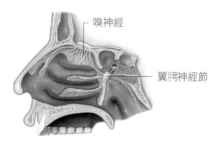

▲圖11-22　鼻腔內部構造

2 耳咽管

眼與鼻的通道

當我們聞到臭味時，會慌張地捏住鼻子，阻斷空氣的通道，以防空氣中的臭味粒子進入。現在請捏著鼻子，就像聞到臭味時一樣，接著從鼻子呼氣。但因為通道已經塞住，空氣無處可去，所以塞在鼻腔中，使鼻子鼓起來。除此之外，鼓膜也會受到推擠，讓耳朵感覺漲漲的，無法聽清楚外界的聲音。

這是因為空氣原本要從鼻子排出，但卻進入耳朵中。我們張嘴便可看到懸雍垂，其後上方就是鼻子的深處，也就是咽部最

上端。該處與耳朵相連，串起耳朵與咽部的管道稱為耳咽管，其耳側的開口位於中耳鼓室，空氣便是由此進入耳朵。外耳門往內為外耳道，外耳道再往內為鼓膜，再深入便為中耳（鼓室）。鼓膜是藉由振動傳遞聲波，因此必需保持適當的張力，否則會聽不清楚。

要保持適當的張力，鼓膜兩邊的氣壓必需相等。外耳道與外界相連，所以屬於外壓，中耳為了保持與外耳道相同的氣壓，必需利用鼻腔吸進的空氣。為了傳送鼻腔的空氣，便需要耳咽管。

當我們進入隧道或登上高山，氣壓產生變化時，耳咽管就會塞住。原本壓力較高的空氣會留在中耳，造成內外氣壓不

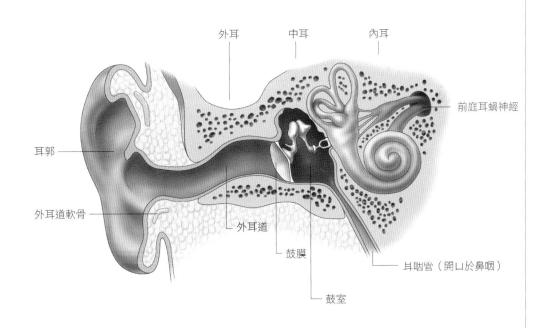

▲圖11-23　耳朵的構造

同，使鼓膜受到擠壓，產生耳鳴且聽不清楚。這時捏著鼻子逼出空氣，或是吞嚥口水，就能平衡內外氣壓，讓新的空氣進入中耳，保持鼓膜適當的張力，聽力也會隨之恢復。平常我都會在下課前說明這個原理，講完便能開個玩笑：「耳咽管（日文音同課堂）結束，下次從耳郭開始。」

多出的6根骨頭

空氣會透過耳咽管進入中耳的鼓室，耳咽管在鼓室的開口稱為耳咽管鼓室口。鼓室中有3塊聽小骨，分別為錘骨、砧骨、鐙骨。錘骨與鼓膜內面相連，接著是砧骨、再來則是鐙骨，鐙骨會連接內耳的前庭窗（卵圓窗）。內耳的空隙滿是淋巴液，空氣的振動在外耳是藉由氣體振動而傳導，從鼓膜開始，就成為中耳聽小骨個別的振動，到了前庭窗則由內耳淋巴液的振動傳

導至螺旋器，最後再由耳蝸神經傳至腦部。錘骨、砧骨與鐙骨這3種聽小骨的振動，可產生所謂的骨傳導。

一般而言人類有200塊骨頭，但有些教科書寫的是206塊，會這麼寫正是因為那3塊聽小骨，左右兩耳便有6塊。而錘骨、砧骨與鐙骨這名稱的由來，則是因為它們的形狀。

鐙骨的「鐙」是馬鞍兩側踏腳的用具，因為鐙骨與前庭窗連接的孔洞，就像馬鐙一樣而得名。錘骨的形狀就像鍛造時用的鐵鎚或木槌，而砧骨的「砧」，其原由是因為古代會用木板敲打麻布，讓它變軟，下面墊的木板或石板就叫「砧板」，所以砧骨也是狀似砧板而得名。

顱骨圖所沒有的鼻尖

先前提到閉氣時要捏住鼻尖，但我們觀

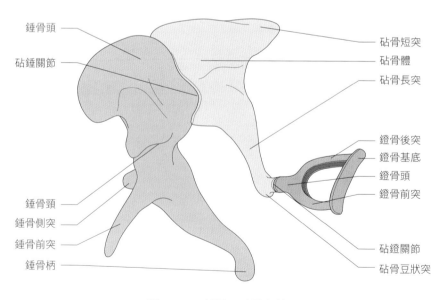

▲圖11-24　錘骨、砧骨與鐙骨

錘骨頭
砧錘關節

砧骨短突
砧骨體
砧骨長突

鐙骨後突
鐙骨基底
鐙骨頭
鐙骨前突

錘骨頸
錘骨側突
錘骨前突
錘骨柄

砧鐙關節
砧骨豆狀突

察教科書的顱骨圖或骨骼標本，卻看不到鼻尖的存在。人體雖然有2個鼻孔，但顱骨上只有梨狀孔這一個大洞。

請捏著鼻頭左右晃動，應該有一定的擺動範圍。這時手指再沿著鼻樑往上直到內眼眥，半途就會覺得鼻子越來越硬，按得太用力還會痛，代表從那部分開始就是骨頭（鼻骨）。

鼻頭與鼻翼是由軟骨構成，而非硬骨，因此呼吸時鼻翼會膨起。生氣或感到不滿時，鼻孔都會擴張。

再者鼻中隔位於中央，將鼻孔分為左右兩邊。方才用手指抓住的鼻尖也是由軟骨構成。軟骨雖有一定的形狀，卻比硬骨柔軟，受到外力擠壓就會變形。但因為有彈性，所以外力消失後又會恢復原狀。骨頭的神經分佈在外側的骨膜上，因此就像脛骨受到撞擊會令人痛不欲生一般，鼻根的

骨頭若受到強力擠壓或衝撞，也會令人感到疼痛。然而軟骨與硬骨不同，軟骨膜上沒有神經分佈，所以即便抓著鼻尖，也因為該處是軟骨而不會很痛。像牛等動物的鼻環也是在軟骨打洞，所以牠們或許沒那麼痛。

從很久以前開始，人類就會為了戴耳環而在耳朵（耳郭）打洞，近來甚至有人在鼻子（鼻翼）穿洞掛環。耳郭由耳郭軟骨構成、鼻翼則是鼻翼軟骨，不像硬骨有神經分佈，因此沒有那麼痛。這麼看起來，或許已經有很多人親身體驗軟骨與硬骨的差異。雖說鼻子被捏的時候也會痛，但那股痛覺是來自皮膚，而非鼻軟骨。若將人體做成骨骼標本，軟骨會腐蝕消失，因此骷髏頭已經失去軟骨構成的鼻頭、鼻翼與鼻中隔前部，梨狀孔的部位才會形成一個大洞。

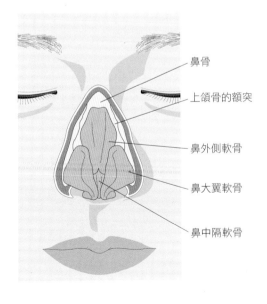
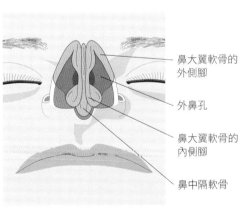

▲圖11-25　構成鼻子的鼻軟骨

3 視覺

鼻子越挺 立體視覺範圍越窄？

請遮住左眼（當然右眼也無妨），看著手上的原子筆，測試單眼的視覺範圍。雖然外側視野能超越90度，可稍微看到右後方，但內側視野會被鼻子擋住，看不到左邊。接著請遮住另一隻眼，進行同樣的測試。如果只算兩眼可同時看見的範圍（左右眼重疊的視野），其實並不大。

這次睜開雙眼，將筆從臉的中央，也就是從鼻子的前方橫向拉到外側。這時可發現筆在某個區域開始，雖然還是看得見，但失去了立體感。再來請將筆放在前述沒有立體感的區域，再閉起和筆同側的眼睛，這時便看不到筆了。換句話說，喪失立體感的區域是只有單側眼睛才能看到的範圍。

若不能以兩眼視物，就無法產生立體感。而物體要看起來有厚度才立體、才能抓到距離感。立體視覺需要用兩眼視物才能產生，因此起初閉上單眼時，便無法抓準距離。當我們長針眼或戴眼罩，下樓梯時是否曾抓不準高度，腳步踏得心驚膽戰呢？這是因為光用單眼無法形成兩眼視覺，所以失去了立體感，也抓不準距離。

兩眼可同時看到的地方，便是立體視覺的範圍，故其大小會因鼻子的高度而改變。鼻子越低，雙眼可同時看到的範圍越大。相反地，若鼻子較高或往前凸，也就是像馬臉一樣，那雙眼視覺的範圍會比較小。

顱骨中央是鼻部的梨狀孔，上緣為鼻骨，但側邊與下緣屬於上頜骨。鼻子往前凸、屬於馬臉型的動物，上下頜也會往前。例如馬的鼻孔下方不遠就是門齒（又稱切齒），因此馬臉又代表上下頜較凸。當上下頜往前凸，眼睛就會偏向左右兩邊，這麼一來，雙眼視覺的範圍比較小，但後方的視野較大，便能看見從身後逼近的敵人。

相反地，人類為了擁有立體視覺，上下頜往後退，成為平坦的顏面，雙眼幾乎在同一直線上，這種平坦的臉型稱為平面臉。脖子上分成頭部與面部，屬於平面臉

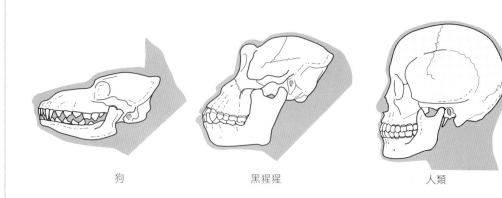

狗　　　　　　　　黑猩猩　　　　　　　人類

▲圖11-26　顱骨的種類

的人類，顏面所佔比率較低，換句話說，腦部佔的比率較高。由此可知腦的大小與立體視覺以及兩眼視覺帶來的平面臉，有莫大的關連。

4 皮膚

生命線也有學名

當我們看到手掌，不禁會想找出自己的生命線。這種手相所說的線，醫學上稱為皮紋。手腕或手指的皮膚上，會有1～2條橫向的掌紋，其名稱各自不同。掌側的手腕通常會有2～3條橫紋，稱為手腕掌側摺痕。手指關節處的摺痕稱為拇指指間摺、近端指間摺、遠端指間摺。指間摺的位置幾乎與指間關節的掌側相同，但位於各指基部的掌側指骨摺痕，與掌指骨關節（MP關節）的位置並不一致。

請握起拳頭，在手背與手指的連接處可看到骨頭突起。還記得我們怎麼利用這些突起計算大小月嗎？以第2指的拳眼當作大

月1月、第2與第3指之間的凹陷當作小月2月、第3指的拳眼當3月，而第5指的拳眼則當作大月7月與8月。

這時突起的拳眼屬於掌骨，該處就是掌指骨關節。因此若伸直手指，只彎曲掌指骨關節，便可看到掌側指骨摺痕大致位於近側指骨的中央。

彎曲掌指骨關節時，橫跨手掌的2條掌紋會形成深溝，變得相當明顯。這2條稱為遠端掌紋與近端掌紋。遠端掌紋在手相中屬於感情線，而近端掌紋是智慧線，至於魚際紋則是生命線。

手掌少不了皮紋

手掌除了明顯的掌紋之外，還有許多小細紋。以放大鏡或肉眼仔細觀察，便可看到表面隆起的細紋在指尖形成指紋。這些隆起的細紋稱為皮脊。雖然手掌大部分屬於平行無紋的狀態，但也會形成掌紋。

皮脊為角質層隆起，其中央排列著汗腺管的開口。因此手掌或手指才會冒汗，較容易翻動紙張。若經常浸泡在藥品或

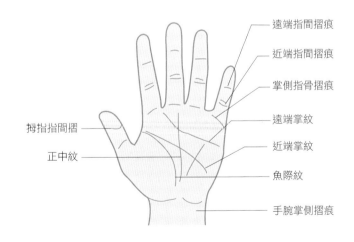

拇指指間摺
正中紋

遠端指間摺痕
近端指間摺痕
掌側指骨摺痕
遠端掌紋
近端掌紋
魚際紋
手腕掌側摺痕

▲圖11-27　皮紋

水中，指紋就會消失，手指變得光滑，反而無法翻起書頁。當手要握住或捏住物體時，皮脊佔有不可或缺的重要地位。

除了人類以外，生活在樹上的猴子也有皮脊。棲息在南非的蜘蛛猴會在樹枝間擺盪，當牠張開手腳，就像在蜘蛛網移動的蜘蛛一樣而得名。蜘蛛猴除了手腳，還能用長尾巴勾住樹枝，彷彿第5隻手。此外絨毛猴也同樣有長尾巴可勾住樹枝，但尾巴前端的腹面沒有毛，皮膚外露如同手腳一般，還有形似指紋的尾紋，據說有防滑的效果。

指尖腹側的皮脊會形成指紋，說到指紋就會想到刑案調查，以及先前在日本鬧得滿城風雨的入境指紋檢查，可用於身份證件及個人識別等等。

指紋可按照紋路分成以下種類，請觀察指尖，找出屬於自己的類型。基本上指紋可分作弧形紋、箕形紋與斗形紋，其中箕形紋又可由其皮脊的分佈方向，細分為正箕紋與反箕紋。若以這4種來分析指紋類型，男女皆有半數為正箕紋，其次是斗形

紋。以左右手共10根手指來計算，男性的弧形紋為2％、女性為3％，男性的反箕紋為4％、女性為3％，男性的正箕紋為49％、女性為54％，男性的斗狀紋為45％、女性為40％。

指紋位在遠側指骨的腹面，背面有指甲。指甲與毛髮同為皮膚的附屬構造，是由表皮角質變厚而成。即便是指甲，各部位也有專屬的名稱。指甲的近側端被皮膚包覆，稱為指甲根、顯露在外的遠側端稱為指甲體、指甲根上可看到白色的弧形，稱為指甲弧。無論手腳，以拇指的指甲弧最明顯，越往小指側越模糊，有些人的小指幾乎看不見指甲弧。

指甲若產生病變，也會變成各種不同的形狀。例如外傷、營養失調或低血色素貧血、甲狀腺功能不良等，會造成匙狀指（spoon nails），指甲兩側會往上翻。

指甲可保護指尖，同時抑制指尖皮膚的可動性，以提昇其功能。此外指甲還能抓東西（例如與人吵架時，用來抓對方的臉或手背）或用於切削。

正箕紋

斗形紋

弧形紋

反箕紋

各種指紋類型

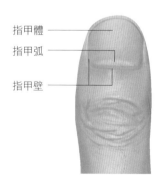
指甲體
指甲弧
指甲壁

▲圖11-28　指紋類型與指甲

第 12 章

體液與血液
Body fluid, Blood

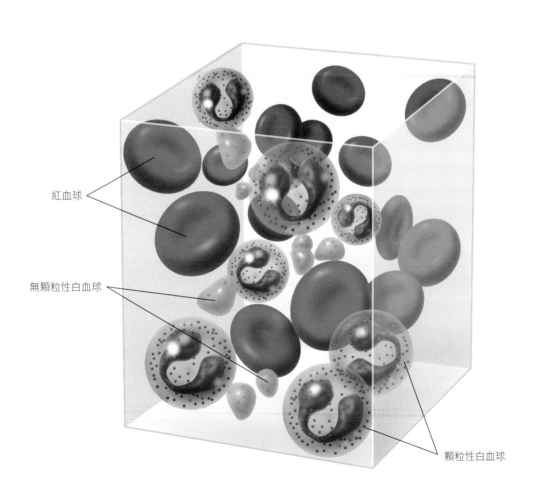

紅血球

無顆粒性白血球

顆粒性白血球

體液
body fluid

體液與體重之比率

成年男性：體重的60%
成年女性：體重的55%（因女性的
　脂肪相對比男性多）
嬰幼兒：體重的77%

組織間液（間質液）

　組織間液是血液經微血管過濾，
進入組織之間的液體。
淋巴：組織間液流入淋巴管後便稱
　為淋巴液。
血漿：血液中的液體成分。

水的功用

①可溶解體內成分，提供場所進行
　化學反應。
②維持細胞的形態。
③可進行搬運以吸收養分、促使體
　液循環、排泄體內廢物。
④調節體溫。

體外平衡

　從體液總量觀之，以進入體內的
量減去排出體外的量。

體內平衡

　組織間液與細胞內液等體液區
間，水與溶質的進出狀況。

1　體液的區間

　人體血液與淋巴中的液態成分都屬於體液。成年男性的體液約為體重的60%，大部分都是水。

　體液可大致分為細胞內液（intracellular fluid, ICF）與細胞外液（extracellular fluid, ECF），細胞外液主要為組織間液（interstitial fluid, ISF）與血漿（blood plasma）構成。此外胸腔或腹腔的體腔液、結締組織或骨骼中的水分，也是細胞外液的一部份。

　人體只要攝取水分就可以生存許久，但若連水也沒有，進入絕對的飢餓狀態，大約一週左右便會危及生命。

2　體液平衡

　體液可維持身體的恆定性，因此各個體液區間雖不斷有物質進出，但仍維持穩定的狀態。各體液的水與溶質之進出差異稱為平衡，而所謂體液的恆定（homeostasis）便是體內與體外兩種平衡皆保持在0。

▼表12-1　各體液區間的水分量（佔體重之百分比）

區間	成年男性	成年女性	嬰幼兒
體液總量	60	55	77
細胞內液量	45	40	48
細胞外液量	15	15	29
細胞間液量	11	10	24
血漿量	4.5	4	5.5

（改編自Edelman, I.S., Leibman, J. : Anatomy of body water and electrolytes. Am.J.Med., 27:256, 1959）

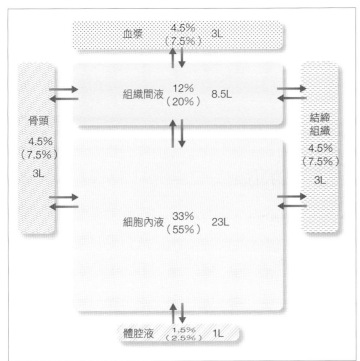

▲圖12-1 體重70公斤男性之體液區間量

（無括號：對體重之百分比、括號內：對水分總量之百分比。
改編自前述Edelman, I.S., Leibman, J. 之書籍）

3 體液的成分

　　水是構成生命體的主要物質，體液則是各種物質的溶液。所謂的「物質」可分為電解質（electrolyte）與非電解質。細胞外液與細胞內液的電解質成分並不同，細胞外液的成分與海水非常相近，有鈉、鉀、鎂、鈣這4種陽離子電解質，而陰離子則有氯與重碳酸鹽。

A. 電解質在體內的作用

①**水平衡（調整體液量）**：水平衡若為負壓（脫水），體液便會濃縮，滲透壓提昇。

②**調整體液的滲透壓**：血漿滲透壓若提高，便會因口渴而飲水，或是因抗利尿激素（昇壓素）分泌，則會導致腎臟排出濃縮尿液。

③**酸鹼平衡**：體液會維持在pH7.4左右，不會過酸或過鹼。

Note

體液中的電解質

陽離子：鈉（Na^+）
　　　　鉀（K^+）
　　　　鈣（Ca^{2+}）
　　　　鎂（Mg^{2+}）
陰離子：氯（Cl^-）
　　　　重碳酸鹽（HCO_3^-）
　　　　磷（HPO_4^{2-}）
　　　　硫（SO_4^{2-}）
　　　　有機酸
　　　　（乳酸、尿酸）
　　　　蛋白質

電解質

在溶液中具有電性，帶正電或負電。

非電解質

在溶液中不具陰離子或陽離子者。

體液中的非電解質

葡萄糖、蛋白質分解的產物（尿素、肌酸酐）。

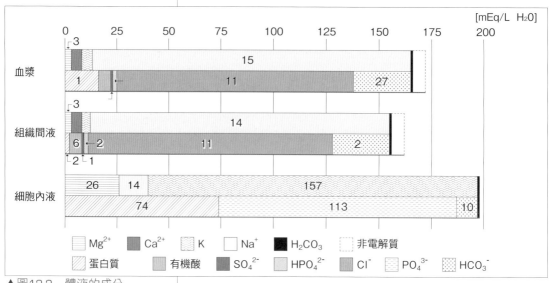

▲圖12-2 體液的成分

4 酸鹼平衡
acid-base balance

　　體液中正常的氫離子濃度（pH）會維持在一定的範圍（7.35～7.45），超出7.0～7.8的範圍便有生命危險。身體在代謝物質後會產生二氧化碳（CO_2）與非揮發性的酸，此外進食也會吃下酸，而重碳酸等鹼性物質也會隨糞便一同排出。如此一來身體會趨於酸性，因此身體具有調節機制，可使體液維持在一定的酸鹼值。

①緩衝作用（buffer action）：若有酸進入體液，體液便會產生物理化學性的緩衝作用。體液中的碳酸（H_2CO_3）、蛋白質、血紅素及有機磷酸鹽會產生反應以中和酸性。

②呼吸調節：組織代謝產生的二氧化碳（CO_2），會因呼吸而從肺部排至體外。

③腎臟調節：在體內產生的酸性物質中，除了二氧化碳以外，都屬於非揮發性的酸，無法排至空氣中。但腎臟可排出這些非揮發性的酸性物質。若這些酸性物質增加，腎臟會提高氫離子（H^+）的排泄，使酸鹼值下降。

5 酸鹼不平衡
acid-base balance disturbance

　　體液異常偏酸時（血液的酸鹼值為7.35以下）稱為酸中毒（acidosis，酸血症）；偏向鹼性時（7.45以上）稱為鹼中毒

（alkalosis，鹼血症）。酸鹼不平衡的狀態可分為呼吸性與代謝性，前者是因為揮發性的二氧化碳排泄失常、後者是因非揮發性的酸性物質排泄異常及鹼性物質堆積所造成。

①呼吸性酸中毒（respiratory acidosis）：二氧化碳（CO_2）與碳酸（H_2CO_3）因換氣不足而堆積在體內。染有毒癮者、患有急性或慢性呼吸道疾病，以及過度肥胖者，都會有呼吸性酸中毒。

②呼吸性鹼中毒（respiratory alkalosis）：因呼吸過快造成換氣過度，使身體排出過量的二氧化碳（CO_2），導致碳酸（H_2CO_3）過低，酸鹼值因而上升。腦血管疾病患者、酒精成癮者、發燒導致的換氣過度症候群患者，都會有呼吸性鹼中毒。

③代謝性酸中毒（metabolic acidosis）：腎功能不全而無法處理磷酸與硫酸等酸性離子，導致上述離子在血液中的含量增加。或因糖尿病而使身體大量製造有機酸（酮體）這類陰離子，堆積在體內，致使重碳酸鹽（HCO_3^-）減少，引起代謝性酸中毒。

④代謝性鹼中毒（metabolic alkalosis）：因吐出胃液等原因導致氯離子（Cl^-）減少，使血漿的重碳酸鹽（HCO_3^-）濃度上升，引起代謝性鹼中毒。

6 組織間液與淋巴

組織間液經微血管過濾後，會進入組織間隙，之後再被微血管吸收，但部分的組織間液會進入毛細淋巴管成為淋巴。

A. 組織間液（interstitial fluid）

血液中的體液成分因血液壓力而被微血管過濾，進入組織間隙便稱為組織間液。組織間液的成分與血漿幾乎相同，但蛋白質較少。組織間液會再次被微血管吸收。

B. 淋巴（lymph）

多餘的組織間液沒有被微血管吸收，便在毛細淋巴管中被組織壓力過濾，成為淋巴。淋巴會在淋巴管內流動，最後進入靜脈。淋巴的成分與血漿幾乎無異，但蛋白質較少（可參閱122頁）。

酸鹼不平衡

酸中毒：血液的酸鹼值在7.35以下。

鹼中毒：血液的酸鹼值在7.45以上。

· **呼吸性酸中毒與呼吸性鹼中毒**：因呼吸異常而產生。

· **代謝性酸中毒與代謝性鹼中毒**：因腎臟異常、糖尿病、消化道疾病而產生。

酸鹼不平衡之原因

①**呼吸性酸中毒**：肺或呼吸道病變，導致二氧化碳（CO_2）排放不完全、或是呼吸中樞群受到抑制，產生中樞性肺泡換氣低下症候群。再者吸入二氧化碳也會引起該症狀。

②**呼吸性鹼中毒**：低血氧症造成過度換氣、精神緊張使呼吸中樞的活動增強，引起過度換氣症候群、或是黃體素產生的呼吸刺激，皆會引起該症狀。

③**代謝性酸中毒**：糖尿病或飢餓導致酮體堆積、激烈運動使乳酸堆積、腎臟功能障礙導致氫離子（H^+）排泄不完全、腸胃或腎臟功能障礙使重碳酸鹽（HCO_3^-）減少，皆會引起該症狀。

④**代謝性鹼中毒**：吐出胃液致使鹽酸（HCl）流失、高醛固酮血症引發之低鉀血症、低鉀血症時氫離子（H^+）於細胞中移動、或以碳酸氫鈉（HCO_3^-）投藥，皆會引起該症狀。

血液
blood

N o t e

血液的基本性質

量：約佔體重的1/13（8％）。

pH：pH為7.4（7.35～7.45）呈弱鹼性。

比重：1.06（1.055～1.066）。

顏色：動脈血為鮮紅色、靜脈血為暗紅色。

血液的作用

搬運作用：搬運氧氣、二氧化碳、營養素、代謝產物、離子、水、激素等。

排泄作用：排出組織中的廢物，並將多餘的水分送至腎臟排出。

調節體溫

保護身體

止血

氣體之搬運

紅血球中的色素（血紅素）會與氧氣結合，將其運送至末梢組織。

血液的成分

有形成份（45％）：血球（紅血球、白血球、血小板）。

液體成份（55％）：血漿（水、無機鹽類、有機物）。

血球容積比

hematocrit, Ht

血球容積比是細胞成分在血液中的比率，男性為45％、女性為40％。

1　血液的基本性質

血液（blood）約佔體重的1/12～1/13（7～8％），動脈血（arterial blood）為鮮紅色，靜脈血（venous blood）為暗紅色。血液的比重為1.055～1.066，氫離子濃度（pH）為7.35～7.45，呈弱鹼性。

2　血液的作用

血液具有搬運的作用，可將氧氣、二氧化碳等運送至肺與組織細胞之間，亦可將腸壁吸收的營養素送至肝臟與全身各組織，也可將內分泌腺分泌的激素送至標的器官，並能將尿素、肌酸酐、尿酸、代謝廢物與多餘的水分送至腎臟，以便排出體外。血液還有調節體溫的作用，可循環於全身，讓各部位體溫均等，亦能從體表的血管釋出熱量。

血液的酸鹼緩衝作用，可讓體液的酸鹼值保持在一定的數值。

血液中的抗體與白血球等，可對抗細菌與毒素，保護身體不受感染與其他病變侵襲。

血液含有凝固因子，可在流血時凝固，具有止血（hemostasis）作用。

3　血液的成分

血液約有45％是紅血球、白血球、血小板等有形（細胞）成分，其餘55％由血漿構成，屬於液體成分。

A.　紅血球〔red blood cell（RBC），erythrocyte, red blood corpuscle（RBC）〕

紅血球的直徑平均為7.7 μm，厚度約2 μm，呈圓盤狀，沒有

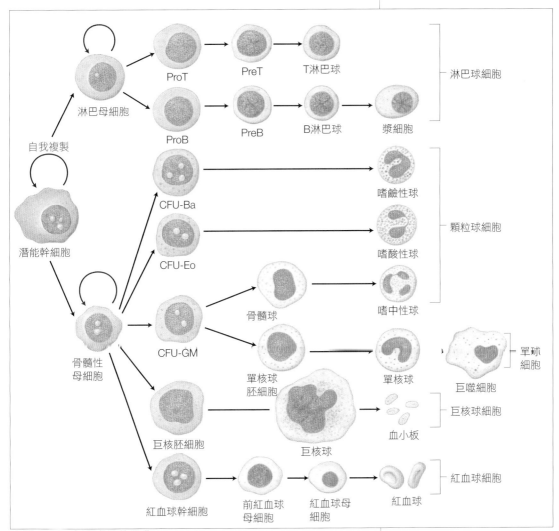

▲圖12-3　血液成分的分化

細胞核。成年男性約有500萬/mm³個紅血球，成年女性則有450
萬/mm³。血紅素（hemoglobin，Hb）為含鐵蛋白質的一種，可
搬運氧氣。當血液在肺部循環時，血紅素與氧氣結合，會成為
變性血紅素（methemoglobin），將氧氣送至末梢組織。當變性
血紅素進入缺乏氧氣的組織時，會釋出氧氣，變成去氧血紅素
（deoxyhemoglobin）。

　　動脈血與靜脈血的顏色差異，是來自紅血球的血紅素含氧量之
不同。

　　紅血球生成於骨髓，在血液中的壽命約為120天，之後會被肝
臟及脾臟（紅髓）破壞。

　　紅血球破壞的過程稱為溶血（hemolysis）。若紅血球進入滲透
壓比血漿高的溶液，就會縮小；進入滲透壓比血漿低的溶液，就
會漲大，進而遭到破壞。

　　紅血球被破壞的時後，血紅素就會失去鐵質成為膽紅素

N o t e

生理食鹽水

為濃度0.85～0.9％的氧化鈉溶液。

林格氏液

林格氏液是在濃度0.85％的食鹽
水中，添加微量的鈣與鉀，使滲透
壓與血液相同。

紅血球

無細胞核，平均直徑7.7μm。
男性有500萬/mm³
女性有450萬/mm³
紅血球於骨髓中生成，壽命約為
120天，其後會在肝臟及脾臟遭到
破壞。

血紅素

可運送氧氣。

血紅素量

男性為16g/dL
女性為14g/dL
（沙氏血紅素測量法：男性為100％、女性為90％）

白血球

具有細胞核，數量為6,000～8,000/mm³，會進行阿米巴運動與吞噬作用，生成於骨髓與淋巴結，在肝臟及脾臟被破壞。身體發炎時，白血球的數量可增加2～3萬之多。

嗜中性白血球與單核球

當細菌或異物入侵體內，嗜中性白血球與單核球會以阿米巴運動接近，藉由吞噬作用將其分解。

單核球形成的巨噬細胞會停留於肝臟、脾臟或肺泡等組織，以吞噬作用消滅異物。

嗜酸性白血球

若有過敏性疾病或感染寄生蟲時，嗜酸性白血球便會增加。

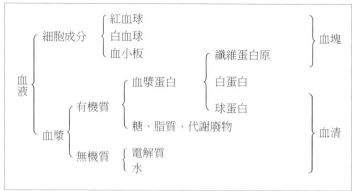

▲圖12-4　血液的成分

（bilirubin），隨著膽汁一起排入腸道。膽紅素進入腸道後會變成尿膽素原（urobilinogen），大部分會摻雜在糞便中，成為尿膽素（urobilin）排出體外。這也是糞便呈現黃色的原因。

人體約有4公克的鐵，其中65％儲存在血紅素中、4％在肌紅素（myoglobin）中、15～30％則在肝臟。

B. 白血球〔white blood cell（WBC），leukocyte〕

白血球沒有顏色，具細胞核，數量為6,000～8,000/mm³，從漿細胞有無顆粒，可分為顆粒性白血球（granular leukocyte）與無顆粒性白血球（agranular leukocyte）。其中顆粒性白血球佔全體的60～70％，可分為嗜中性白血球（neutrophil leukocyte）、嗜中性球、嗜酸性白血球（eosinophil leukocyte）、嗜酸性球、嗜鹼性白血球（basophil leukocyte）、嗜鹼性球，其中以嗜中性白血球佔大部分。無顆粒性白血球中有單核球（monocyte），佔全體5％，淋巴球（lymphocyte，分為大、小）則佔20～30％。

白血球會進行阿米巴運動，接近體內的細菌或異物，以吞噬作用（phagocytosis）將其消滅。

顆粒性白血球與單核球生成於骨髓，淋巴球則生成於骨髓與淋巴結，在肝臟及脾臟被破壞。骨髓生成的顆粒性白血球，儲存於骨髓的含量是血液中的3倍，會因應需要而釋出。顆粒性白血球的生命較短，在血液中約存活4～8小時、於組織中則是4～5天。單核球會在血液中停留1天，進入組織中便膨脹成巨噬細胞，存活數個月或數年。淋巴球會離開淋巴組織，於身體組織與血液中循環，約有100～300天的生命。

C. 血小板（platelet, thrombocyte）

　　血小板直徑為2～3μm，不具細胞核，人體約有20萬～50萬/mm³，可讓血液凝固。若血小板數量降至5萬/mm³以下，便會產生凝血障礙。血小板生成於骨髓，壽命約為10天，最後會在脾臟遭到破壞。

D. 血漿（plasma）

　　血漿為液體成分，佔了血液的55％，有90％都是水，其餘則是蛋白質。血漿可大致分為纖維蛋白原（fibrinogen）、白蛋白（albumin）與球蛋白（globulin），合稱血漿蛋白（plasma protein）。其他還含有葡萄糖、氨基酸、脂質等營養素，並有尿素、肌酸酐、尿酸等廢物，以及無機鹽類（Na^+、K^+、Ca^{2+}、Mg^{2+}）等等。

E. 血清（serum）

　　將纖維蛋白原從血漿中剔除，即為血清。

4 血液凝固
blood coagulation

　　所謂血液凝固，是血漿中的纖維蛋白原，因凝血酶（thrombin）作用，變成纖維蛋白（fibrin），使血球凝結。

▼表12-2　血漿的電解質成分

		血　　　漿		組織間液	細胞內液（骨骼肌）
		mEq/L	mEq/LH₂O	mEq/L	mEq/L細胞內水分
陽離子	Na^+	142	151.2	145.3	12
	K^+	4.0	4.3	4.1	150
	Ca^{2+}	5.0	5.3	3.5	4
	Mg^{2+}	2.0	2.3	1.3	34
總　　計		153.0	163.0	154.2	200
陰離子	Cl^-	104.0	110.6	115.6	4
	HCO_3^-	24.0	25.5	29.4	12
	PO_4^{3-}	2.0	2.2	2.5	40
	其他	6.0	6.5	6.7	
	蛋白質	17.0	18.2	－	54
總　　計		153.0	163.0	154.2	（110）

（離子濃度通常以1L中的毫當量（mEq/L）表示。1價離子的1mEq雖然等同1毫莫耳，但2價離子1毫莫耳卻相當於2mEq）

①維持膠質滲透壓。
②增加吸附性，防止脂肪酸、膽紅素、Ca^{2+}、Zn^{2+}等物質排放到尿中。
③pH值的緩衝作用。
④搬運營養素與激素等。
⑤血液凝固與纖維蛋白溶解。
⑥免疫力（免疫球蛋白）。

血液凝固的4個階段

第1階段：形成活性的凝血活素。
第2階段：凝血原轉為凝血酶。
第3階段：纖維蛋白原轉為纖維蛋白。
第4階段：纖維蛋白溶解。

抗凝血劑

肝素、檸檬酸鈉、草酸鈉。

使紅血球沈降速度加快之原因

紅血球比重增加、紅血球數量減少（貧血）、血漿球蛋白增加（因發炎等）、白蛋白減少。

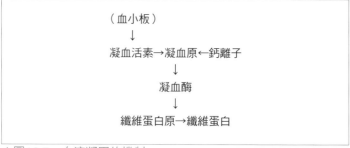

▲圖12-5　血液凝固的機制

①人體一旦流血，血小板就會接觸空氣而遭破壞，釋出凝血活素（thromboplastin）。
②凝血活素與血漿中的鈣離子作用，使凝血原（prothrombin，屬血漿蛋白）轉變為凝血酶。
③凝血酶的酵素作用，使纖維蛋白原變成不溶性的纖維蛋白。纖維蛋白會因鈣離子等物質的作用而相互結合，形成網狀結構，並納入紅血球使其凝固。

B.　纖維蛋白溶解（fibrinolysis）

因為血液凝固而形成的纖維蛋白，會因為纖維蛋白溶解酶（plasmin）的作用，變成非凝固性的纖維蛋白溶解物。

5 紅血球沈降速率
erythrocyte sedimentation rate, ESR

在血液中加入**檸檬酸鈉**防止其凝固，再放入試管中垂直擺放，計算紅血球在1小時凝結沈降的數值，便可算出紅血球沈降速率（ESR）。

以Westergren法計算，男性的正常數值為1小時10mm以下、女性為15mm以下。

6 血型
blood group/ type

A. ABO血型

紅血球有A、B兩種凝集原（agglutinogen），只有A凝集原者為A型、只有B者為B型、AB兩者皆有則是AB型、AB兩者皆無就是O型。血清中有**凝集素**（agglutinin，為**抗體**）可使凝集原凝固，分為α、β兩種，A型血的血清有β凝集素、B型血有α、O型血則是α、β兩種都有，而AB型的血清沒有凝集素。

若是A與α、B與β摻雜在一起，便會產生凝集反應（agglutination）。

B. Rh血型

Rh因子是紅血球的凝集原之一，擁有Rh凝集原者（紅血球對於Rh因子的抗血清會產生凝集）稱為Rh陽性（Rh+）、不具Rh凝集原者稱為Rh陰性（Rh-）。

若父親為Rh+、母親為Rh-、懷有Rh+的胎兒時，胎兒的Rh+血會經由胎盤進入母體血液中。母體便會以Rh因子為抗原，產生抗Rh凝集素。

在第一胎時產生的凝集素還很少，即便進入胎兒體內，也不會讓紅血球大量凝集。但從第二胎開始，母體內的凝集素會進入胎兒體內，與Rh因子反應，引發紅血球凝集與溶血，使胎兒出現貧血、網狀紅血球增加，並讓血液中出現紅血球母細胞，造成嚴重的新生兒黃疸、全身浮腫或核黃疸。

Rh陽性或Rh陰性的比例，會因人種而有所不同，東方人只有不到1%為Rh陰性，但西方人（白人）則有15%。

▼表12-3　ABO血型之分類

血型		紅血球的凝集原（抗原）	血清的凝集素（抗體）
血型分類	A型	A	β
	B型	B	α
	AB型	A、B	無
	O型	無	α、β

ABO血型的出現機率

A型	40%
O型	30%
B型	20%
AB型	10%

Rh陽性與Rh陰性

人體的血清原本沒有Rh凝集素（抗體），但Rh陰性的人若接受Rh陽性者輸血，血液中便會產生抗Rh凝集素，若再次接受Rh陽性的血，便會引起血球凝集與破壞。

Rh陰性

白　人：15%
東方人：0.7%

▼表12-4 ABO血型中可互相輸血者

		受血			
		A	B	AB	O
血型分類	A	○	×	○	×
	B	×	○	○	×
	AB	×	×	○	×
	O	○	○	○	○

▼表12-5　ABO血型的遺傳

父母的血型	基因組合			孩子的血型
A×A	AA、AO	×	AA、AO	A、O
A×B	AA、AO	×	BB、BO	A、B、AB、O
B×B	BB、BO	×	BB、BO	B、O
A×O	AA、AO	×	OO	A、O
B×O	BB、BO	×	OO	B、O
AB×A	AB	×	AA、AO	A、AB、B
AB×B	AB	×	BB、BO	AB、B、A
AB×AB	AB	×	AB	A、AB、B
AB×O	AB	×	OO	A、B
O×O	OO	×	OO	O

7 脾臟（spleen）的功能

①破壞體內老化的紅血球。
②脾臟有淋巴組織，可產生抗體，會以白血球進行吞噬作用。
③於胎兒時期負責造血。
④儲存血液，在流血時釋出。

（小專欄）　**永不止息的心臟**

　　只要在蛞蝓身上灑鹽，牠就會脫水變小。那人體又是如何呢？因為皮膚有相當好的保護作用，因此不會像蛞蝓一樣。但體液有60％都是水，代表60公斤的人身上能擠出36公升的水。

　　血液佔了體重的8％，所以大約有5公升。但血液中並非全部都是液體，另有紅血球與白血球等有形成分，其餘的55％才是液體，稱為血漿。血漿大約佔體重的4.5％，約有2.7公升。

　　內含有形成分的血液，會從心臟送往全身。心臟收縮一次大約可打出70毫升，若以每分鐘心跳70下計算，約可打出5公升。全身的血液會在1分鐘通過心臟1次，若將心臟的跳動用每分鐘70下計算，人的一生會跳幾下呢？假設壽命有80歲，就代表心臟毫不間斷地跳動了29億4千3百36萬次。

　　讓我們對心臟說聲：「辛苦你了，謝謝！」

第13章

體溫與其調節
Thermoregulation

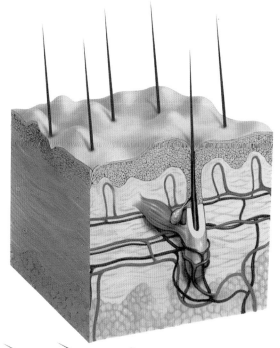

（皮膚的體溫調節）

●皮膚血管收縮豎起
毛髮以防熱量散
逸，使體溫上升。

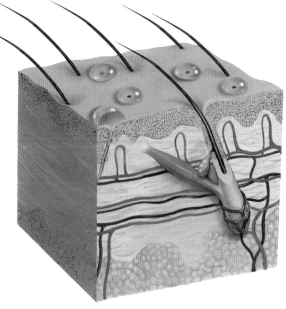

●皮膚血管擴張發汗
以散熱，防止體溫
上升。

體溫
body temperature

Note

外表體溫與核心體溫

　　四肢及軀幹表面的溫度，會因外界氣溫而改變。處在冷環境時，這部分的溫度會比處在溫環境時低，因此稱為外表體溫。而腦部、肺部與腹部內臟等深層的溫度則稱為核心體溫。

各測量部位的溫度差異

直腸溫＞口腔溫＞腋溫
直腸溫：37.2℃
口腔溫：36.8℃
腋　溫：36.4℃

1 體溫之分佈

　　體溫（body temperature）意指身體內部的溫度，各部位多少會有差異。腦部、肝臟、腎臟及消化器官等，因時常作用而有旺盛的代謝，產生的熱能也較多，會顯現出接近38℃的高溫。肌肉與皮膚產生的熱能較少，散熱也較容易，因此溫度相對較低。

　　在體溫的分佈上，我們將體表稱為外表層、深層稱為核心部。而體溫是指核心體溫（core temperature），不受外界氣溫變化影響，可藉由體溫的調節而維持在一定的溫度範圍。核心體溫的測量並不方便，因此我們以直腸溫（rectal temperature）、口腔溫（oral temperature）、腋溫（axillary temperature）與鼓膜溫作為測量指標。直腸溫的數值最高，接著依序為口腔溫與腋溫。其中最接近核心溫度的是直腸溫。一般以測量腋溫、口腔溫最常見。

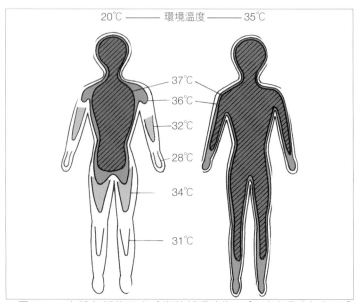

▲圖13-1　身體各部位溫度〔當外部環境為20℃（冷環境）與35℃（溫環境）時〕

內側斜線為核心部位（摘自Aschoff, Wever : Nat. Wiss., 45:477,1985）

2 體溫的變動

體溫會因為環境氣溫變化、肌肉勞動、發燒等熱量的產生而改變。此外還有1天或更長的週期性變動。

年齡不同體溫也不同，兒童會高於成人（0.2～0.5℃），中高齡者則稍低。

A. 週期性變動

①約日週期（circadian rhythm）：腋溫在早上（上午4～6點）的睡眠時最低，吃過早餐後會突然上升，之後再改為緩慢上升，到傍晚（下午2～6點）為巔峰。這段期間約可看出1℃的變動，之後開始下降，入夜後下降速度更快。

②月週期（lunar periodicity）：女性每月的體溫會隨著性週期而變動。▶參閱圖13-2

月經後的增殖期體溫會處於低水平，排卵日會再稍微下降，成為最低的一天。之後的分泌期體溫會處於高水平，較排卵前的低溫期高0.5℃，再隨著月經的開始而降低。

約日週期

早晨：體溫最低。
傍晚：體溫最高。

月週期

月經期與增殖期：低溫期。
排卵日：最低溫。
分泌期：高溫期。

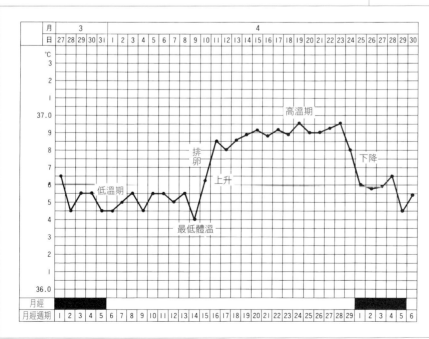

▲圖13-2　女性基礎體溫曲線

2 體熱的產生與散逸

 N o t e

人類的體溫不會受到外界氣溫變化的影響，可維持在一定的範圍。這是因為體內熱量的產生與散逸維持在平衡狀態。身體大部分的主要器官系統，如代謝系統、運動系統、循環系統、呼吸系統、汗腺系統等，都會參與體熱的產生與散逸。

1 體熱的產生
heat production

當體內的組織器官進行物質代謝，會同時產生熱量。在各種熱量來源中，1g的碳水化合物（carbohydrate，糖分）可產生4.1kcal的熱量，而蛋白質（protein）可產生4.1kcal、脂肪（fat）可產生9.3kcal。

安靜時產生的基礎熱量，主要來自腦部及胸、腹腔的內臟（心臟、肝臟、腎臟、消化道等）。但平時工作或運動時，身體的活動也會使骨骼肌產生熱量。

天氣冷時之所以會發抖，就是肌肉在增加生產熱量。

身體的熱量會在進食後增加，使身體變熱。

骨骼肌產生的熱量

骨骼肌是人體所佔比例最大的組織，因此在工作或運動時，肌肉產生的熱量便會增加。

特殊動力作用
specific dynamic action

進食後（2～3小時後）經人體消化過的營養素被吸收時，各養分的氧化程度會增加，進而產生熱量。攝取蛋白質所產生的熱量相當明顯。

體溫與外界氣溫

當外界氣溫比外表體溫低時，體溫便會以輻射方式散逸，而外界氣溫比皮膚溫度高時，身體便會吸熱。

▼表13-1　身體各部位於安靜時與運動時產生的熱量比例

身體部位	安靜時（％）	運動時（％）	重量（％）
腦部	16	3	2
胸、腹腔內臟器官	56	22	6
肌肉與皮膚	18	73	52
其他（骨頭等）	10	2	40

（右列為各部位的重量百分比）

▼表13-2　體熱的產生量與散逸量

產生量		散逸量	
骨骼肌	1,570kcal	放射	1,181kcal
呼吸肌	240	傳導與對流	833
肝臟	600	蒸發	558
心臟	110	加熱食物	42
腎臟	120	加熱吸入之空氣	35
其他	60	其他	51
合計	2,700	合計	2,700

2 體熱的散逸
heat loss

體內產生的熱量大部分會送至體表，從皮膚散去，其它如呼吸道也可散熱。

皮膚的散熱方式有輻射、傳導、對流、水分蒸發等物理性機制。

A. 輻射（radiation）

體熱會以紅外線（輻射能）的形式從身體表面散逸，一天的散熱量約為1,200kcal。

輻射的散熱量約佔整體散熱量的50～60％。

B. 傳導與對流（conduction and convection）

傳導是熱量直接轉移到人接觸的物體上，而對流則是指空氣的流動。

體熱會藉由傳導移至與人體接觸的空氣，使空氣溫度稍微上升，引起對流，讓皮膚表面達到散熱效果（一天約800kcal）。

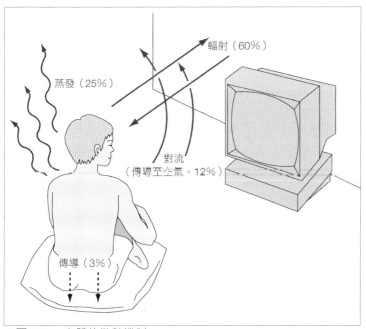

▲圖13-3　身體的散熱機制

C. 蒸發（evaporation）

水分從皮膚蒸發時，每毫升可從皮膚表面帶走0.58kcal的氣化熱（1天600kcal）。

水分從皮膚表面蒸發時，可分為無感發汗與發汗。

①無感發汗（insensible perspiration）：為了維持皮膚表面的濕潤，水分會不停地從皮下滲出再蒸發。此外在呼氣時，水分也會從肺部與呼吸道蒸發。這種蒸發方式稱為無感發汗，與體溫調節沒有直接關係。

②發汗（sweating）：外部氣溫（環境溫度）較高時，為了增加身體的散熱量，皮膚的汗腺會分泌汗水以供蒸發。

每日無感發汗量

成年人會達到1,000毫升。

（小專欄） **越北邊的動物體形越大**

您喜歡去動物園嗎？

通常大家都很喜歡熊，動物園裡有北極熊、棕熊、黑熊、馬來熊等等，這個順序是按照體形大小排列。而最大的北極熊住在北極，最小的馬來熊住在東南亞。

在日本也是如此，越往深山走越能看到體形較大的動物。山上有不少鹿，而日本又是南北狹長的島國，所以居住地區不同，體形也不一樣。日本最大的鹿是棲息在北海道的蝦夷鹿，而居住在本州的本州鹿則小了一圈。鹿兒島的屋久島相當出名，有繩文杉等著名景點，也有各種動物，例如屋久猴、屋久鹿等等。其中屋久鹿則比本州鹿小了一圈。而位居亞熱帶的沖繩慶良間島，其中的慶良間鹿體形又更小。

在動物學中，這種越北邊體形越大的狀況，稱為柏格曼定律。這種情形與身體的散熱有關。在身體內部產生的熱，多半會送到身體表面，從皮膚散去，因此散熱量就與身體的表面積有關。體熱的產生與體積有關，身體越大，產生的熱量越多，但表面積不見得與體積的增加成比例，所以體形越大，散熱後所剩餘的熱量也越多，對生存較為有利。

如果還不明白，接下來就以骰子說明。

1顆骰子有6面，將兩顆骰子疊起來，體積也變成兩倍。但其中有2個面會互相貼合，所以朝外的只有10個面，並非2倍12個面。換言之，即便體積是2倍，表面積也不會增加到2倍。

根據柏格曼定律的解釋，身體的表面積並不會因為體積增加而有等比例的增長。站在保溫的觀點上，體形大者較有利，所以越是寒冷的北邊，動物的體形就越大。

 體溫之調節與異常

1 體溫的調節

　　體溫的調節機制位於間腦下視丘的體溫調節中樞（thermore-gulatory center），可調整體溫的產生與散逸，以維持一定的溫度。

　　皮膚的溫覺感受器〔溫點（warm spot/ point）與冷點（cold point）〕可接收外界環境的溫度變化，藉由感覺神經傳遞至體溫調節中樞。接著與中樞的設定值（set point）比較之後，再進行生熱或散逸，以維持一定的核心體溫。

　　體溫調節中樞有散熱中樞（溫熱中樞，heat center）與生熱中樞（寒冷中樞）。

　　散熱中樞可藉由擴張皮膚血管或發汗等方式，產生散熱效果，防止體溫上升。

　　生熱中樞可使皮膚血管收縮、讓骨骼肌緊張、令身體發抖，命

N o t e

體溫調節中樞
　　為間腦的下視丘。

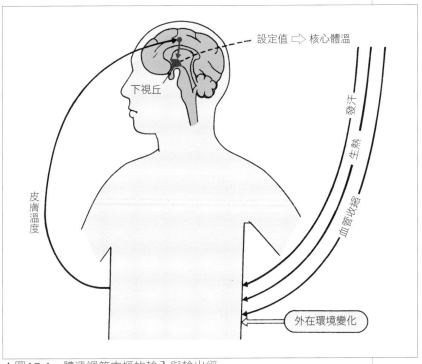

▲圖13-4　體溫調節中樞的輸入與輸出徑

毛髮豎立，增強熱量生產以提高體溫，藉此進行調整。

熱原（pyrogen）

體溫中樞在正常狀態下會有一個設定值，而熱原可使其上升。外因性的熱原有內毒素（大腸桿菌、霍亂弧菌、志賀桿菌等）、病毒，或組織遭到破壞（因腫瘤、心肌梗塞等而使身體組織遭破壞後，就會成為熱原）等等。當外因性熱原被白血球吞入後，就會產生內因性熱原。

體溫上升時的症狀

體溫上升到某種程度，便會引起熱急症，並伴隨熱痙攣、頭痛、噁心、暈眩、昏厥等。這時候散熱機制會發揮到最大，也可看到發汗現象。

熱射病
（中暑，heat stroke）

在高溫、高濕且無風的狀態進行體力勞動時便容易中暑。中暑時體溫會大幅上升、失去意識、停止發汗，體溫調節中樞也會受到傷害。日射病雖與熱射病相同，但意指在陽光直射下的中暑狀態。

2 體溫異常

體溫異常是指，體溫異常增加的體溫過高，以及體溫異常降低的體溫過低。

A. 體溫過高（hyperthermia）

①發燒（fever）：體溫調節中樞的設定值因病變而調高，造成體溫增高。

②高體溫（heat stagnation）：體溫調節中樞的設定值雖處於正常，但體內的產熱量超過散熱量，或環境因素使吸熱量高於散熱量，都會讓體內積熱導致體溫升高。

B. 體溫過低（hypothermia）

①雖然體溫的設定值正常，但散熱量超過產熱量，使體溫下降而過低。在雪山等極度寒冷的環境下，散熱功能會異常旺盛，超越產熱量而使體溫過低。

②體溫設定值降低，使體溫下降造成體溫過低。

C. 體溫的上下限（以直腸溫為準）

①體溫上限

・40.5～41℃：體溫超過該數值，便會對體溫調節功能產生明顯的傷害。

②體溫下限

・34～35℃以下：體溫調節功能產生障礙，無法充分發揮作用。

・28～30℃以下：完全喪失體溫調節的功能，無體溫調節反應。

・23～24℃以下：有凍死的危險。

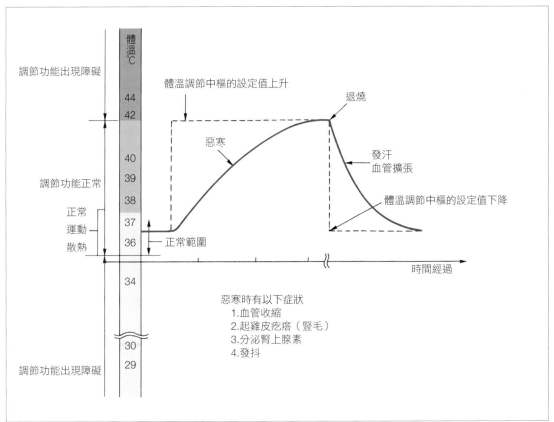

▲圖13-5 發燒與退燒之機制

D. 發燒與退燒之機制

當體溫調節中樞的設定值上升，產熱量會因為身體發抖與血管收縮而增加，使體溫達到設定值，這時產生的特殊感覺稱為惡寒（chill）。

使體溫調節中樞的設定值上升之原因解決後，數值會回歸正常，身體會藉由發汗與血管擴張而散熱，下降至正常體溫，稱為退燒（decline of fever）。

4 發汗
sweating

1 汗腺
sweat gland

　　汗腺會流出汗水。一般人的汗腺總共約有200萬～500萬條，但實際發揮作用的只有180萬～280萬條。

　　汗腺分為外分泌腺（glandula eccrine）與耵聹腺（glandula apocrine），外分泌腺分佈於全身的體表，但手掌、腳底與面部等外露部位較密集，而頸部、軀幹與上下肢則較少。耵聹腺僅位於腋窩及會陰，導管開口於毛囊。

2 發汗的種類

A. 溫熱性發汗（thermal sweating）

　　因氣溫較高或肌肉運動使產熱量增加時，除手掌與腳底之外，全身各處皆會發汗。汗水蒸發時會吸收氣化熱，以幫助體溫調節。

B. 精神性發汗（mental sweating）

手汗
緊張造成的精神性發汗。

　　因精神緊張而發汗，與體溫或外界氣溫無關，主要出現於手掌、腋窩與足底。

C. 味覺性發汗（gustatory sweating）

發汗種類
①溫熱性發汗：發自一般皮膚的汗腺（手掌與足底除外），會參與體溫調節。
②精神性發汗：腋窩汗腺、手掌汗腺、足底汗腺。
③味覺性發汗：顏面部汗腺。

　　因酸味或辣味等特定的味覺刺激而發汗，會出現在顏面部。

D. 半身出汗（hemihidrosis）

　　按壓身體一側，另一側的發汗量會增加，被壓側反而不會發汗。

3 汗水的成分

汗腺會分泌水、電解質與有機物、重金屬等等。
汗的99％以上都是水，比重為1.002～1.006。

▼表13-3 汗的成分（％）

氯化鈉	0.648～0.987
尿素	0.086～0.173
乳酸	0.034～0.1107
氨	0.010～0.018
尿酸	0.0006～0.0015
肌酸酐	0.0005～0.002
氨基酸	0.013～0.020
硫化物	0.006～0.025

引用、參考文獻

本書於編著時參考了以下書籍，感謝各位作者。

伊藤隆：解剖學講義. 南山堂, 1992

薄井坦子：看護のための人間論 — ナースが視る人體. 講談社, 1989

越智淳三：解剖學アトラス. 文光堂, 1992

金子丑之助：日本人體解剖學. 南山堂, 2000

吉川文雄 與其他：解剖生理學. 金原出版, 1993

窪田金次郎 與其他：圖說體表解剖學. 朝倉書店, 1992

小島德造：中樞神經系. 醫齒藥出版, 1983

河野邦男 與其他：解剖學. 醫齒藥出版, 1992

講談社(編)：からだの地圖帳. 講談社, 1990

大地陸男：生理學テキスト. 文光堂, 1994

竹內修二：たのしく學ぶ解剖生理—触れて理解するからだのしくみ. 看護の科學社, 1999

中山沃 與其他：圖說生理學テキスト. 中外醫學社, 1991

中野昭一 與其他：圖解生理學. 醫學書院, 2000

日野原重明 與其他：解剖生理學. 醫學書院, 1991

フォルナリ 與其他：繪でみる人體大地圖. 同朋舍出版, 1993

藤田恒太郎：人體解剖學. 南江堂, 1993

藤田尚男 與其他：標準組織學. 醫學書院, 1992

星野一正：臨床に役立つ身體の觀察. 醫齒藥出版, 1984

本鄉利憲 與其他：標準生理學. 醫學書院, 1993

メローニ：圖解醫學辭典. 南山堂, 1981

森於菟與其他：分担解剖學. 金原出版, 1985

森田茂 與其他(譯)：グラント解剖學圖譜. 醫學書院, 1984

Roden 與其他：解剖學カラーアトラス第二版. 醫學書院, 1992

渡邊俊男：生きていることの生理學. 杏林書院, 1990

マティーニ F.H.. 與其他：カラー人體解剖圖 構造と機能：ミクロからマクロまで. 西村書店, 2003

Arey, L.B.：Human Histology. W.B Saunders. 1974

Basmajian, J.V.：Primary Anatomy. Williams&Wilkins. 1982

Clemente, C.D.：Anatomy ; A Regional Atlas of the Human Body. Urban&Schwarzenberg. 1975

Cormack, D.H.：Ham's Histology. Lippincott. 1987

Hamilton, W.J.：Textbook of Human Anatomy. the MacMillan Press. 1976

Junqueira, L.C. et al.：Basic Histology. Lange Medical. 1980

Kapangji, I.A.：The Physiology of the Joints. Churchill Livingstone. 1974

Romanes, G.J.：Cunninghan's Textbook of Anatomy. Oxford Univ.Press. 1981

Spence, A.P. et al.：Human Anatomy and Physiology. the Benjamin/Cummings. 1983

Tortora, G.J. et al.：Principles of Anatomy and Physiology. Harper&Row. 1987

Williams：Gray's Anatomy. Churchill Livingstone. 1989

索引
Index

四畫

五畫

十畫

中文索引

十二畫

中文索引

十六畫

中文索引

A

C

英文索引

M

N

W～Z

TITLE

新快學解剖生理學

STAFF

出版　　　三悅文化圖書事業有限公司
作者　　　竹內修二
譯者　　　高詹燦

總編輯　　郭湘齡
責任編輯　王瓊苹
文字編輯　林修敏　黃雅琳
美術編輯　李宜靜
排版　　　靜思個人工作室
製版　　　明宏彩色照相製版股份有限公司
印刷　　　桂林彩色印刷股份有限公司
法律顧問　經兆國際法律事務所　黃沛聲律師

代理發行　瑞昇文化事業股份有限公司
地址　　　新北市中和區景平路464巷2弄1-4號
電話　　　(02)2945-3191
傳真　　　(02)2945-3190
網址　　　www.rising-books.com.tw
e-Mail　　resing@ms34.hinet.net

劃撥帳號　19598343
戶名　　　瑞昇文化事業股份有限公司

本版日期　2013年5月
定價　　　600元

●國家圖書館出版品預行編目資料

新快學解剖生理學 /
竹內修二作；高詹燦譯.
-- 初版. -- 台北縣中和市：三悅文化圖書, 2009.05
408面；18.2×25.7公分

ISBN 978-957-526-848-0(平裝)

1.人體解剖學 2.人體生理學

397　　　　　　　　　　　98006995

SHIN QUICK MASTER KAIBOU SEIRIGAKU
© SHUJI TAKEUCHI 2005
Originally published in Japan in 2005 by IGAKU-GEIJUTSUSHA Co., Ltd.
Chinese translation rights arranged through TOHAN CORPORATION, TOKYO.,
and HONGZU ENTERPRISE CO., LTD.